全国高等职业教育资源开发类专业“十三五”规划教材
高等职业教育应用型人才培养规划教材

地质数字化制图

主　编　殷　忠
副主编　马长玲　王祥邦　宋德鹏
主　审　南亲江

黄河水利出版社
·郑州·

内容提要

本书为高职高专院校地质工程、矿业工程等专业基础课教材。全书共分为10个项目,主要内容包括绪论、野外地质素描图、地(形)图的基本知识、地质图的基本知识、野外地质数字化制图、地质绘图数字化MAPGIS软件的基本操作、地质平面图、地质柱状图、地质剖面图、煤矿工程地质图等。

本书可供开设采矿、选矿、水文、工程勘察、测量工程等专业的高职高专院校教学使用,也可供地质工程相关专业人员学习参考。

图书在版编目(CIP)数据

地质数字化制图/殷忠主编.—郑州:黄河水利出版社,2017.5

全国高等职业教育资源开发类专业"十三五"规划教材 高等职业教育应用型人才培养规划教材

ISBN 978-7-5509-1658-6

Ⅰ.①地… Ⅱ.①殷… Ⅲ.①地质图-数字化制图-高等职业教育-教材 Ⅳ.①P283.7

中国版本图书馆CIP数据核字(2016)第319402号

组稿编辑:陶金志　　电话:0371-66025273　　E-mail:838739632@qq.com

出 版 社:黄河水利出版社

地址:河南省郑州市顺河路黄委会综合楼14层　　邮政编码:450003

发行单位:黄河水利出版社

发行部电话:0371-66026940、66020550、66028024、66022620(传真)

E-mail:hhslcbs@126.com

承印单位:河南承创印务有限公司

开本:787 mm×1 092 mm　1/16

印张:16.75

字数:407千字　　印数:1—3 000

版次:2017年5月第1版　　印次:2017年5月第1次印刷

定价:36.00元

全国高等职业教育资源开发类专业“十三五”规划教材
高等职业教育应用型人才培养规划教材

编审委员会

参与院校

（排名不分先后）

辽宁地质工程职业学院	云南国土资源职业学院
江西应用技术职业学院	兰州资源环境职业技术学院
湖南工程职业技术学院	甘肃工业职业技术学院
重庆工程职业技术学院	昆明冶金高等专科学校
湖北国土资源职业学院	河北地质职工大学
福建水利电力职业技术学院	安徽工业经济职业技术学院
河北工程技术高等专科学校	湖北水利水电职业技术学院
湖南安全技术职业学院	湖南有色金属职业技术学院
黄河水利职业技术学院	晋城职业技术学院
广东水利电力职业技术学院	杨凌职业技术学院
河南工业和信息化职业学院	河南建筑职业技术学院
辽源职业技术学院	江苏省南京工程高等职业学校
长江工程职业技术学院	安徽水利水电职业技术学院
内蒙古工程学校	山西煤炭职业技术学院
陕西能源职业技术学院	昆明理工大学
石家庄经济学院	河南水利与环境职业学院
山西水利职业技术学院	云南能源职业技术学院
郑州工业贸易学校	河南工程学院
山西工程技术学院	吉林大学应用技术学院
安徽矿业职业技术学院	辽宁交通高等专科学校

出版说明

为更好地贯彻执行《教育部关于加强高职高专教育人才培养工作的意见》,切实做好高职高专教育教材的建设规划,我社以探索出版内容丰富实用、形式新颖活泼、符合高职高专教学特色的专业教材为己任,在充分吸收既有教材建设成果的基础上,通过大胆改革、积极创新,出版了一批特色鲜明的高职高专教材,得到了广大使用院校的一致好评。我们在走访高校过程中发现,有不少教师反映资源开发类专业教材相对缺乏,应广大师生要求,我社于2012年开始着手该系列教材的前期调研工作。在这个过程中,我们深入走访全国50多座城市的近百所开设相关专业的高职院校,与近百位一线任课教师进行交谈,获得了大量的第一手资料,并最终确定了第一批拟编写的教材名称。当我们发出教材编写邀请函之后,得到了相关院校的积极响应,共有200多位老师提交了编写意愿。鉴于首批拟编写教材数量所限,此次我们只能邀请部分教师参与。在此,特向所有提交编写意愿的教师们表示深深的感谢,希望您们继续关心和支持我们的工作,争取在下一批教材出版中,能把更多专家和教师纳入我们的编写队伍中来。

经过前期的充分调研,2014年7月,我社组织召开了全国高等职业教育资源开发类与基础工程技术专业"十三五"规划教材大纲研讨会,共有30多所高职高专院校教师及相关专家100余人参加会议。为确保教材的编写质量,参会教师分组对每种教材的编写大纲逐一进行了充分的研讨,有些讨论甚至持续到深夜,这种敬业精神深深地激励着我们,也为教材的高质量出版提供了保障。

本教材适合高、中等职业教育资源开发类专业教学使用。在形式上,采用项目化教学模式组织编写,突出实用性与新颖性。在内容上,尤其注重将新技术及新方法融入其中,使学生在课堂上就能接触到较前沿的信息,在保证学习理论知识的同时,提高实际动手能力和操作技能。

本教材的出版,得到了很多相关院校领导及专家的支持和帮助。为确保教材的编写质量,成立了由相关院校校级领导任主任委员的编审委员会。得益于各位委员的大力支持,以及各位审稿专家不辞辛劳、认真细致地审稿,本教材才得以顺利出版。在此,我们再次向所有给予我们指导和帮助的各位领导和专家表示感谢!

尽管我们付出了百分之百的努力,但受条件所限,教材在编写及出版过程中难免还会存在一些问题和不足,恳请广大读者批评指正,以便教材再版时完善。

本套教材均附带教学课件,任课老师如有需要,请联系黄河水利出版社陶金志(电话:0371 - 66025273;邮箱:838739632@ qq. com)。本套教材建有学术交流群,内有相关资料及信息以供分享,欢迎各位老师积极加入,QQ 交流群号:8690768。

黄河水利出版社

2015 年 10 月

前 言

地质数字化制图是采矿、选矿、水文、工程勘察、测量工程等专业的专业基础课。本教材针对地质工程等专业学生学习地质数字化制图的特点,内容力求简明扼要、深入浅出,注重理论与实践结合,并着重培养学生分析问题与解决实际问题的能力,努力做到先进性、实用性、通用性、高质量四者相统一。

本教材主要介绍野外地质素描图的基础知识;地(形)图、地质图的基本知识;野外地质数字化制图数据采集、数据传输、数据处理、成果输出等方法和技术;MAPGIS 软件的基本操作、软件简介与安装及该软件常用功能介绍;地质平面图、地质柱状图、地质剖面图、煤矿工程地质图等主要地质图件的编绘方法及技术。

地质、矿业、勘察、测量等工程都离不开地质图件。尤其是在地质信息大数据化的今天,强化地质数字化制图的基本知识,提高数字化制图的技术水平,是非常必要的。所以,无论是对于在读的高职高专学生,还是工程技术人员,都需要有这样一本教材或参考书。

本书编写人员及编写分工如下:江苏省南京工程高等职业学校殷忠编写前言、项目二、项目三、项目五,江苏省南京工程高等职业学校宋德鹏编写项目一、项目九,云南能源职业技术学院王祥邦编写项目四、项目六,陕西能源职业技术学院马长玲编写项目七、项目八、项目十。本书由殷忠担任主编,并负责全书的统稿,由马长玲、王祥邦、宋德鹏担任副主编,由江苏省南京工程高等职业学校南亲江教授担任主审。

参加本书编写的还有江苏联合职业技术学院的党宇玲、冀应斌等老师。本书编写过程中得到许多专家学者的关心和帮助,参考并利用了较多专家学者的论著,在此一并表示衷心的感谢。

由于编者水平、经验有限,书中难免存在疏漏及不妥之处,恳请广大读者批评指正。

编 者

2016 年 4 月

目 录

项目一　绪论

学习目标

掌握地质数字化制图的研究内容及任务和有关地质数字化制图的基本概念。了解地质数字化制图的发展及课程的重要性。

【学习导入】

地质数字化制图主要研究一般地质特征(如地层、构造、火山活动、地史等)、矿床特征、地形地貌、工程地质、水文地质等方面特征的图示及图解方法,解决地质形体、地质要素的图示图解问题,是地质学、采矿学、测量学的基础应用学科。在地质工程、采矿工程、测量工程的生产与科研活动中,都有着广泛的应用。

众所周知,地质图形是人类在征服、改造自然过程中,用以研究地质、工程、环境等不可缺少的工具和研究表现形式。地质数字化制图是研究地质图形的原理与应用,是解决地质形体、地质要素的图示图解问题的一门科学,是与地质学、采矿学、测量学、制图学、投影学、应用数学等学科紧密相关的一门边缘性应用学科。它是根据地质学的理论,运用几何学、数理统计学等原理,将自然出露和人工揭示的地质现象,投影到一个平面上,统计分析某些地质要素的变化规律与趋势,用特定的线条、花纹、符号和色谱等表示在纸上。地质图形是反映地质体形态、特征及地质工程活动的工具与手段,是体现工程设计思想、指挥工程活动的地质语言,是进行科学研究、经验与成果交流的媒介,也是保存地质工作文献的重要形式。

一、发展简史

地质数字化制图是侧重于应用的地质图形学,是在工程活动发展中逐步形成和建立起来的一门科学。

地质制图在我国有着悠久的历史,远在4 000多年前的夏代,就将各州的山川、草木、禽兽等铸绘在鼎上,《禹贡》为其文字说明。3 000年前的《尚书》,春秋早期管子的《地图篇》,和后来的《周礼》、《战国策》及《尔雅》等,均有地图内容的记载。1973年,在湖南长沙马王堆出土的三幅绢质地图(地形图、驻军图、城邑图),是距今2 000多年前西汉文帝的随葬品,是目前世界上保存最古老的,并以实测为基础的地图,其精度之高、制作之精良,说明当时的测量技术、制图技术达到了相当高的水平。1 700年前的西晋裴秀(中国伟大的地图学家)根据汉代地图、吴蜀区图主持绘制了中国全图《禹贡地域图》。他发展了制图理论,提出了绘制地图的六个基本要点,即分率(比例尺)、准望(方位)、道里(距离)、高下(地势起伏)、方邪(倾斜角度)、迂直(河流、道路的曲直),称为制图六体,在制图科学史上有着重大意义。

唐代贾耽编制的《陇右山南图》和《海内华夷图》久负盛名。北宋的沈括总结发展前人制图技术，概括出了制图七法，他制作的军用地形模型为世界领先，他主持绘制的《全国州县图》，其精度比原来的做法提高了三倍。清朝康熙年间，开展了全国性地图测绘工作，编制《皇舆全国》是在传统制图的基础上，吸收了欧洲制图理论中的球面测量与投影方法进行经纬度测量，并采用地图投影法，提高了制图精度。清末，由李彝荣先生主持开展了地质制图工作，并测绘了部分地质图件。

史料说明，我国制图技术不仅有着悠久历史，而且留下了宝贵的遗产。

早在中世纪，世界上就有用等值线描绘海港的深度、地区的温度和磁场。1870 年波斯帝国绘制了一张用等高线表示的地图。1932 年，苏联学者索波列夫斯基首先提出用等值线法描绘矿体形状和矿产特性的空间分布，奠定了矿体几何的理论基础。他认为矿产地可定义为地球化学场，任何特性都是点的空间坐标和时间的函数，即 $p=f(x,y,z,t)$。该函数应满足有限性、单值、连续、光滑四个条件，才可能用等值线进行描述。索波列夫斯基还研究了地形表面的数学演算，断层的几何分类、储量的计算等。之后，涌现出雷若夫等一批学者，不断充实新的理论和方法，尤其是数理统计、分析数学工具的采用，扩大了研究和应用的范围。20 世纪 60 年代，随着电子计算机、遥感技术、红外线等先进技术的应用，有力地推动了地质图形学的建设与发展。无论是地质信息的采集、储存、分析，图件的绘制技术与方法，还是绘图效率、效果、精度，都进入了一个崭新阶段。目前，地质图形学已发展成为一门现代化的边缘性的独立学科，越来越受到人们的重视，在采矿、岩土等工程中的地位和作用越来越明显。随着地质工程和采矿工程的发展，地质图形学的内容、表现方法将更趋丰富，绘图技术将更进一步提高，地质图形学将日趋完善。

二、研究内容

（一）标高投影

地质图形是以投影成图为主要手段，将空间地质体综合和概括成抽象的点、线、面、体等几何元素，利用投影原理，将这些空间几何元素（点、线、面）和几何形体投影在平面上，以及运用几何作图来解决空间几何问题。概括起来，地质数字化制图就是研究空间几何问题的图示法和图解法。地质图形的特点是：所描述的地质体是庞大的、有时是无限延展的、不规则的、多变的，其中的地质工程又是复杂的；点、线、面等几何要素一般指地质特征点、构造线、等值线、层面、构造面；多采用单面正投影的方法，投影面为水平面，即采用平行光线，把空间物体的各特征点垂直投影于水平面上的标高投影。当然，把复杂的地质体在平面上反映出来，仅用标高投影是不够的，研究中还涉及轴测投影、球面透视投影等。所以，投影学是地质数字化制图的基础，标高投影是地质数字化制图所采用的主要投影方法。

（二）各种地质图件的形成利用与转绘

地质数字化制图是地质学、采矿学、测量学的基础应用学科。在地质工程、采矿工程、测量工程的生产与科研活动中，都涉及许多种地质图件，如地形地质图、构造地质图、综合柱状地质图、岩（土）层底板等高线图、剖面图、水文地质图、工程地质图等。这些图件的形成、阅读、利用与相互转绘，是对专业技术人员的基本素质要求。只有掌握地质图件的形成，才能更好地阅读和利用地质图件。快速、准确地读懂各种地质图件，才能真正地体现出其工程语言的意义和作用，实现形象、生动、准确的工程技术沟通，才能掌握更多的地质信息。地质图件是为生产和科研服务的，充分利用好地质图件，有效地指挥生产科研活动，才能体现地质图件的价值与重要性。各种地质图件的贯通与转绘，是地质信息的深化、扩充与增值，能更生动、准确、有效地解决生产科研问题。无论是工程地质性质研究，还是构造形态的描述与推断，还是矿产资源的蕴藏与分布，还是岩土工程、采矿工程的施工，都离不开地质图件。由此可以看出，地质图件是直接为相关行业生产科研服务的。所以，它又属于工程图学的范畴。

（三）数学地质图

数学地质是运用数学理论和方法，研究各种地质现象的数学关系和空间形式的科学，是地质学和数学相互渗透而产生的一门边缘性科学。把地质学中的某些定性研究问题，提高到定量研究。根据生产、科研的需要，对某些特定的地质要素，如构造性质与展布方向、岩土实测力学参数、含矿品位等，进行多元统计、数理分析、数学模拟，形成统计图、趋势图或其他等值线图等，这便是数学地质图。目前，数学地质图应用很广，尤其是计算机数字化成图，它已经在生产科研中广泛应用。限于篇幅，本书仅介绍几种地质统计方法的相应图件，还简单介绍一些环境地质、地质经济图件的编制方法。

地质图件是地质学不可缺少的一种表征手段，既包括地质现象的客观描绘，又包括地质现象的理论推断与预测。

（四）地质图形学在生产科研中的作用

地质数字化制图作为一门边缘性应用学科，在采矿、岩土工程的生产科研活动中发挥着十分重要的作用，地质图件贯穿于整个生产与科研活动的始终。

（1）地质图件是勘察阶段形成的主要工作成果。无论是矿产地质勘察，还是工程地质勘察，都是要以最小的经济投入，获得更多的地质信息为工作原则。勘探技术手段、勘探方法的选择，勘探工程的布置，都要根据初步掌握的地质情报或在小比例尺图件上“纸上谈兵”。期望以最快的速度、精确地查明矿体（岩土体）的空间分布、几何形状、特性。勘察对象隐伏地下，复杂多变。我们只能根据各勘察点获得的地质信息进行分析，如钻探，根据多个“一孔之见”，分析勘察对象的几何形状、几何分布、赋存特性，而这些都需要用图件进行说明。矿产资源的等值线图、工程地质图、剖面图、综合柱状图等是勘察阶段形成的主要工作成果，是勘察报告的重要组成部分。

（2）地质图件是采矿工程、岩土工程施工的主要依据。矿山设计与建设阶段，露天拉沟位置、井筒位置的选择，开采规划，井巷工程的布置与施工都离不开地质图件。在矿山开采阶段，随着巷道的掘进与回采，获得了大量的地质信息，原有资料有的得到了验证，有的要不断的修改，所有这些都是要在图纸上进行的。在此期间，矿体形态和矿产特性变化的预测，储量的计算与管理，都要以地质图件为依据。地质图件大体上分为原始地质编录图和综合地质编录图。在岩土工程施工方面，施工场地、地层的确定，降水方案、基础类型的选择等，都要通过地质图件完成。所以，地质图件是采矿工程、岩土工程设计与施工的主要依据。

（3）地质图件是地质经济分析的基础与手段。无论是采矿工程，还是岩土工程都要以取得最佳经济效果为目标。然而，在设计开发过程中，技术经济指标的计算，地质经济效果分析都要在图纸上进行。如勘察阶段的勘探工程优化布置，工程可行性研究阶段的投资决策，设计阶段的方案确定，生产阶段的各施工环节的优化选择，矿产开采损失、贫化、综合利用等的经济效果研究，都要以地质图件为分析基础与手段。反映矿床价值、资源合理开发利

用、勘察经济效果与储量计算技术经济指标等研究成果的图件称为地质经济图件。这类图件有经济评价图、工业指标试算方案对比图、资源开发利用图、探采对比图等。

(4)地质图件是工程环境质量分析、评价、监测、治理不可缺少的资料。矿山环境和建筑环境是地质科学研究的重要组成部分,无论是自然污染机制还是开发污染机制研究,还是环境的监测、评价、治理、保护,地质图件既是它的原始资料又是它的分析研究成果资料。如污染源分布图、环境质量评价图、环境污染程度图、特殊环境地质图等。

综上所述,地质图件在地质研究、资源勘察、资源开发与保护、工程与水文地质工程等方面,既是反映地质特征、成矿规律及地质工程活动的主要工具和基础资料,又是科学研究分析的主要手段,也是反映地质研究成果的重要形式和经验交流的媒介。在相关的经济建设领域中发挥着十分重要的作用。

三、研究任务

地质数字化制图是研究一般地质特征(如地层、构造、火山活动、地史等)、矿床特征、地形地貌、工程地质、水文地质等方面特征的图示及图解方法,使地质图件更具科学性、艺术性和逻辑性。其具体任务是:

(1)对地形地貌调查资料整理、加工、成图。

(2)对各种地质现象、勘察工程、地质工程的空间关系进行测量、素描、绘图。

(3)查明矿床地质条件、特征及变化规律,分析开采过程中的储量变化、生产接续、矿区扩展远景。

(4)工程地质与水文地质条件分析,研究变化规律及其开发、利用和防治措施。

(5)地质经济分析,如矿床的经济价值、资源储藏与开发经济分析、勘察方法与工程布置的优化选择、开采方法与投入产出的对比分析,地质灾害的治理与利用经济分析等。

(6)地质工程环境分析,无论是采矿工程、还是岩土工程都涉及环境问题,污染源、污染程度分析、环境区划、环境评价、环境治理与监测,都要有相应的图件。

地质数字化制图的教学任务是培养学生具有图示空间形体和图解空间几何问题的能力;能够正确使用绘图工具和仪器,尤其是计算机绘图和数字图件的生成;掌握绘图方法和技巧。同时在学习本课程中,还要注意培养和发展空间想象能力和逻辑思维能力;培养耐心细致的工作作风和认真负责的工作态度,为以后相关课程的学习和生产实践奠定基础。

思考题及习题

1. 地质数字化制图的研究任务是什么?

2. 试述地质数字化制图相比传统手工地质制图的优越性。

3. 试述地质数字化制图的发展简史和现状。

项目二 野外地质素描图

学习目标

通过学习地质素描的基本知识，掌握地质素描基本概念。了解地质素描的工具、步骤和方法、地质素描参照物的选择和作用，掌握地质素描的分类，了解不同形态的地质素描。

【学习导入】

素描是描绘者在既定的面积或平面的物质上描绘出外在的形体在空间中的位置，并借此训练来掌握物体的明暗层次和基本形象。

掌握素描技能，能更形象、准确、生动地表现出地质构造的变化情况。为研究地质现象提供最原始、最宝贵的基础资料。

地质素描，是把野外地质现象用素描技法描绘出地质客观实体的空间形态及相互关系展现给大家。如地质岩层、地质变化、岩石矿物、地貌景观等内容。地质素描，是野外地质工作中获取原始资料的手段之一，往往根据实际需要，对繁杂的地质现象有所取舍，以便突出重点。概念清晰绘制的素描图，避免了用许多文字还表达不清的地质现象，这对提高工效和工作质量起着重要作用，也是照相摄影等方法所不能代替的。

地质素描工作分为外业和内业两部分，第一步先要对现场地质情况进行收集，包括岩性、产状、构造、位置关系等；第二步进行内业整理，对外业工作所收集到的资料进行整理上图，必要时附上文字说明，对一些地质特殊地段还可采用井下摄影技术。

要想尽快学会地质素描，勤学苦练必不可少，同时掌握正确的学习方法也是一种有效途径。

单元一 地质素描的基础知识

素描是描绘者在既定的面积或在平面的物质（如纸、布等）上描绘出外在的形体在空间中的位置，并以此来掌握物体的明暗层次和基本形象。

素描是研究自然界各种物质现象的形态特征、内部结构、明暗层次、透视关系等规律的一种技能，它能为今后地质数字化制图的学习、理论与实际相结合打下良好的基础。

野外的各种地质现象非常复杂，要想画好地质素描图，必须深入到大自然中去观察、感受、体会，这样才能达到理想的目的。

一、素描的基本概念

素描是用木炭、铅笔、钢笔等,以线条画出物象明暗的单色画。素描通常采用可于平面留下痕迹的方法,如炭笔、钢笔、画笔、墨水及纸张等。轮廓和线条是素描的一般称谓。素描具备了自然律动感,不同的笔触营造出不同的线条及横切关系和节奏、主动与被动的周围环境、平面、体积、色调及质感。

素描是以单色线条来表现直观世界中的事物,亦可以表达思想、概念、态度、感情、幻想、象征甚至抽象形式。它不像带色彩的绘画那样重视总体和彩色,而是着重结构和形式。

中国画、油画、版画、雕塑、水彩、卡通、漫画等绘画专业和工业、企业形象、建筑、服装、舞台、电影电视美术等设计专业,都要从素描开始学习,才能有扎实的基础,地质专业也是如此。学素描能培养美感、陶冶情操和加强艺术修养。通过对几何体的观察和绘画,能让你了解透视,培养你的立体感和空间想象力, 和其他学科的学习形成互补。如初中数学的立体几何,无须画出图形,心中已有立体图形。画好素描注重观察方法和比较,从中锻炼眼力和比较能力,培养细心和耐心。素描方法是从整体入手到局部深入再到整体。整体和局部,宏观与微观,统筹与安排等有异曲同工之妙。这个方法不仅仅可以用于素描中,在平常的学习、生活和工作中处理问题也可用到。

二、素描的要素

(一)形体与形态

素描中的形体,主要是指物像的外形特征,是客观物像存在于空间的外在形式。任何物像都以其特定的形体存在而区别于其他物像。形体属于素描造型的基本依据和不变因素。

对形体的认识,我们也可以将其分解为外形和体积两个因素。外形是指平面的视觉外像;体积是指空间的立体体量。在素描中这二者既有各自独立的意义和价值,又是相辅相成,不可分离的一对统一体。形是体积的外像,而体积又必须是由形来体现的。所以,我们对形体也可以理解为有体积的形。这就是说,我们对素描造型因素中的形体的认识,要树立起立体空间的观念。任何地质现象都是由它的高度、宽度和深度三维空间的形态组合而成的。

我们在观察地质现象时,应首先注意其整体呈现的基本形。基本形是地质现象的大关系,把握住地质对象的基本形,就抓住了其形体特征。而准确地把握地质现象的形体特征便奠定了地质素描造型的基础。

(二)线条与比例

线条是素描中最基本的表现形式,素描线条所具有的力量和多方面的适用性,意味着它有描绘广阔范围的可能性。线条素描是一种基本技术,它是用线条而不是颜色的浓度作为主要表现手段。素描的线条具有很大的自然性,或者说,线条可以是富于表情的,简练的,甚至是具有装饰性的。阴影与高光也同样可用深重的或灵敏微妙的线条表示。一幅好的线条素描会向观者清晰明确地传达出画家想要表现或描绘的东西。素描的要素是线,但是线在实质上却是不存在的,它只代表物体、颜色和平面的边界,用来作为物体的幻觉表现。直到近代,线才被人们认为是形式的自发要素,并且独立于被描绘的物体之外。

素描是用线条来组成物体的形象,并且描绘于平面之上,由线条形式引起观者的联想。

例如，两条线相交所构成的角形，可以被认为是某平面的边界，另外加上第三条线可以在画面上构成立体感。弧形的线条可以象征拱顶，交会聚集的线条可表现深度。人们可以从线条的变化中得到可以领会的形象。因此，通过线条的手段，单纯的轮廓勾勒可以发展成精致的素描。

在素描中可以用线条区分立体与平面，色彩明暗则是为了加强和分清整体与部分的关系。我们可以运用线条的开始、消失和中断来画出边界，并且形成平面，也可使色彩至边界面上。线条的粗细能表现物体的变化，甚至光和影也可用线条的笔触变化表现出来。

比例通常指物体之间形的大小、宽窄、高低的关系。另外，比例也会在地质构图中用到，例如在画一幅地质素描时就要注意所有地物占用画面的大小关系。在画地质素描的过程中要想把地质形象画准就要注意比例了。

当你要画某一个地质现象的物体位置时，就是做一条贯穿整个画面的横线，在这条线上可以看到所有的物体。再做一条贯穿画面的纵线，注意观察所有在这条线上的物体。也就是放长线、看整体、多比较。把纵横线这些想象成经线纬线会比较简单，初学者要多画辅助线，等功底深厚了你会发现画面中的辅助线会越来越少，而心里假象的辅助线会越来越多。

结构则主要指物像的内部构造和组合关系。形体与结构是外观与内涵的关系。结构是形成物像外貌的内在依据，不了解它，就无法准确把握物像的一系列外表特征。

物像的结构、形体等造型因素体现在外观形态上必然同一定的尺度相联系，不同的尺度关系则表现为一定的比例关系。

任何物像的形体都是按一定的比例关系连接起来的，比例变了，物像的形状也就变了。因此基本比例的差错，必然导致对结构、形体认识和表现的错误。素描中比例的概念还可以指各地质物像之间的大小比例关系，同一物体中局部与整体、局部与局部之间的比例关系，色调的明暗深浅层次的比例关系等。

对形体比例的观察不应是机械、刻板地比较，应注意地质物像在一定的角度和透视变化中的比例关系。在相互比较中要抓住地质物像的比例关系，特别是大的、整体形象的比例关系，而不应停留在局部去过分计较烦琐细节的比例。

（三）明暗关系

明暗是素描的基本要素之一，是描绘物像立体与空间效果的重要因素。

任何物体在光的照射下都会呈现一定的明暗关系。光源的强弱，距离光源的远近及照射角度的不同，都会使物像呈现不同的明暗。光是物体明暗形成的先决条件，也是物体明暗变化的外在因素。物体在一定角度的光照下，会产生受光部分和背光部分两个既相互对比，又相互联系的明暗系统。

在一定的光线下，明暗变化是由形体的机构起伏、转折而产生的。因此，明暗在任何时候都只属于特定的形体结构，明暗的变化也就是在表现结构的起伏转折变化。结构是内在的、本质的因素，明暗是外在的，表象的形式；形体结构需要通过明暗来表现，而明暗关系中又处处体现着内在的形体起伏和结构变化。

明暗除了表现形象的立体感，在画面中更是表现整体空间效果的主要因素，明暗的层次处理及虚实、强弱的对比作用，是表现前后五项空间关系和整体气氛的基本手段。

总之，地质素描是用写实或写意的方法把地质现象记录下来，为室内研究地质现象提供第一手的资料，正确掌握素描的相关要素，就能更形象、准确、生动地表现出地质构造的变化

情况。避免文字描述枯燥与抽象，为地质现象的研究提供最原始、最宝贵的资料。

三、透视法原理

透视是地质素描工作中的重要因素，掌握一定的透视知识能使地质现象产生立体感和空间距离感。

（一）透视线

透视中的直线可分为原线、变线等。具体的有以下几种：与画面平行又与地面平行的称为水平原线，与画面平行而与地面垂直的称为垂直原线，与画面平行而与地面倾斜的称为倾斜原线，与地面平行而与画面垂直的称为直角变线。它们从四面八方一致向中间的心点集中，非常有规律。与地面平行而与画面倾斜45°的，可称为对角变线。对角变线的灭点是左右两个距点。与地面平行，与画面倾斜90°和45°以外其余角度的，统称为余角变线。余角变线的灭点是余点。与画面和地面都倾斜而呈近低远高状况的，称为上斜变线。如房顶的近端坡面，它的左右两条向上倾斜的边线即属于此类。灭点在地平线以上的天空，叫作天点。与画面和地面都倾斜而呈近高远低状况的，称为下斜变线。灭点在地平线以下，叫作地点。

（二）透视的分类

透视有三种：平行透视、成角透视、散点透视。

（1）平行透视：也叫一点透视，即物体向视平线上某一点消失。

平行透视描绘的是一组变线的透视图，以中心点为唯一灭点构图，如图2-1所示。在取景时，将建筑物作为平行透视构图处理，容易从画面上得到平稳、安定、端庄、宁静、和谐的感觉。

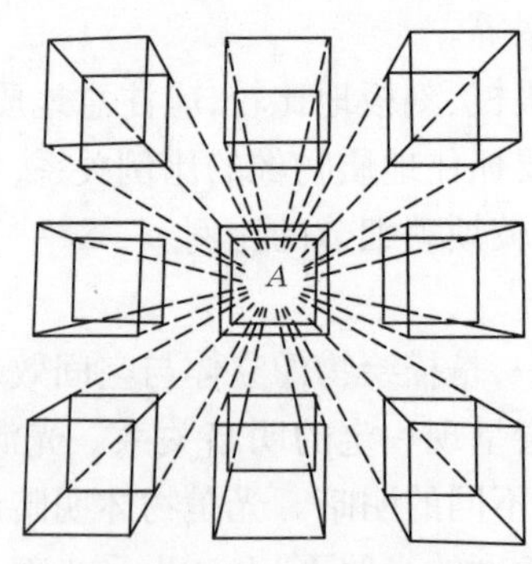

图2-1　平行透视

（2）成角透视：也叫二点透视，即物体向视平线上某两点消失。

以距点或余点为主要灭点的构图形式，即成角透视。由于成角透视的变线都分别向左右两个余点集中，画面产生的视觉效果就不像平行透视那样单纯宁静而具有较大的运动感，因而容易达到生动、活泼的构图效果，如图2-2和图2-3所示。

（3）散点透视：也叫多点透视，即不同物体有不同的消失点，这种透视法一般用于超高层建筑的俯瞰图或仰视图，如图2-4所示。

（三）透视的特性

透视在绘画中应注意的一些特性有：

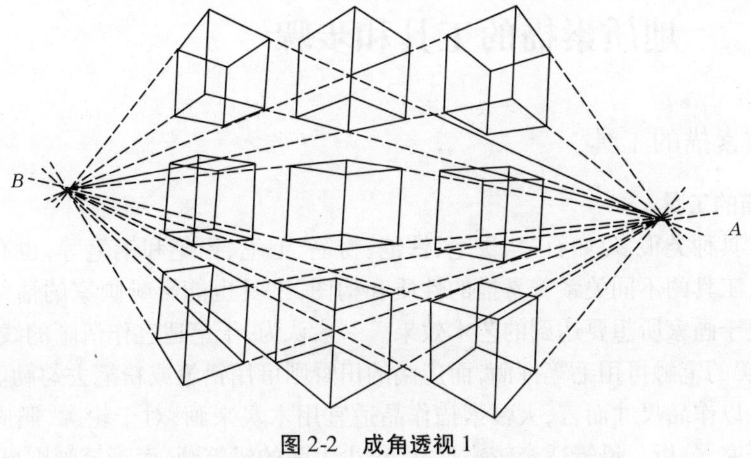

图 2-2 成角透视 1

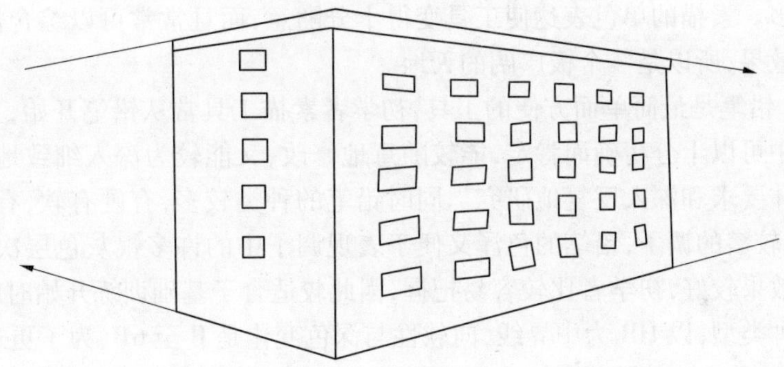

图 2-3 成角透视 2

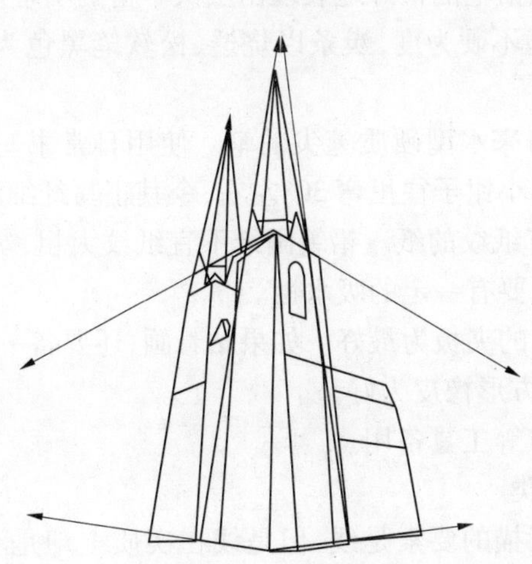

图 2-4 散点透视

(1)近大远小:近大远小是视觉自然现象,正确利用这种性质有利于表现物体的纵深感和体积感,从而在二维的画面上来表现出三维的体积空间。

(2)近实远虚:由于视觉的原因,近处的物体感觉会更清晰,而远处的物体感觉会有些模糊,这一现象在绘画中也经常用来表现物体的纵深感。事实上,在绘画过程中,往往会对近实远虚更加以强调。

单元二 地质素描的工具和步骤

一、地质素描的工具

(一)素描的工具

素描的工具种类很多,如石笔、炭笔、铁笔、粉笔、毛笔、铅笔和钢笔等,也有用钻子和金刚石作画的。工具的不同关系着素描的性质和构图,工具也能影响画家的情绪和技巧。工具的选用取决于画家所想要达到的艺术效果。一般认为,干笔适宜作清晰的线条,水笔宜于表现平面;精美的笔触可用毛笔挥洒,而广阔的田野则可用铅笔或粉笔去勾勒。炭笔是两者都可兼用的。以作品尺寸而言,大幅素描作品适宜用木炭来画,对于轮廓、照应等可经长久的时间细细研究、分析。铅笔适合较小尺寸,很少大张的铅笔画,而钢笔画则更小了,往往在插画上用得较多。素描的单色表达使工具变得十分随意,而且常常可以综合使用几种工具造成多种画面效果,所以是一个极广阔的天地。

(1)铅笔。铅笔是最简单而方便的工具,初学者素描工具常从铅笔开始,主要原因是铅笔在用线造型中可以十分精确而肯定,能较随意地修改,又能较为深入细致地刻画细部,有利于严谨的形体要求和深入反复地研究。同时铅笔的种类较多,有硬有软,有深有浅,比较俱全,可以画出较多的调子,铅笔的色泽又便于表现调子中的许多银灰色层次,对于石膏等基础训练作业效果较好,初学者比较容易把握,因此较适合于基础训练开始时应用。现有的国产铅笔分两种类型,以 HB 为中界线,向软性与深色变化是 B 至 6B,为了更适应绘画需要又有了 7B 至 8B,称之为绘画铅笔。向硬性发展有 H 至 6H,大多数用于精密的设计等专业使用。由于种类较多,因此铅笔能很好地表现出层次丰富的明暗调子。

(2)炭笔。炭笔以不脆不硬为度,炭条以烧透、松软笔黑色为佳,炭精棒以软而无砂称上品。

(3)钢笔。包括一切自来水型硬质笔尖的笔。使用日常书写的钢笔绘画也可以,一般都作一点加工,将钢笔尖用小钳子往里弯 30°左右,令其正写纤细流利,反写粗细控制自如。

(4)纸。洁白、厚净、有纸纹的纸。铅笔画纸不宜纸纹太粗,炭笔画纸表面不能太光滑,而钢笔画纸却要较光滑,还要有一定的吸水性。

(5)画板。以光滑无缝的夹板为最好。如果站着画,还要备一个画架。

(6)橡皮。以平、软的方形橡皮为好。

(7)削笔刀、图钉、擦布等工具备用。

(二)素描的技法和种类

(1)线和线条技法。素描的要素是线,但是线在实质上却是不存在的,它只代表物体、颜色和平面的边界,用来作为物体的幻觉表现。直到近代,线才被人们认为是形式的自发要素,并且独立于被描绘的物体之外。

(2)用线条来组成物体的形象。素描是用线条来组成物体的形象,并且描绘于平面之上,由线条形式引起观者的联想。例如,两条线相交所构成的角形,可以被认为是某平面的边界,另外加上第三条线可以在画面上构成立体感。弧形的线条可以象征拱顶,交会聚集的线条可表现深度。人们可以从线条的变化中得到可以领会的形象。因此,通过线条的手段,单纯的轮廓勾勒可以发展成精致的素描。

(3)用线条区分立体与平面。在素描中可以用线条区分立体与平面,色彩明暗则是为了加强和分清整体与部分的关系。我们可以运用线条的开始、消失和中断来画出边界,并且形成平面,也可使色彩至边界而上。线条的粗细能表现物体的变化,甚至光和影也可用线条的笔触变化表现出来。

(4)平面技法的辅助。素描的线条技法还需要平面技法的辅助。平面技法在使用炭粉笔时,在明暗对照上可用擦笔法。

(5)毛笔画法的使用。更重要的是使用毛笔画法,因为毛笔能发挥笔触的宽度和笔调的强度并且能增加空间感和立体感。

(6)艺术性的加强。素描也可用多色画笔作为基本材料,用来加强素描效果以及素描的艺术性。

(三)认识素描中的明暗

(1)明暗产生的原因:有光源(不论是自然光源、人工光源)照射,就有了明暗之说。

(2)明暗的基本法则:光源直射处(向光)是明亮部,光源照射不到之处(背光)是黑暗部。反射光所形成的是中间灰色部分。

(四)利用铅笔表现明暗的方法

铅笔直立地以尖端作画时,画出来的线较明了而坚实;铅笔斜侧起来以尖端的腹部作画时,笔触及线条都比较模糊而柔弱。笔触的方向要整理才不致混乱。

(五)铅笔画使用橡皮擦注意事项

(1)初学时往往总觉得画一笔不满意时,就马上用橡皮擦去了,第二次画得不对时又再擦去,这是最不好的习惯。一则容易伤害画纸使纸张留下疤痕,再则画时就越画越无把握了,所以应极力避免。

(2)当第一笔画不对时,尽可再画上第二笔,如此画时就有一个标准,容易改正,等浓淡明暗一切都画好之后,再把不用的铅笔线用橡皮轻轻擦去,这样整幅画面就清楚多了。

(3)其实画面上许多无用的线痕,通常到最后都会被暗的部分遮没了,我们只需把露出的部分擦去,这样也较为省力。同时不用的线痕,往往无形中成为主体的衬托物,所以不但不擦去无害于画面,有时反而收到无形的效果,这是我们不可不注意的地方。

(六)画面宾主表现

前面的、较近的东西都应表现得强烈而明确;后面的、较远的东西都应表现得柔弱而模糊。主体应表现得明确显著,从属的客体则应以衬托主物为目的。

(七)素描造型能力的标准

素描作画的一般要求是:

(1)比例结构准确。

(2)形象表现概括而具体,防止概念化,程式化。

(3)用线生动富于表现力。

二、素描的步骤

科学、严格的步骤不仅能够保证素描作业顺利进行,也可以培养我们的整体观察能力和描绘能力。

(一)确立构图

推敲构图的安排,使画面上物体主次得当,构图均衡而又有变化,避免散、乱、空、塞等弊病。

(二)画出大的形体结构

用长直线画出物体的形体结构(物体看不见部分也要轻轻画出),要求物体的形状、比例、结构关系准确,再画出各个明暗层次(高光、亮部、中间色、暗部、投影以及明暗交接线)的形状位置。

(三)逐步深入塑造

通过对形体明暗的描绘(从整体到局部,从大到小)逐步深入塑造对象的立体感,对主要的、关键性的细节要精心刻画。

(四)调整完成

深入塑造时难免忽视整体及局部间的相互关系,因此要全面调整(主要指形体结构、色调、质感、空间、主次等),做到有所取舍、突出主体。

单元三　地质素描的分类和实例

地质素描主要是展现地质构造在野外的形态特征,其表现手法有立体图形素描和平面图形素描。

立体图形素描,是把地质体在空间存在的现象表现出来,给人一种立体感。平面图形素描,主要从一个平面角度反映出的地质现象。

地质现象不同,形态和表象也不同,地质体常以不同形态表现出来,如岩层、构造、地形、地貌等。

一、地质素描分类

(一)水平岩层

水平岩层是指产状呈水平或近水平的岩层,如图 2-5 所示。水平岩层即同一层面上的各个点大致具有相同的海拔高度,地质图上的地质界线大致平行于地形等高线。水平岩层是沉积成岩后只有整体升降而未经倾伏和褶曲的原始水平产状的地层,也包括经过构造变动,但仍具有近水平产状的地层,如大型平卧褶皱两翼的岩层。

(二)直立岩层

直立岩层是指岩层层面与水平面垂直或近于垂直的岩层,即直立起来的岩层。在强烈构造运动挤压下,常可形成直立岩层,如图 2-6 所示。

(三)倾斜岩层

倾斜岩层是指层面和水平面有一定夹角,且倾向基本一致的岩层。倾斜岩层绝大多数是原始水平岩层经构造变动后变形的,是各种构造变形的组成部分。根据组成倾斜岩层的岩层面向,可分为正常层序的倾斜岩层和倒转层序的倾斜岩层。有些在沉积盆地边缘沉积的岩层具有原始倾斜产状,如图 2-7 所示。

图 2-5 水平岩层

图 2-6 直立岩层

图 2-7 倾斜岩层素描图

(四)褶曲构造

原生褶曲构造地貌是指未经外力破坏或受破坏轻微的背斜和向斜所组成的地貌,如背斜为山地地貌,向斜为谷地地貌。这种地质构造形态与地形起伏相吻合的地貌又称为顺地貌。事实上,顺地貌一般很少,大多数是已破坏了的蚀后构造地貌,如图 2-8 所示。

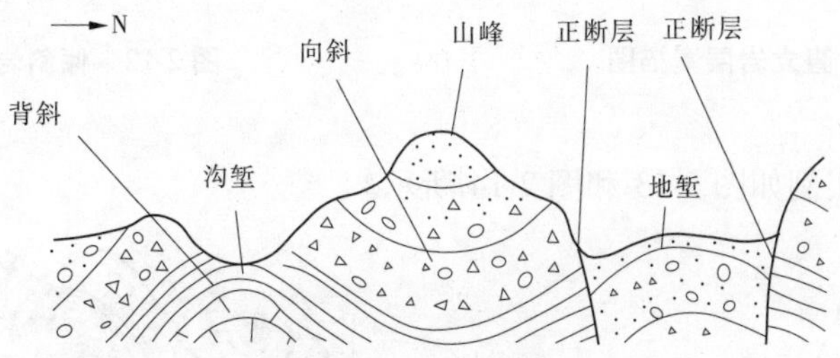

图 2-8 背斜、向斜素描图

二、地质素描的实例

(一)水平岩层

水平岩层素描实例如图 2-9 和图 2-10 所示。

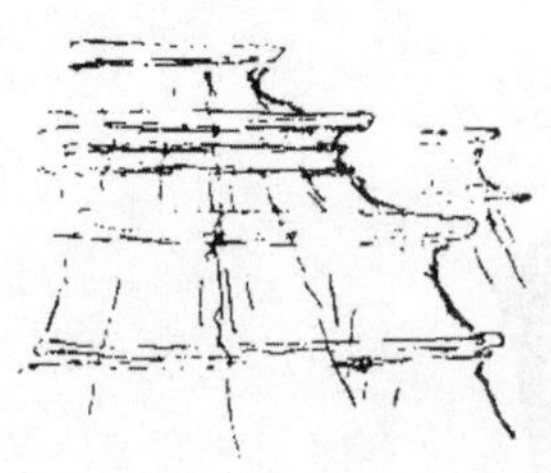
图 2-9　水平岩层素描图 1

图 2-10　水平岩层素描图 2

(二)直立岩层

直立岩层素描实例如图 2-11 所示。

(三)倾斜岩层

倾斜岩层素描实例如图 2-12 所示。

图 2-11　直立岩层素描图

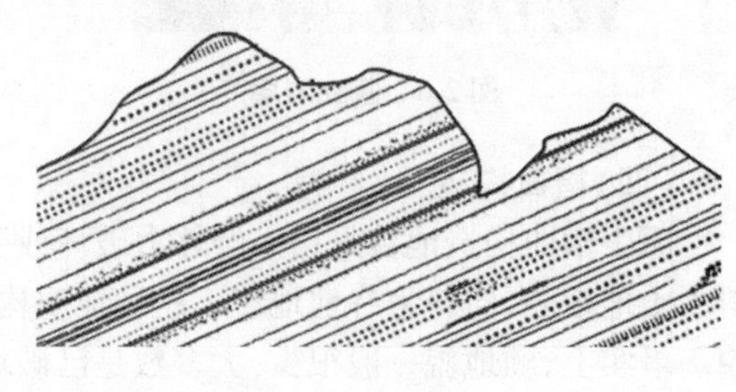
图 2-12　倾斜岩层素描图

(四)褶曲构造

褶曲构造素描实例如图 2-13 和图 2-14 所示。

图 2-13　褶曲构造素描图 1

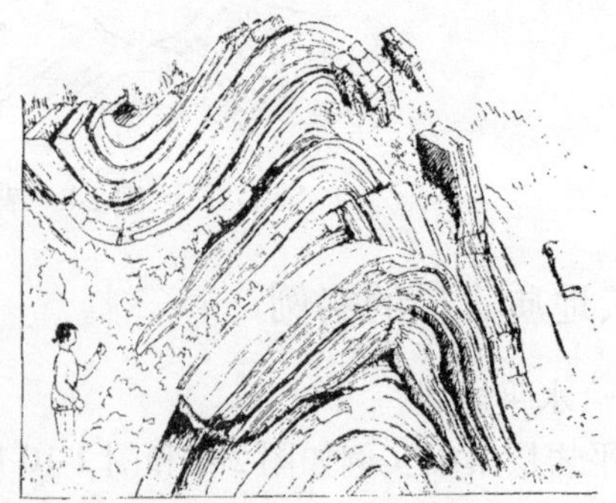
图 2-14　褶曲构造素描图 2

(五)其他地质现象素描

其他地质现象素描实例如图2-15～图2-18所示。

图2-15 山脉素描图

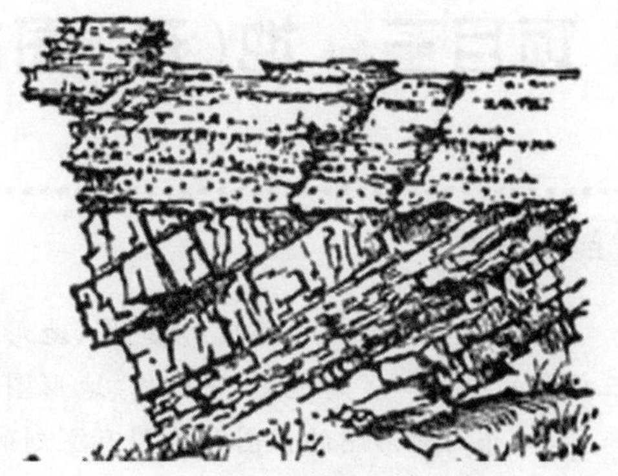

图2-16 不同岩性的素描图

图2-17 风化岩石素描图1

图2-18 风化岩石素描图2

思考题及习题

1. 地质素描的基本概念是什么?
2. 素描有哪些要素?
3. 简述透视法原理。
4. 透视在绘画中应注意哪些特性?
5. 地质素描有哪些分类?

项目三　地(形)图的基本知识

学习目标

通过学习使学生了解投影、地图、地形图的基本知识,掌握空间点、线、面的投影及三视图的画法。了解地图、平面图、地形图等基本概念,掌握地图的功用及地图的编制与分类,并对地形图的识图和应用有深刻的认识。

【学习导入】

地图是按照一定的比例和投影方法,将整个地球或地球某一部分的自然现象和社会现象,经过综合取舍,用符号和注记缩绘在平面上的图形。将地面上的地物和地貌按水平投影的方法(沿铅垂线方向投影到水平面上),并按一定的比例尺缩绘到图纸上,这种图称为地形图。由于制图的区域范围比较小,因此地形图和地图能比较精确而详细地表示地面地貌、水文、地形、土壤、植被等自然地理要素,以及居民点、交通线、境界线、工程建筑等社会经济要素。地(形)图是经济建设、国防建设和科学研究中不可缺少的工具,也是编制各种小比例尺普通地图、专题地图和地图集的基础资料。

单元一　投影和三视图的基本知识

一、投影的基本知识

将空间物体向选定的面投射,并在该面上得到图形的方法称为投影法。在地质图中,投影法分为中心投影法和平行投影法,如图3-1和图3-2所示。

投射线均通过投影中心者,称为中心投影法,如图3-1所示。

缺点:中心投影法不能真实地反映物体的形状和大小,不适用于绘制地质图样。

优点:有立体感,工程上常用这种方法绘制建筑物的透视图。

如果投射线互相平行,此时获得物体在投影面上的投影的方法,称为平行投影法,如图3-2所示。在平行投影法中,当平行的投射线与投影面倾斜时,称为斜投影;当平行的投射线与投影面垂直时,称为正投影。

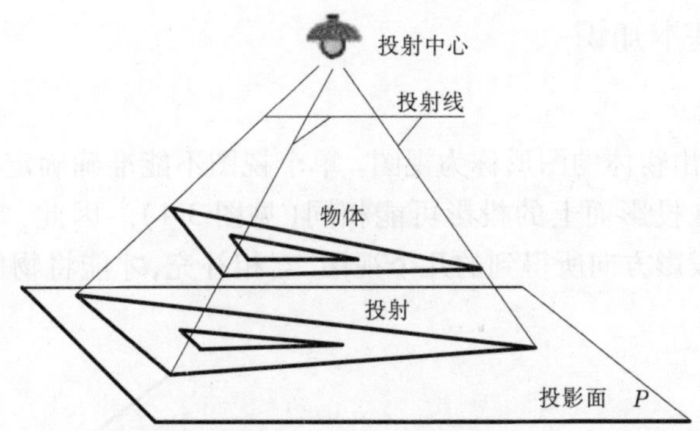

图 3-1　中心投影法

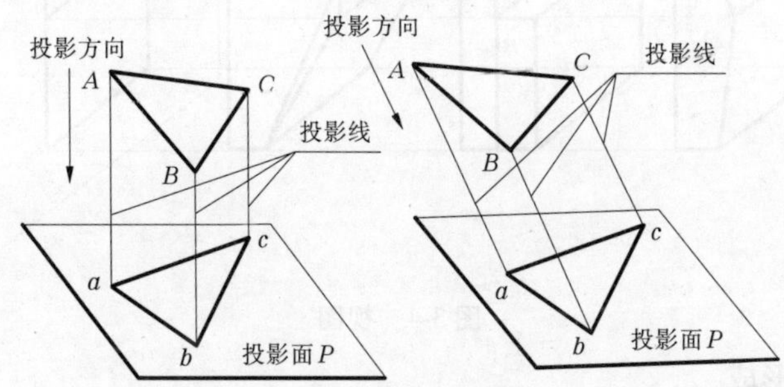

图 3-2　平行投影法

正投影法由于其度量性好而在工程图中获得广泛的应用,今后除特别说明外,我们讲到的投影均指的是正投影。

正投影法的投影特性,用直观图加以说明:

(1)真实性:直线或平面平行投影面,投影反映真长或真形(见图 3-3(a))。

(2)积聚性:直线或平面垂直投影面,投影为一点或一线(见图 3-3(b))。

(3)类似性:原形与投影不相等也不相似,两者的边数、凹凸、曲直、平行关系不变(见图 3-3(c))。

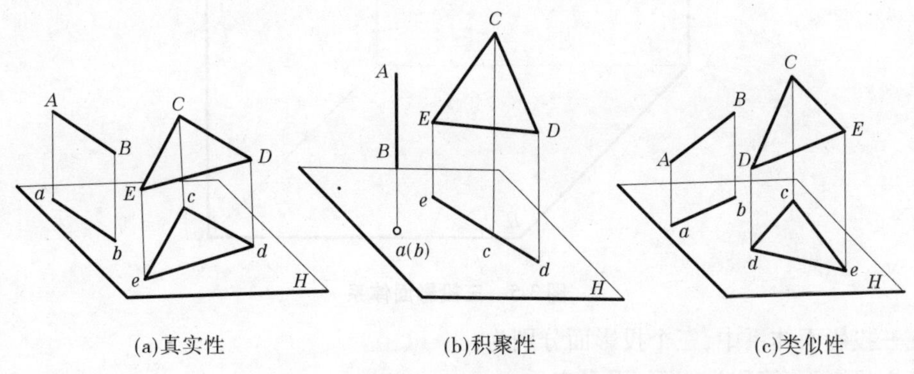

图 3-3　正投影法

二、三视图的基本知识

(一)视图的概念

用正投影法绘制出物体的图形称为视图。单个视图不能准确确定物体的形状。两个形状不同的物体,它们在投影面上的投影可能相同(见图 3-4)。因此,要反映物体的完整形状,必须增加由不同投影方向所得到的几个视图,互相补充,才能将物体表达清楚。工程上常用的是三视图。

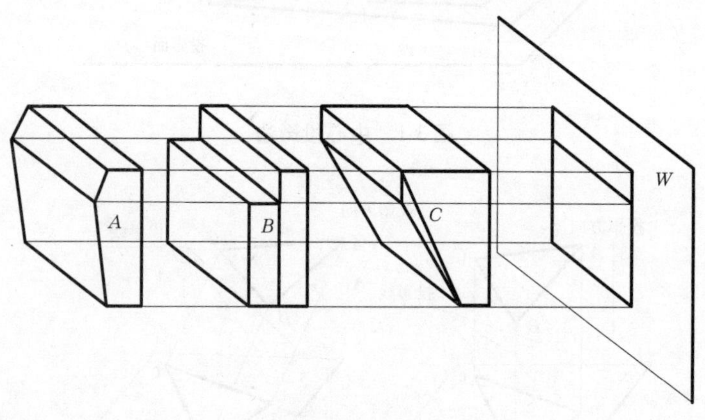

图 3-4　视图

(二)三视图的形成

(1)三投影面体系的建立。三投影面体系由三个互相垂直的投影面所组成,如图 3-5 所示。

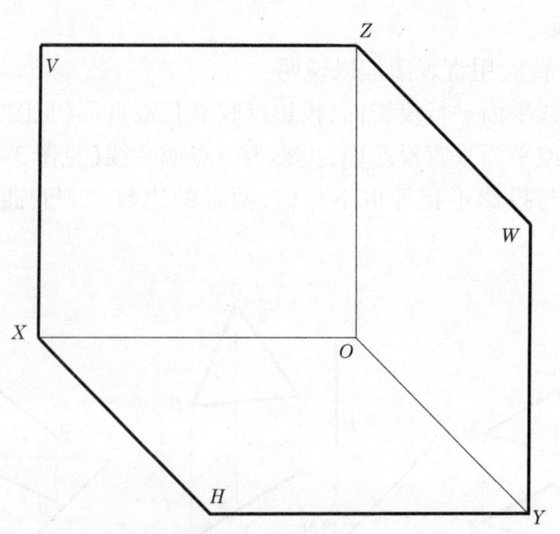

图 3-5　三投影面体系

在三投影面体系中,三个投影面分别为:

正立投影面:简称为正面,用 V 表示。

水平投影面:简称为水平面,用 H 表示。

侧立投影面:简称为侧面,用 W 表示。

三个投影面的相互交线,称为投影轴。它们分别是:

OX 轴:*V* 面和 *H* 面的交线,它代表长度方向。

OY 轴:*H* 面和 *W* 面的交线,它代表宽度方向。

OZ 轴:*V* 面和 *W* 面的交线,它代表高度方向。

三个投影轴垂直相交的交点 *O*,称为原点。

(2)三视图的形成。将物体放在三投影面体系中,物体的位置处在人与投影面之间,然后将物体对各个投影面进行投影,得到三个视图,这样才能把物体的长、宽、高三个方向,上下、左右、前后六个方位的形状表达出来,如图 3-6 所示。三个视图分别为:

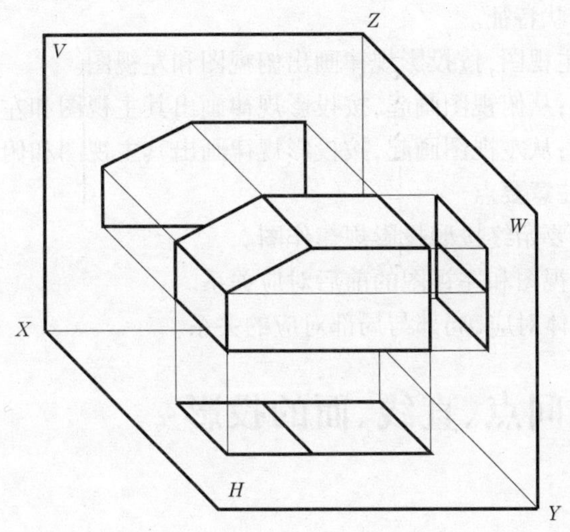

图 3-6　三视图

主视图:从前往后进行投影,在正立投影面(*V* 面)上所得到的视图。

俯视图:从上往下进行投影,在水平投影面(*H* 面)上所得到的视图。

左视图:从左往右进行投影,在侧立投影面(*W* 面)上所得到的视图。

(3)展开画法画出物体的三视图,如图 3-7 所示。去框:有轴投影;去轴:无轴投影;视图名称、位置说明。

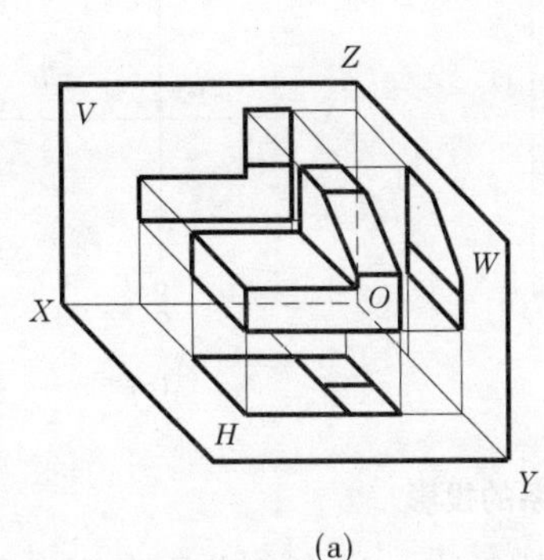

(a)

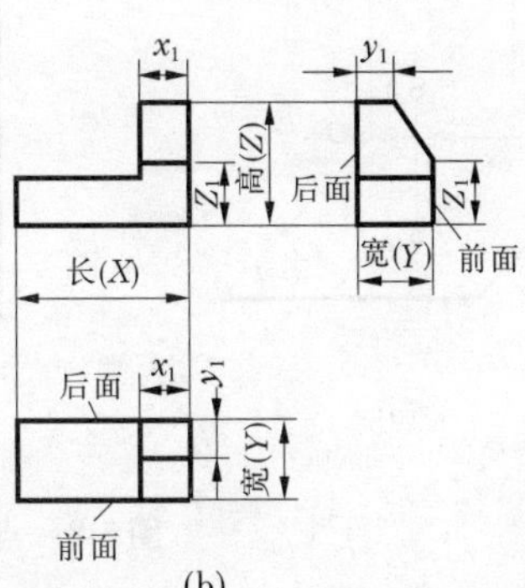

(b)

图 3-7　三视图展开画法

（三）三视图的投影规律

物体的每一个视图只反映物体两个方向的大小。主视图，反映物体的长、高；俯视图反映物体的长、宽；左视图反映物体的宽、高。

（四）物体与三视图之间的对应关系

在三视图形成的直观图上标注出物体的前、后、左、右、上、下六个方向及六个方向在视图上的反映。

着重指出，在俯视图和左视图上，远离主视图的一方均表示物体的前方。

（五）确定主视图投影方向的原则

(1)突出物体的形状特征。

(2)画弯板：画出主视图，按投影规律画出俯视图和左视图。

(3)画开槽的视图：从俯视图画起，按投影规律画出其主视图和左视图。

(4)画切角的视图：从左视图画起，按投影规律画出其主视图和俯视图。

（六）三视图画图注意要点

(1)在画图过程中要始终按照投影规律作图。

(2)特别要注意俯视图和左视图的前后对应关系。

(3)注意整体与整体对应，局部与局部对应的关系。

单元二　空间点、直线、面的投影

一、点的投影

（一）点在两投影面体系中的投影

若空间 A、B 两点位于同一条投射线上，则我们不能根据其单面投影来确定它们的空间位置。要解决这个问题必须采用多面投影。

现取 V 面和 H 面构成两投影面体系，如图 3-8(a)所示。V 面和 H 面将空间分成四个分角：第一分角、第二分角、第三分角、第四分角。本书将重点研究第一分角中几何元素的投影。

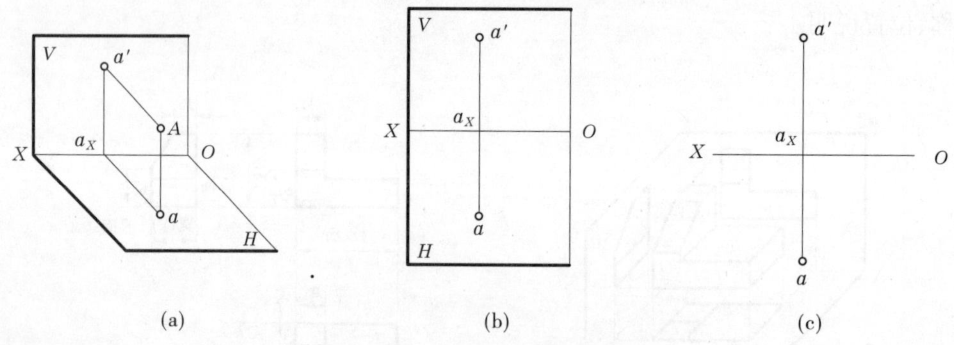

图 3-8　点在两投影面体系的投影

如图 3-8(b)所示，空间点 A 位于 V/H 两投影面体系中。过点 A 分别向 V 面和 H 面作垂线，得垂足 a'、a，a' 和 a 分别称为点 A 的正面投影和水平投影，如图 3-8(b)所示。空间点用大写的英文字母,投影用相应的小写字母表示,并用加注上角标的方法区分不同投影面上的投影。

保持 V 面不动,将 H 面绕 OX 轴向下旋转至与 V 面重合,这样就得到点 A 的投影图,如图 3-8(c)所示。在实际画图时,不画出投影面的边框。

如图 3-8(a)所示,$Aa \perp H$ 面,$Aa' \perp V$ 面,故 Aaa' 所决定的平面既垂直于 V 面又垂直于 H 面,因而垂直于它们的交线 OX,垂足为 a_X。$a_X = OX \cap Aa'a$。由于 OX 垂直于 $Aa'a$,所以 OX 垂直于 $Aa'a$ 平面内的任意直线,自然也垂直于 aa_X 和 $a'a_X$。在 H 面旋转至与 V 面重合的过程中,此垂直关系不变。Aa_Xa' 是个矩形,所以 $aa_X = Aa'$,$a'a_X = Aa$。由此可概括点的投影特性如下:

(1)点的两投影连线垂直于投影轴,即 $a'a \perp OX$。

(2)点的投影到投影轴的距离等于该点到相邻投影面的距离,即 $a\ a_X = A\ a'$,$a'a_X = Aa$。

(二)点在三投影面体系中的投影

三投影面体系的建立如图 3-9 所示。空间点 A 位于 V 面、H 面和 W 面构成的三投影面体系中。由点 A 分别向 V 面、H 面、W 面作正投影,依次得点 A 的正面投影 a'、水平投影 a、侧面投影 a'',如图 3-9(a)所示。

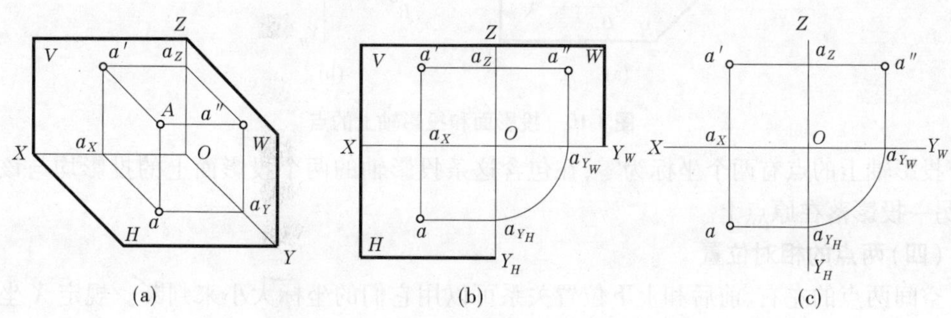

图 3-9　点在三投影面体系中的投影

为使三个投影面展到同一平面上,现保持 V 面不动,使 H 面绕 OX 轴向下旋转到与 V 面重合,使 W 面绕 OZ 轴向右旋转到与 V 面重合,这样得到点的三面投影图,如图 3-9(b)所示。在实际画图时,不画出投影面的边框,如图 3-9(c)所示。需注意:在三投影面体系展开的过程中,Y 轴被一分为二。Y 轴一方面随着 H 面旋转到 Y_H 的位置,另一方面又随 W 面旋转到 Y_W 的位置,如图 3-9(b)所示。点 a_Y 因此而分为 $a_{Y_H} \in H$ 和 $a_{Y_W} \in W$。正面投影和水平投影、正面投影与侧面投影之间的关系符合两投影面体系的投影规律:$a'a \perp OX$,$a'a'' \perp OZ$;点的水平投影与侧面投影均反映到 V 面的距离。由此概括出点在三投影面体系中的投影规律:

(1)点的水平投影与正面投影的连线垂直于 OX 轴,即 $a'a \perp OX$。

(2)点的正面投影和侧面投影的连线垂直于 OZ 轴,即 $a'a'' \perp OZ$。

(3)点的水平投影到 OX 轴的距离等于点的侧面投影到 OZ 轴的距离,即 $aa_X = a''a_Z$。

(三)点的投影与坐标

三投影面体系是直角坐标系,其投影面、投影轴、原点分别可看作坐标面、坐标轴及坐标

原点。这样,空间点到投影面的距离可以用坐标表示,点 A 的坐标值唯一确定相应的投影。如图 3-9,点 A 的坐标(x,y,z)与点 A 的投影(a',a,a'')之间有如下的关系:

(1)点 A 到 W 面的距离等于点 A 的 x 坐标:$a_Z a' = a_{Y_H} a = a''A = x$;

(2)点 A 到 H 面的距离等于点 A 的 z 坐标:$a_X a' = a_{Y_W} a'' = aA = z$;

(3)点 A 到 V 面的距离等于点 A 的 y 坐标:$a_X a = a_Z a'' = a'A = y$。

因为每个投影面都可看作坐标面,而每个坐标面都是由两个坐标轴决定的,所以空间点在任一个投影面上的投影,只能反映其两个坐标,即

V 面投影反映点的 X、Z 坐标;

H 面投影反映点的 X、Y 坐标;

W 面投影反映点的 Y、Z 坐标。

如图 3-10 所示,点 $A \in V$ 面,它的一个坐标为零,在 V 面上的投影与该点重合,在其他投影面上的投影分别落在相应的投影轴上。

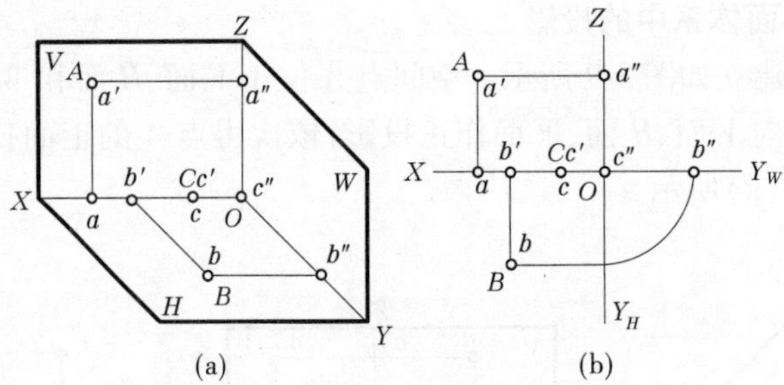

图 3-10　投影面和投影轴上的点

投影轴上的点有两个坐标为零,在包含这条投影轴的两个投影面上的投影均与该点重合,另一投影落在原点上。

(四)两点的相对位置

空间两点的左右、前后和上下位置关系可以用它们的坐标大小来判断。规定 X 坐标大者为左,反之为右;Y 坐标大者为前,反之为后;Z 坐标大者为上,反之为下。

如图 3-11 所示,点 A 与点 B 相比,A 在左、前、下的位置,而 B 则在点 A 的右、后、上的位置。

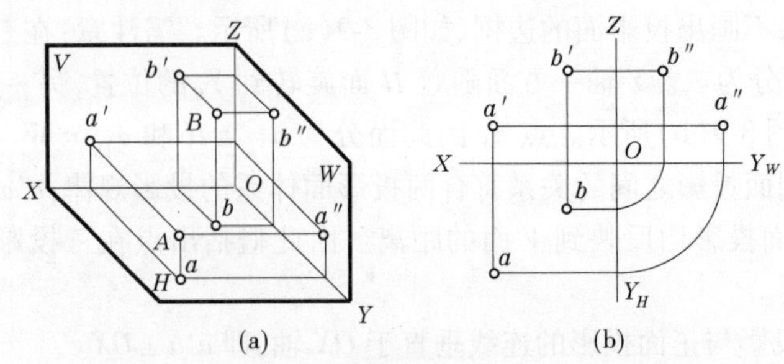

图 3-11　空间两点的位置关系

如图 3-12 所示,A、B 两点位于垂直于 V 面的同一投射线上,这时 a'、b'重合,A、B 称为对 V 的重影点。同理可知对 H 面及对 W 面的重影点。

对 V 面的一对重影点是正前、正后方的关系；

对 H 面的一对重影点是正上、正下方的关系；

对 W 面的一对重影点是正左、正右方的关系。

其可见性的判断依据其坐标值。X 坐标值大者遮住 X 坐标值小者；Y 坐标值大者遮住 Y 坐标值小者；Z 坐标值大者遮住 Z 坐标值小者。被遮的点一般要在同面投影符号上加圆括号，以区别其可见性，如(b')。

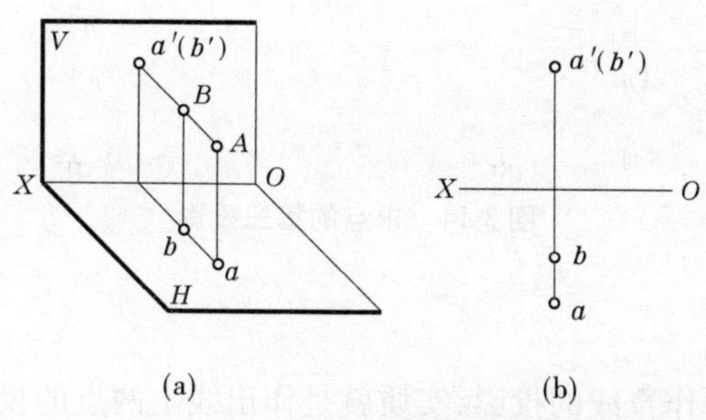

图 3-12　重影点

【例 3-1】　已知点 $A(15,39,20)$，求作其三面投影。

分析：可按照点的投影与坐标的关系来作图。

作图：(1)画坐标轴，并由原点 O 在 OX 轴的左方取 $x=15$ 得点 a_X，如图 3-13(a)所示。

(2)过 a_X 作 OX 轴的垂线，自 a_X 起沿 Y_H 方向量取 $y=39$ 得点 a，沿 Z 方向量取 $z=20$ 得 a'，如图 3-14(b)所示。

(3)按点的投影规律作出 a''。

(4)擦去多余线条。

点的立体图画法如图 3-13(c)所示。

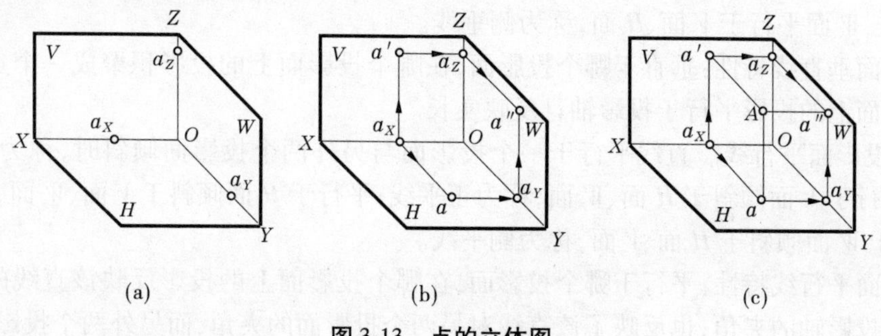

图 3-13　点的立体图

【例 3-2】　如图 3-14(a)所示，已知点 A 的 V 面投影 a' 和 W 面投影 a''，求其水平投影 a。

分析：可按照点的投影规律来作，如图 3-14(b)所示。

作图：(1)由点 a' 作垂直于 OX 轴的直线。

(2)由点 a'' 作垂直于 OY_W 轴的直线，垂足为点 a_{Y_W}，再以原点 O 为圆心、Oa_{Y_W} 为半径，画圆弧交 OY_H 轴于 a_{Y_H}，然后由点 a_{Y_H} 作 X 轴的平行线。

(3)过 a' 垂直于 X 轴的直线与过 a_{Y_H} 平行于 X 轴的直线的交点即为所求的水平投影 a。

(4)擦去多余线条。

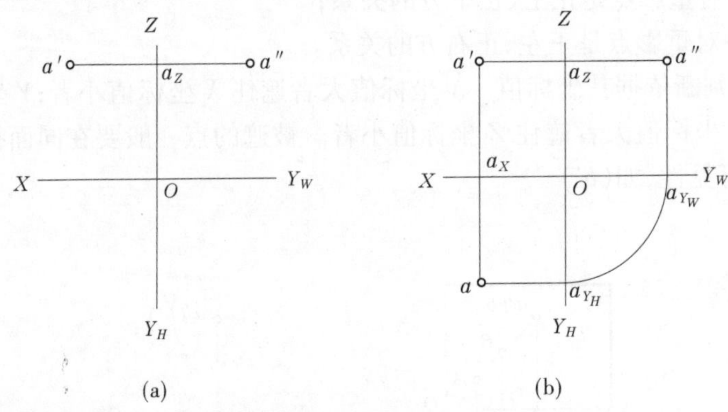

图 3-14　求点的第三投影

二、直线的投影

直线由两点确定,要作直线的投影,实质就是作出线上两点的投影,也就是说,它的投影由直线上两点的同面投影的连线来确定,直线的投影特性是由其对投影面的相对位置决定的,按直线对投影面的相对位置,直线分为:

(1)投影面垂直线:垂直于某一投影面的直线。

(2)投影面平行线:平行于某一投影面的直线。

(3)一般位置直线:对三个投影面均倾斜的直线。

直线对投影面之间的夹角称为倾角。在三投影面体系中,直线对 H 面、V 面、W 面的倾角分别用 α、β、γ 表示。

(一)各种位置直线的投影特点

(1)投影面垂直线。直线垂直于一个投影面与另外两个投影面平行时,称为投影面垂直线。垂直于 V 面平行于 H 面、W 面,称为正垂线;垂直于 H 面平行于 V 面、W 面,称为铅垂线;垂直于 W 面平行于 V 面、H 面,称为侧垂线。

投影面垂直线特性:垂直于哪个投影面,在哪个投影面上的投影积聚成一个点,而另外两个投影面上的投影平行于投影轴且反映实长。

(2)投影面平行线。直线平行于一个投影面与另外两个投影面倾斜时,称为投影面平行线。平行于 V 面倾斜于 H 面、W 面,称为正平线;平行于 H 面倾斜于 V 面、W 面,称为水平线;平行于 W 面倾斜于 H 面、V 面,称为侧平线。

投影面平行线特性:平行于哪个投影面,在哪个投影面上的投影反映该直线的实长,而且投影与投影轴的夹角,也反映了该直线对另两个投影面的夹角,而另外两个投影都是类似形,比实长要短。

(3)一般位置直线。直线与三个投影面都处于倾斜位置,称为一般位置直线。

一般位置直线在三个投影面上的投影都不反映实长,而且与投影轴的夹角也不反映空间直线对投影面的夹角。

要求得实长和夹角,我们利用直角三角形法求得。

(二)直线上点的投影

如果点在直线上,则点的各个投影必在该直线的同面投影上,并将直线的各个投影分割成和空间相同的比例。

(三)两直线的相对位置

(1)两直线平行。两直线空间平行,投影面上的投影也相互平行。

(2)两直线相交。空间两直线相交,交点 K 是两直线的公共点,K 点的投影,符合点的投影规律。

(3)两直线交叉。空间两直线既不平行又不相交时称为交叉。交叉两直线的同面投影可能相交,但它们各个投影的交点不符合点的投影规律。

(四)两直线垂直相交

空间两直线垂直相交,其中有一直线平行于某投影面时,则两直线在所平行的投影面上的投影表现为直角。

【例 3-3】 如图 3-15 所示,某岩层面上 A、B 两点的标高投影,比例尺 1∶1 000。求 AB 实长 L、水平距离 l 和高差 ΔH_{AB}。

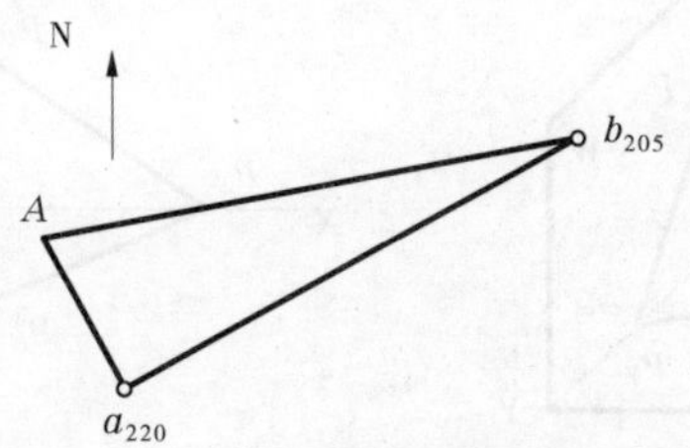

图 3-15　倾斜直线的标高投影

解:(1)求水平距离 l_{ab}。在图上量得 $a_{220}b_{205}=6\div1/1\,000=60(\mathrm{m})$。

(2)求高差。$\Delta H_{AB}=220-205=15(\mathrm{m})$。

(3)作直角三角形。A 端比 B 端高,过 a_{220} 点作 $Aa_{220}\perp a_{220}b_{205}$,且使 $Aa_{220}=(220-205)\times 1/1\,000=1.5(\mathrm{cm})$,连接 Ab_{205},得到直角三角形 $\triangle Aa_{220}b_{205}$。

(4)求 AB 实长 L。可以在图上直接量得,$L=6.5\div1/1\,000=65(\mathrm{m})$。

也可以用解直角三角形的办法求得,$L=(15^2+60^2)^{1/2}\approx65(\mathrm{m})$。

三、平面的投影

(一)平面的表示法

(1)几何元素表示法,如图 3-16 所示。这五种表示平面形式的基础是不在同一直线上的三个点,其他几种形式都是在此基础上转化而来的,常用于表示平面的形式为图 3-16(e)。

(2)迹线表示法,如图 3-17 所示。

空间平面与投影面的交线称为迹线。迹线的投影特点:有一个投影与迹线重合,另一投影落在相应的投影轴上。

(二)各种位置平面的投影特性

在三投影面体系中,根据平面对各投影面所处的相对位置,各种位置平面分为三种。

(1)一般位置平面,其投影特性如图 3-18 所示。对三个投影面都倾斜的平面称为一般位置平面。投影特征:三个投影均为平面图形的类似形,且小于实形。

(2)投影面垂直面。垂直于某一投影面且与另两投影面倾斜的平面,称为投影面垂直面。

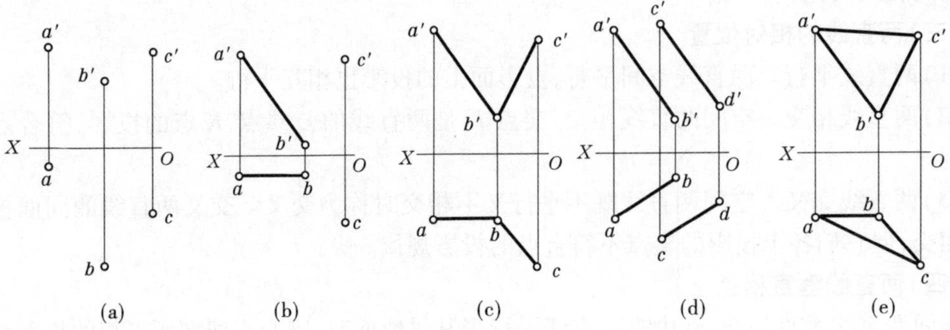

图 3-16　平面的表示法

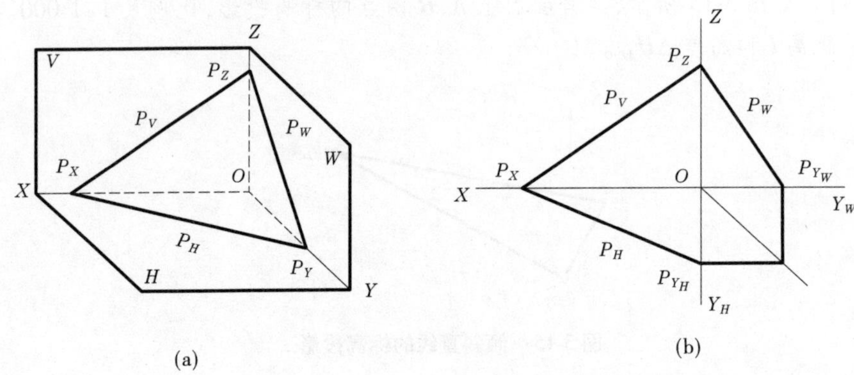

图 3-17　迹线表示法

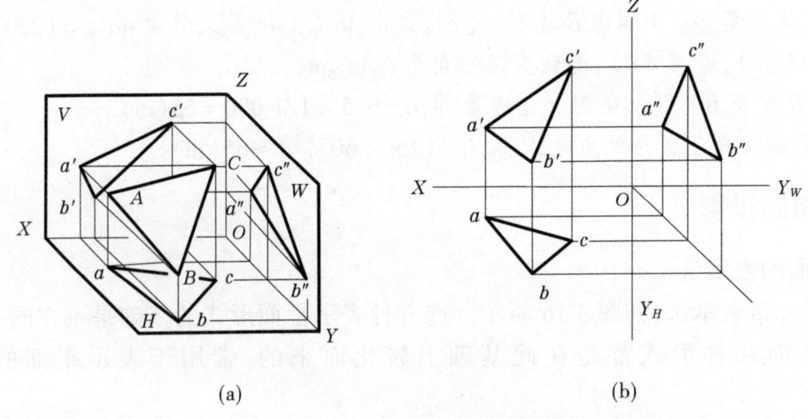

图 3-18　一般位置平面投影特性

垂直于 V 面倾斜于 H 面、W 面，称为正垂面；垂直于 H 面倾斜于 V 面、W 面，称为铅垂面；垂直于 W 面倾斜于 H 面、V 面，称为侧垂面。

投影特征：以铅垂面为例（直观图→投影图）分析，其投影后得出：

①在与平面垂直的投影面上的投影积聚为直线，反映平面对另两投影面的夹角。

②其余各投影为类似形且小于实形。

(3)投影面平行面，其投影特性如图 3-19 所示。平行于某一投影面的平面，称为投影面平行面。平行于 V 面垂直于 H 面、W 面，称为正平面；平行于 H 面垂直于 V 面、W 面，称为水平面;平行于 W 面垂直于 H 面、V 面,称为侧平面。

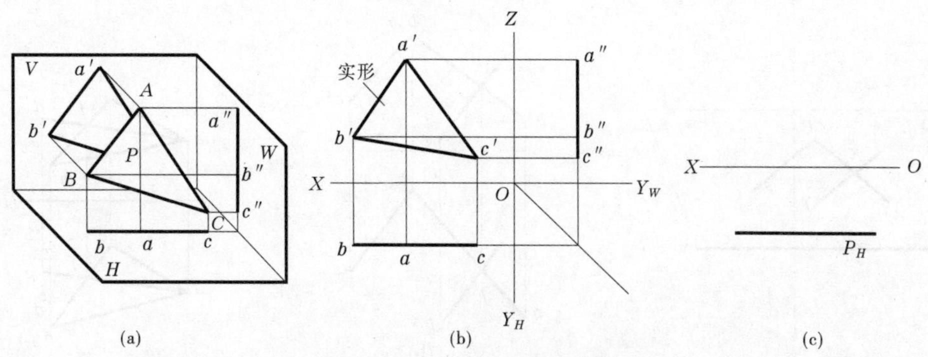

图 3-19　投影面平行面

投影特性:以正平面为例(直观图→投影图)分析,其投影后得出:

①在与平面平行的投影面上的投影反映平面的实形。

②在另两投影面上的投影积聚为直线,且平行于相应的投影轴。

(三)平面上取点线的作图

(1)平面上取直线。

分析:直线 AB、AC 决定 P 平面,点 D 在直线 AB 上,点 E 在直线 AC 上,则直线 DE 在 P 平面上。

作图:作出投影图,如图 3-20 所示。

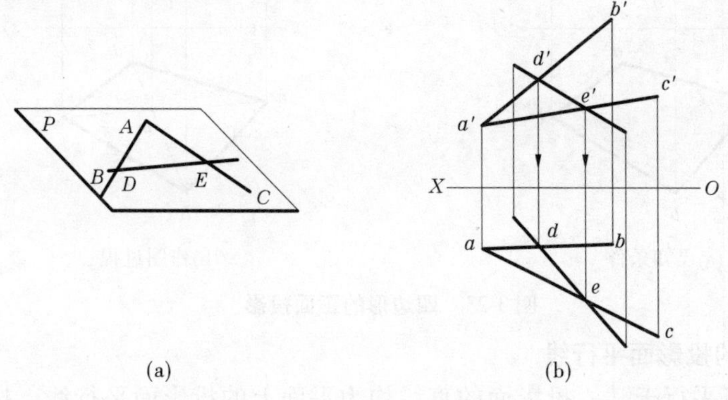

图 3-20　平面上取直线的作图

(2)平面上取点。

若直线过平面上的一已知点,且平行该平面上的一条已知直线,则此直线在该平面上。

分析:相交直线 AB、BC 确定 Q 平面,K 为 Q 平面上的已知点,显然,当过点 K 作 KF // BC 时,KF 在该平面上。

作图:作出投影图,如图 3-21 所示。

从而得出:要在平面上取线,必须先在平面上取点。

(3)判断点是否在平面上。

分析:作出投影图,如图 3-22 所示。

点的投影在平面投影范围内,该点也不一定就在该平面上,点的投影不在平面的投影范

围内，该点也不一定不在该平面上，要判断点是否在该面上必须通过作图予以判别。

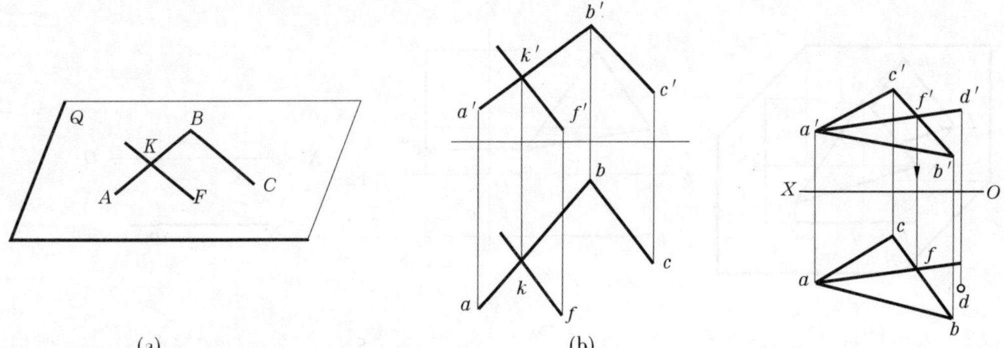

图 3-21　平面上取点的作图　　图 3-22　判断点在平面上

【例 3-4】　如图 3-23(a)所示，试完成四边形 *ABCD* 的正面投影。

分析：三点决定一平面，显然该平面的空间位置由 *A*、*B*、*C* 三点决定，点 *D* 是该平面上的点，因而归结为在平面上取点的问题。

作图：作出投影图，如图 3-23(b)所示。

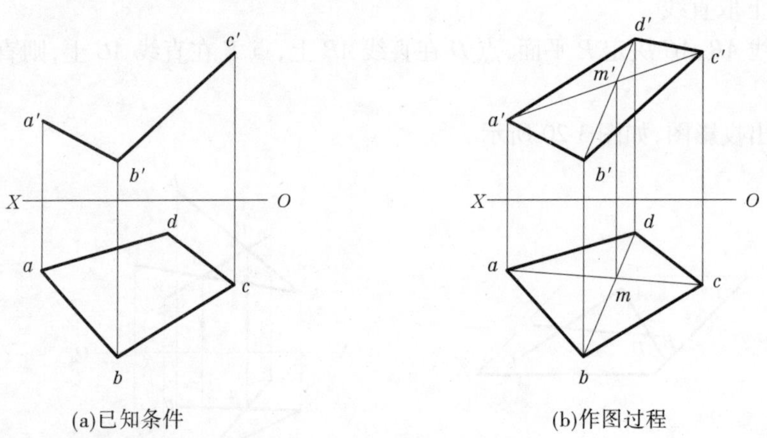

图 3-23　四边形的正面投影

(四)平面上的投影面平行线

属于该平面且平行于某一投影面的直线均为平面上的投影面平行线。按定义分为三种：平面上的水平线、平面上的正平线、平面上的侧平线。

要在平面上取一条属于该平面的投影面平行线，显然要满足以下两点：

(1)该直线要符合投影面平行线的投影特性。

(2)要满足直线属于该平面的几何条件(通过图解)。

【例 3-5】　试在△*ABC* 平面上作一正平线，并在此平面上取一点，使该点距 *H* 面 15 mm，距 *V* 面 25 mm。

分析：在平面上的正平线可取无数条，按给定的条件只要任取一条即可满足。

作图：如图 3-24 所示，过点 *c* 作 $cd /\!/ OX$，交 *ab* 于点 *d*，由 *d* 得出 *d′*，连接 *c′d′*。

平面上的投影面平行线是一条与所平行的投影面等距的直线，所以 *K* 点位于平面上距 *H* 面 15 mm 的一条水平线上，又位于距 *V* 面 25 mm 的正平线上，所求点应在这两条直线的

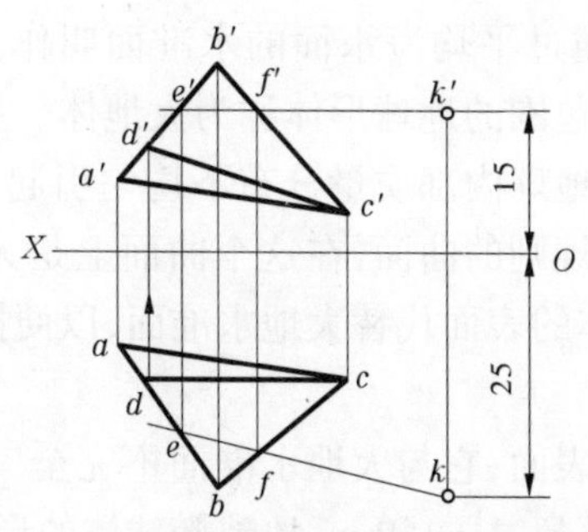

图 3-24　平面上的投影面平行线

交点上，点的轨迹是在与 H 面距 15 mm 的平行面和与 V 面距 25 mm 的平行面上，该两平面的交线与平面△ABC 的交点即为所求，这两个平面的交线为一侧垂线，因此侧面投影已知，利用面上取点线的方法即可求取点 K 的正面投影和水平投影。

【例 3-6】　图 3-25 用等高线给出了煤层底板平面，以及底板平面内的点 A 和直线 MN 的投影。今沿 ab 方向开一条沿底板的巷道与 MN 贯通(相交)，试确定 AB 巷道的倾角和实长。

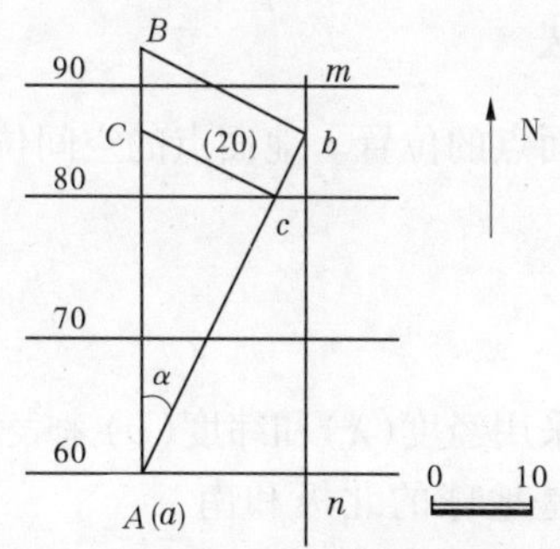

图 3-25　求作 AB 巷道的倾角和实长

分析：直线 AB 在平面内，则其中 A、C 两点在平面内且在等高线上，故知其标高分别为 60 和 80。按比例尺取 $Cc=20$，作直角三角形△Cca，则得其倾角 α。过 b 点作垂线，交 aC 延长线于 B，则 aB 即为 AB 实长。

单元三　地面点位的确定

一、地球的形状和大小

测量工作是在地球表面上进行的，测量成果又需要归算到一定的平面上，才能进行计算与绘图，因此首先应当对地球的形状和大小有所了解。地球自然表面高低起伏，是一个表面形状极不规则的球体，如世界上最高点是我国的珠穆朗玛峰，它高出海水面 8 844.43 m，最低点是太平洋中的马里亚纳海沟，深达 11 022 m。地球表面有陆地和海洋，其中陆地约占 29%，海洋约占 71%，因此可以把地球总的形状看作是被海水包围起来的球体，也就是设想有一个静止的海水面延伸穿过大陆和岛屿后形成闭合曲面。把这个封闭的曲面称为水准

面。水准面有无数多个,其中通过平均海水面的水准面叫作大地水准面,它是一个封闭曲面,并处处与铅垂线垂直,它所包围的地球形体称为大地体。过水准面上任意一点与水准面相切的平面称为水平面。由于地球内部质量分布不均匀引起铅垂线方向的变化,使大地水准面成为一个十分复杂而又不规则的曲面,在这个曲面上是无法进行数学计算的。在实用上,常用与其逼近的地球椭球体的表面代替大地水准面,以便把测量结果归算到地球椭球体上进行计算和绘图。

地球椭球体面是一个数学表面,它与大地水准面不完全一致,有的地方稍高一些,有的地方稍低一些,但其差数一般不超过 ±150 m,地球椭球体的形状和大小,由椭球参数长半径 a、短半径 b 和扁率 α 来表示。我国 1980 年以后采用的数值为:$a = 6\ 378\ 140$ m;$b = 6\ 356\ 755.3$ m;$\alpha = \frac{1}{298.257}$。

由于地球椭球体的扁率很小,十分接近于圆球,因此在工程测量中可以当成圆球体来看待,半径采用与椭球等体积的球体半径,即取地球椭球体三个半径的平均值作为该球体的半径:$R = \frac{a+a+b}{3} = 6\ 371$ km。

二、确定地面点位的方法

测量的基本工作是确定地面点的位置。地面点的空间位置,需要三个量来确定,即平面坐标和高程。

(一)地面点的平面坐标

1. 地理坐标

地面点在球面上的位置常采用经度(λ)和纬度(φ)来表示,称为地理坐标。

如图 3-26 所示,N、S 分别是地球的北极和南极,NS 称为地轴,包括地轴的平面称为子午面。子午面与地球表面的交线称为子午线。通过格林尼治天文台的子午线和子午面分别称为首子午线和首子午面。过地面上任意一点 P 的子午面与首子午面的夹角 λ,称为 P 点的经度。由首子午面向东量称为东经,向西量称为西经,其取值范围为 $-180° \sim +180°$。

通过地心且垂直于地轴的平面称为赤道面。过 P 点的铅垂线与赤道面的夹角 φ,称为 P 点的纬度。由赤道面向北量称为北纬,向南量称为南纬,其取值范围为 $-90° \sim +90°$。

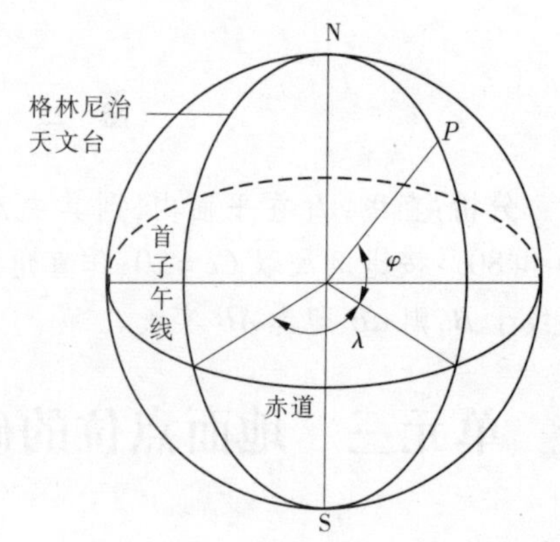

图 3-26 地理坐标

地面上每一点都有一对地理坐标,例如北京某点的地理坐标为东经 116°28′,北纬 39°54′。

2. 高斯平面直角坐标

在解决较大范围的测量问题时,应将地面上的点投影到椭球体面上,再按一定的规则投影到平面上,形成统一的平面直角坐标系,通常采用高斯投影的方法来解决这一问题。

高斯投影是将地球按一定的经度差(如每隔 6°)划分成若干个投影带,如图 3-27(a)所

示,然后将每个投影带按照高斯正形投影条件投影到平面上。投影带是从通过英国格林尼治天文台的首子午线起,经差每隔6°为一带(称为6°带),自西向东将整个地球分为60个投影带,带号从首子午线起向东,用阿拉伯数字1、2、3、…、60表示。位于各投影带中央的子午线称为该带的中央子午线,第N个投影带的中央子午线的经度L_0为:

$$L_0 = 6N - 3 \tag{3-1}$$

式中　N——投影带的带号。

分带以后,每一个投影带仍是一个曲面,为了能用平面直角坐标表示点的位置,必须将每个曲面按高斯正形投影条件转换成平面。基本方法是:把地球当作圆球看待,设想把一个与地球同直径的圆柱横套在地球上,使圆柱内表面与某个6°带的中央子午线相切,在保持角度不变的条件下将该投影带全部投影到圆柱内表面上。然后将圆柱沿着通过南北两极的母线剪开并展成平面,便得到该6°带在平面上的投影。用同样的方法可以得到其他每个投影带的平面投影,如图3-27(b)所示。

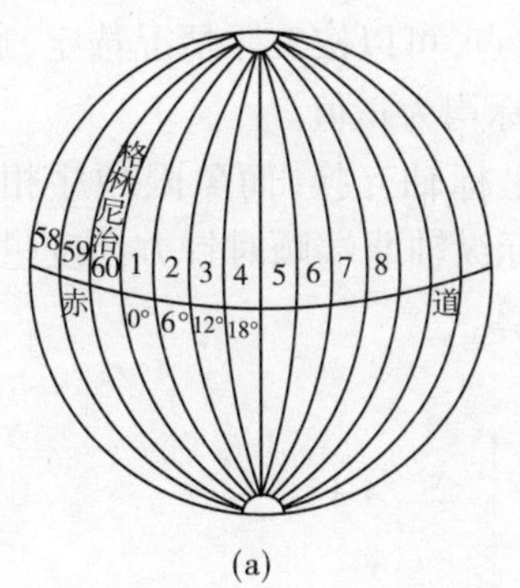

(a)

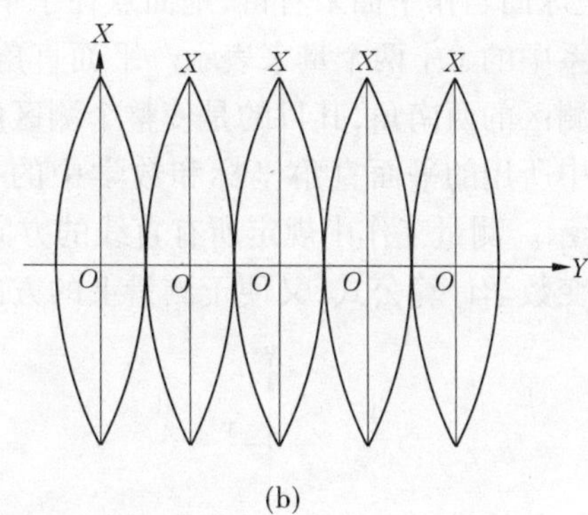

(b)

图3-27　地球分带与高斯投影

投影以后,在高斯平面上,每带的中央子午线和赤道的投影成相互垂直的直线,取每带的中央子午线为坐标纵轴(X轴),赤道为横轴(Y轴),它们的交点O为坐标原点,纵轴向北为正方向,横轴向东为正方向,从而组成投影带的高斯平面直角坐标系,在其投影带内的每一点都可以用平面坐标x、y来表示。由于我国位于北半球,纵坐标x均为正值。为了使每带的横坐标y不出现负值,在测量中规定每带的中央子午线的横坐标都加上500 km,也就是把纵坐标轴向西移500 km,如图3-28所示。

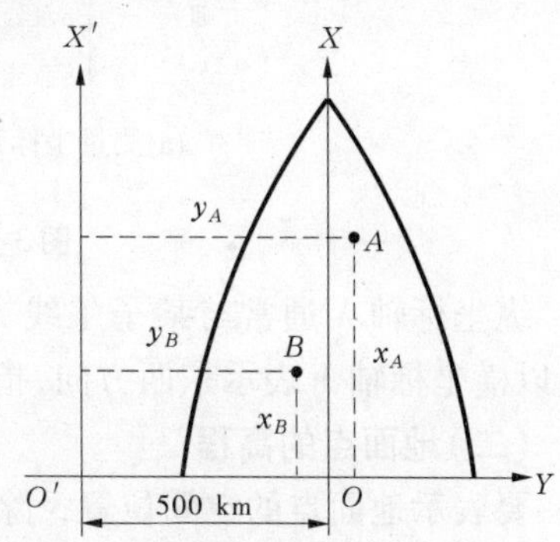

图3-28　测量平面坐标值的构成

如上所述,每带都有相应的直角坐标系。为了区别不同投影带内的点的坐标,规定在横坐标值前加注投影带号,这种增加500 km和带号的横坐标值称为通用值;未加500 km和带号的横坐标值称为自然值。例如,A、B两点位于第36带内,其横坐标的自然值为:

$$y_A = +36\,210.14 \text{ m}$$

$$y_B = -41\,613.07 \text{ m}$$

将A、B两点横坐标的自然值加上500 km,并加注带号后便得到横坐标的通用值,即

$$y_A = 36\ 536\ 210.14 \text{ m}$$
$$y_B = 36\ 458\ 386.93 \text{ m}$$

在高斯平面直角坐标系中，离中央子午线愈近的区域其长度变形愈小，离中央子午线愈远的区域其长度变形愈大。在工程和城市测量中要求长度变形较小时，应采用高斯投影3°带坐标系。3°带是从东经1°30′起，每隔经差3°带划分一带，将整个地球划分为120个投影带。3°带中的单数带的中央子午线与6°带的中央子午线重合，而双数带的中央子午线则与6°带的边界子午线重合。3°带中央子午线的经度L_0'可按式(3-2)计算：

$$L_0' = 3n \tag{3-2}$$

式中 n——3°带的带号。

我国规定分别采用6°带和3°带两种投影带。

3. 假定平面直角坐标

在小范围内（如较小的建筑区域或厂矿区等）进行测量时，由于测量区域较小又相对独立，可以把球面当作平面来看待，地面点在水平面内的铅垂投影位置，可以用在该平面内的假定坐标系中的x、y两个量来表示。平面直角坐标系的原点，可以按实际情况选定，通常把原点选在测区的西南角，其目的是使整个测区内各点的坐标均为正值。

测量中所用的平面直角坐标和数学中的相似，只是坐标轴互换，而象限顺序相反，如图3-29所示。测量工作中规定所有直线的方向都是从坐标纵轴北端顺时针方向度量的，这样既不改变数学计算公式，又便于测量上的方向和坐标计算。

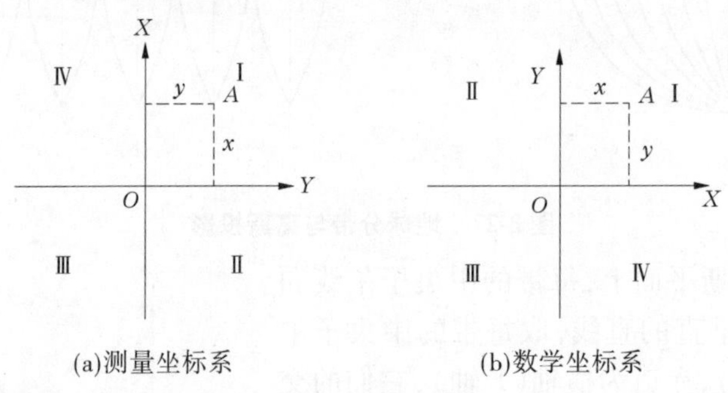

图3-29 测量坐标系和数学坐标系

纵坐标轴X通常与某子午线方向一致，以它来表示南北方向，指北者为正，指南者为负；以横坐标轴Y表示东西方向，指东者为正，指西者为负。

（二）地面点的高程

要表示地面点的空间位置，除应确定其在投影面上的平面位置外，还应确定它沿铅垂线方向到基准面的距离。在一般测量工作中都以大地水准面作为基准面，把某点沿铅垂方向到大地水准面的距离，称为该点的绝对高程或海拔，简称高程，如图3-30所示，一般用符号H表示高程，如图中A、B点的绝对高程用H_A和H_B表示。如果是距任意一个水准面的距离，则称为相对高程，如H_A'和H_B'。我国的绝对高程是以青岛港验潮站历年记录的黄海平均海水面为基准，并在青岛市内一个山洞里建立了水准原点，高程为72.260 m（称为1985年国家高程基准），全国各地点的高程都以它为基准测算（停止使用1956年高程基准72.289 m）。

地面上两点间的高程差称为两点间的高差,用 h 表示,高差有正、负之分。例如,A、B 两点的高差 h_{AB} 为:

$$h_{AB} = H_B - H_A \tag{3-3}$$

当 h_{AB} 为正时,说明 B 点高于 A 点;当 h_{AB} 为负时,说明 B 点低于 A 点;当 h_{AB} 为零时,说明两点在同一水准面上(高程值相等)。

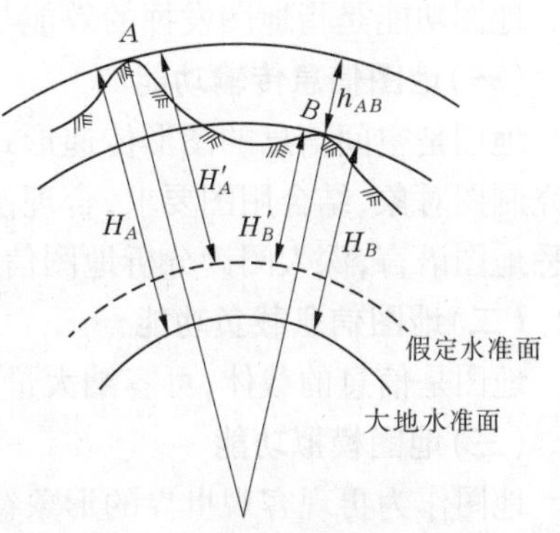

图 3-30　地面点的高程表示

当使用绝对高程有困难时(无法与国家高程系统联测),可采用任意假定的水准面为高程起算面,即为相对高程或假定高程。在建筑工程中所使用的标高,就是相对高程,它是以建筑物地坪(±0.000面)为基准面起算的。

不论采用绝对高程还是相对高程,其高差值是不变的,均能表达两点间的高低相对关系。例如:

$$h_{AB} = H_B - H_A = H'_B - H'_A \tag{3-4}$$

单元四　地图的功用

裴秀在地图学上的主要贡献是他第一次明确建立了中国古代地图的绘制理论。他总结中国古代地图绘制的经验,在《禹贡地域图》序中提出了著名的具有划时代意义的制图理论——“制图六体”。

所谓“制图六体”,就是绘制地图时必须遵守的六项原则,即分率(比例尺)、准望(方位)、道里(距离)、高下(地势起伏)、方邪(倾斜角度)、迂直(河流、道路的曲直),前三项是最主要的普遍的绘图原则,后三项是因地形起伏变化而须考虑的问题。这六项原则是互相联系,互相制约的。裴秀的“制图六体”对后世制图工作的影响是十分深远的,直到后来西方的地图投影方法在明末传入中国,中国的制图学才再一次革新。

早在 1 700 多年前,裴秀不仅已经认识到在地图上表现实际地形的时候有哪些相互影响的因素,而且知道用比例尺和方位去加以校正的方法,这在地图发展史上是具有划时代意义的杰出成就。因此,他被称为中国科学地图学的创始人。李约瑟称他为“中国科学制图学之父”,部分西方学者认为他完全可以与古希腊著名地图学家托勒密相提并论。

一、地图的基本功能

地图经历几千年的发展而长盛不衰,而且从地图学的发展可以知道,即使在未来,地图仍然有不可替代的作用,这是一个值得深入思考的问题。其实,这正说明了地图的存在与发展,是因为地图本身具有很多强大的功能,从哲学角度来说,这些功能是我们认识客观规律、能动地利用客观规律并改造社会的必然结果。这不仅仅是依靠对地图制作技术、表示方法、艺术感染力的改进与提高所能解决的因现代科学技术的进步,电子计算技术与自动化技术的引进,信息论、模型论的应用,以及各门学科的相互渗透,促使地图学飞速发展,给地图的功能赋予了新的内容。

地图功能是指地图发挥的效能与作用。地图的基本功能。

(一)地图信息传输功能

地图是空间信息的图形传递形式,是信息传输工具之一。编图者须充分掌握原始信息,研究制图对象,结合用图要求,合理使用地图语言,将信息准确地传递给用图者。用图者须熟悉地图语言,深入阅读分析地图信息,形成对制图对象正确而深刻的认识。

(二)地图信息载负功能

地图是信息的载体,可容纳大量信息。

(三)地图模拟功能

地图作为再现客观世界的形象符号模型,不仅能反映制图对象空间结构特征,还可反映时间系列的变化,并可根据需要,通过建立数学模式、图形数字化与数字模型,经计算机处理完成各种评价、预测、规划与决策。

(四)地图认识功能

地图认识包括通过图解分析可获取制图对象空间结构与时间过程变化的认识,通过地图量算分析可获得制图对象的彩色晕渲图,如图 3-31 所示。

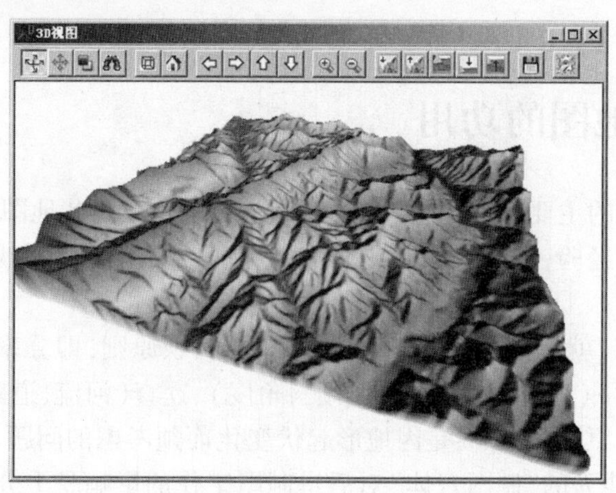

图 3-31　彩色晕渲图

各种数量指标,通过数理统计分析可获得制图对象的各种变量及其变化规律,通过地图上相应要素的对比分析可认识各现象之间的相互联系,通过不同时期地图的对比分析,可认识制图对象的演变和发展。发挥地图认识功能,就要充分发挥地图在分析规律、综合评价、预测预报、决策对策、规划设计、指挥管理中的作用。

二、模拟功能编辑

地图具有严格的数学基础,并采用符号系统和经过制图综合,按比例缩制而成;地图上所表示的内容实际上就是以公式化、符号化和抽象化对地理环境中地理实体的一种模拟,用符号和注记描述地理实体某些特征及其内在联系,使之成为一种模拟模型,如等高线图形就是对实际地形的模拟,从而使整个地图就成为再现或预示地理环境的一种形象符号式的空间模型,与地理实体间保持着相似性。

把地图看成是地面客观存在的一种物质模型,这是容易理解的,因为地图,特别是用来

表示各种基本地理要素(例如水文、地形、交通网、居民点等)的普通地图,可以直观地感受到是制图区域的一种实体模型。作为物质模型的地图还可以代替实地调查与测量,可以用来做各种模拟量的测定或分析。那地图可以看作是一种“虚拟模型”吗?当然可以,“虚拟模型”称作概念模型,概念模型是对于实体的一种抽象和概括,又可以分为形象模型与符号模型。形象模型是运用思维能力对客观存在进行的简化和概括;符号模型是运用符号和图形对客观存在进行简化和抽象的过程。地图兼具这两个方面的特点,被看作一种“形象—符号模型”。地图所具有的模拟功能,能够在众多特征中,对所需要表示的对象抽取内在的,本质的特征与联系,即经过地图概括,制作成地图。地图具有概念模型的特性,使得它在表示各种专题现象的分布规律、时空差异和变化特征时,是任何文字和语言描述所无法比拟的。因此,可以把专题地图都作为概念模型的一种实例。作为一种时空模型,地图还可以在科学预测中发挥强大的作用,比如气象预报、灾害性要素的变迁以及过程预测等,如图3-32所示。

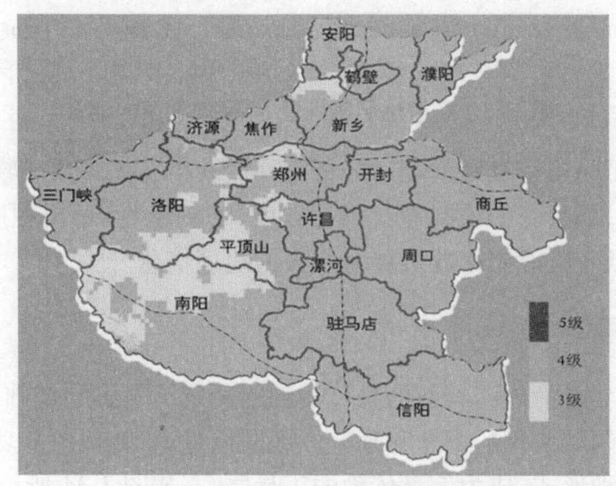

图3-32　地质灾害预报预警图

三、信息载负编辑

地图既然具有模拟功能,则必然能储存空间信息,成为空间信息的载体,无疑亦具有载负信息的功能。这种载负功能是通过应用地图语言——符号与注记系统,将制图区域内有关空间信息储存于纸或其他介质平面上而实现的,如图3-33所示。

地图作为信息的载体,有不同的载负手段,通常是载于纸平面上,但是这仅能让人们凭直接感受读取。随着现代科学技术的进步,已发展到地图信息可以载于纸带、磁带、磁盘、缩微胶卷等介质上,这将有可能使人们从直接感受读取信息,发展到将来能由计算机读取信息。若此设想能实现,地图作为空间信息载体的功能将会得到更加充分的发展。

实际上,信息是一个含义相当深刻、使用相当广泛的概念,但是迄今为止还没有被人们充分理解和掌握。信息代表着某一个抽象的,有待传递、交换、储存和提取的内容,是可以测度的。然而,信息并不能脱离物质和能量而独立存在,它必须依托于载体,但信息和载体又是两个不同的概念。

地图信息可以看作由直接信息(第一信息)和间接信息(第二信息)两个部分组成。直接信息是地图上用图形符号直接表示的地理信息(在地图的模拟功能中已经提及),比如道

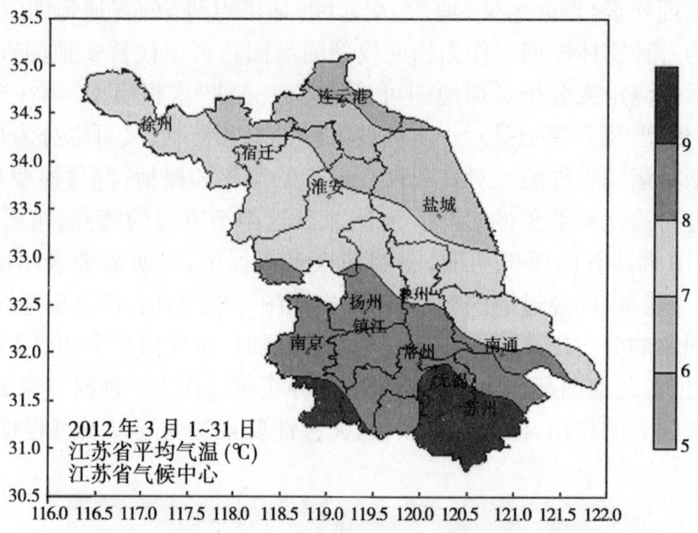

图 3-33　了解地区降雨量、年平均气温的地图

路、河流、居民点等；而间接信息则是经过分析解释而获得有关现象或物体规律的信息，比如通过对等高线的量测、剖面图的绘制等获得与坡度、切割密度、通视程度的数据。在存储媒质方面，磁介质相比纸介质能储存数量更为巨大的地理信息。

四、信息传输编辑

地图的信息载负功能为地图具备信息传输功能奠定了坚实的基础。信息论是现代通信技术和电子计算技术领域使用的概念和理论。地图信息论，就地图的功能而言，地图成为空间信息图形传输的一种形式，成为信息传输的工具之一，如图 3-34 所示。

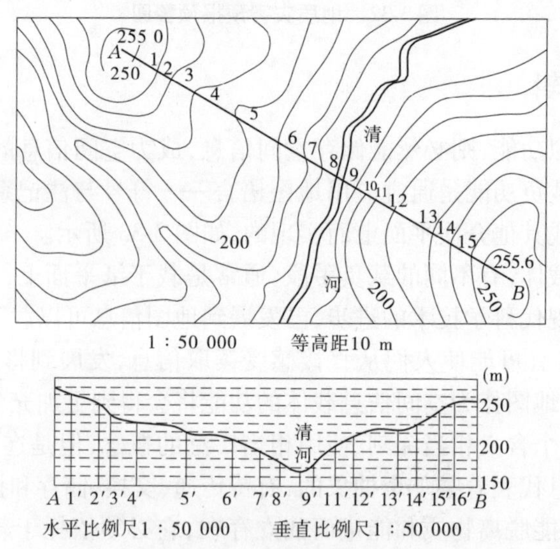

图 3-34　剖面图的绘制

为什么地图能够成为空间信息的传递工具呢？众所周知，信息的一个重要特点是可传递性。信息是客观与人的认识之间的中间媒介，其作用在传递过程中能得到充分的发挥。

客观存在将大量的信息用一种易于被人们所接受的图形符号载负于地图上,然后“流向”人类,使人们从中获益。而在信息传递和接受的方式上,语言、电信号等常以线性方式进行,而地图则具有不同的方式与特点,我们阅读地图时,通常是总览全图,然后根据自己的需要,按一定区域或某个要素分析、研究。换句话说,地图在传递信息时,在传输方式上是具有层次性(所谓平行)的,甚至是空间形式的,这一点相比线性传递方式具有更宽的传输通道以及更高的传输效率。

五、认识功能编辑

地图的认识功能是由地图的基本特性所决定的。地图用符号和注记系统这种图像语言,按比例塑造出再现的地理环境中各个地理实体,给人一种形象直观和一目了然的感受效果,而且几乎不受自然语言文字和行业知识的限制,易为社会各界人士所认可,因此地图不仅具有突出的认识功能,成为人类认识空间的工具,而且在很多方面优于传递空间信息的其他形式,如图 3-35 所示。

图 3-35　大量翔实信息的电子地图

地图不仅能直观地表示任何范围制图对象的质量特征、数量差异和动态变化,而且还能反映各种现象分布规律及其相互联系,所以地图不仅是区域性学科调查研究成果的很好的表达形式,而且也是科学研究的重要手段,尤其是地理学研究不可缺少的手段,正如世界著名地理学家李特尔所说:地理学家的工作是从地图开始到地图结束。因此,地图亦被称为“地理学第二语言”。运用地图所具备的认识功能,把地图作为科学研究的重要手段,愈来愈受到人们的重视。

六、发挥地图作用编辑

应用地图的认识功能,可以在以下几个方面发挥地图的作用:

(1)通过对地图上各要素或各相关地图的对比分析,可以确定各要素和现象之间的相互联系。

(2)通过同一地区不同时期地图的对比，可以确定不同历史时期自然现象或社会现象的变迁与发展。可以组成整体和全局的概念，确定地理信息明确的空间位置，如图 3-36 所示。

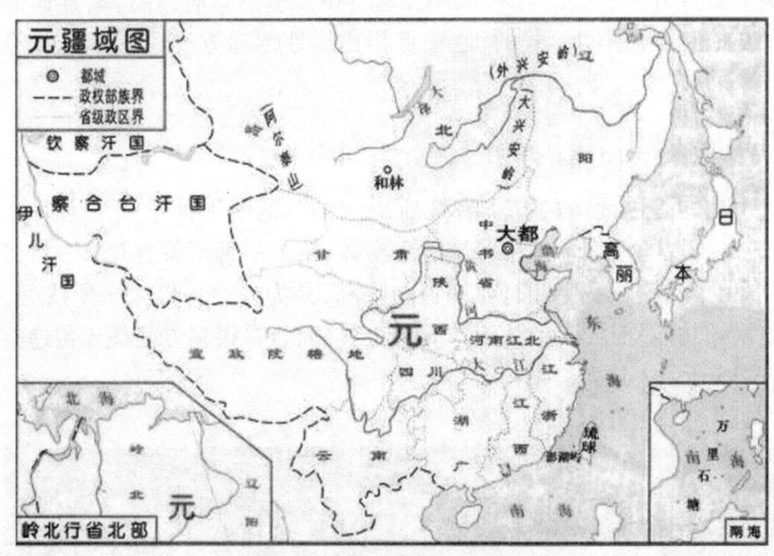

图 3-36　通过地图了解中国的疆域

(3)通过利用地图建立各种剖面、断面、块状图等，可以获得制图对象的空间立体分布特征，如地质剖面图反映地层变化，土壤、植被剖面图反映土壤与植被的垂直分布。

(4)通过在地图上对制图对象的长度、面积、体积、坐标、高度、深度、坡度、地表切割密度与深度、河网密度、海岸线曲率、道路网密度、居民点密度、植被覆盖率等具体数量指标的量算，可以更深入地认识地理环境(获得物体所具有的定性、定量特征)。

单元五　地图、平面图、地形图

一、地图

地图，是按一定的数学法则，有选择地将整个地球或地球某一部分的自然要素和社会要素，经过综合取舍，用符号和注记绘在平面上的图形。地图可分为普通地图和专题地图。普通地图是综合反映地面上物体和现象一般特性的地图，内容包括各种自然地理要素(如水系、地貌、植被等)和社会要素(如居民点、行政区划及交通线路)，但不突出表示其中某一种要素。专题地图则是着重表示自然现象和社会现象的某一种或几种要素的地图，如交通图、水系图等。

二、平面图

平面图是将地面上的地物按铅垂线投影到水平面上，用缩小的相似图形表示其平面位置及其相互关系所测绘的地图。平面图仅仅表示地物的形状和平面位置，而不表示地面起伏的地图。

三、地形图

地形图是按一定的比例,用规定的符号将地面上的一系列地物与地貌点的位置,垂直投影到一个水平面上。这种投影称为正射投影,图纸上的地物、地貌的平面位置和高程经过投影后的角度是不变的,与实地上相应的地物、地貌相比,其形状是相似的。地形图绘制过程中,需要综合取舍,按比例尺缩小后绘制在图纸上。地形图是普通地图的一种。

四、地图与平面图、地形图的不同

地图与平面图、地形图尚存在着许多不同:

(1)平面图不考虑地球曲率影响,把小块地区的地球表面(水准面)当作水平面,采用正投影的方法,将地面上的地物按铅垂线投影到水平面上,用缩小的相似图形表示其平面位置及其相互关系,只说明地物的平面位置,不反映高低起伏。平面图的显著特点是涵盖的实地范围很小,比例尺很大,一般大于1∶5 000,在一幅图内比例尺处处相同。为工程施工和编制详细规划用图,如城市行政区图、建筑场地平面图等均属于平面图。球面展开示意图见图 3-37。

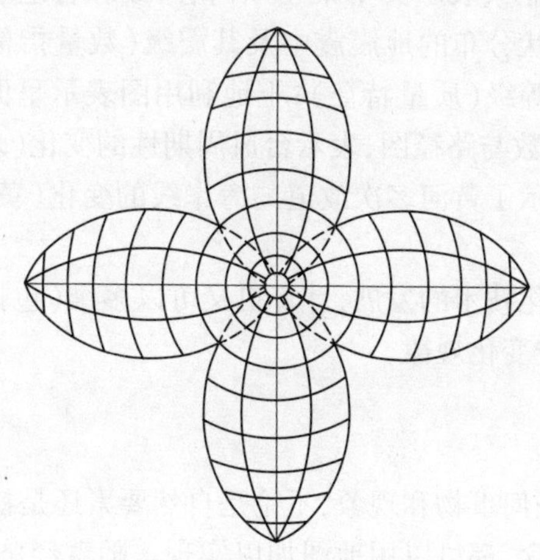

图 3-37　球面展开示意图

(2)地形图是表示地面起伏形势和地面主要景物的地图,就其内容应属于普通地图类。地形图的特点是地图比例尺构成系列,一般有 1∶100 万至 1∶500,其中小于 1∶5 000 的地形图图上各处比例尺不完全相等,采用统一的规格、统一的表示方法形成独立的图种。对较大制图区域,因考虑地球曲率影响,需要采用一定的地图投影,按一定的精度要求测绘其地物和地貌,用图解图形或符号表示。地形图大多为实测图,或是用实测图编制的,图上表示有数学要素(如经纬线、分度带、图幅编号、平面直角坐标网、控制点、比例尺等)和地理要素(如地形起伏、水系、居民点、道路、行政边界等元素的平面位置及高程)。地形图为国家各项建设的规划设计与施工、军事指挥和科学参考用图,亦是制作其他地图的基本资料。

单元六　地图的编制与分类

一、地图的内容

尽管地图的种类很多,地图所表示的内容也非常广泛,但归纳起来,地图能表示的内容主要是两个方面:空间结构特征和时间序列变化。

空间结构特征包括表示呈点状、线状、面状与体状分布的各制图对象的空间形态结构及其分布范围、质量特征、数量指标与动态变化的特征。分布范围相对比较简单,但反映其分布规律则需要深入分析和研究。质量特征的内容比较广泛,包括类型与区划、成因与形态、成分与结构等。数量指标反映制图对象的数量特征,包括反映绝对数量与相对数量的各种数量指标。动态变化包括运动迁移的路线与轨迹,以及变化速度与幅度等。

时间序列变化包括表示各制图对象的历史发展、现代过程与未来趋势,而这种变化可能是单一方向发展,即随时间变化趋于增加或趋于减少,或者是呈周期性变化(周期有长、中、短之别)。

就一幅地图而言,也可能只表示其中某一项内容,或综合地表示几项内容与指标。例如,地震分布图只表示呈点状分布的地震震中及其震级(数量指标);交通图表示呈线状分布的铁路、公路的分布及其等级(质量特征);土地利用图表示呈面状分布的各类土地的分布特点(质量特征);台风频数与路径图,表示台风周期性的变化(现代过程);黄河下游三角洲历史时期河道变迁图,表示了黄河多次改道与海岸线的变化(黄河出海口不断变化,海岸不断扩展)等。

目前,由于计算机可视化技术的发展,计算机又可以多维(包括呈三维立体分布)、动态地显示各种制图对象的时空变化规律。

二、地图的分类

凡是具有空间分布的任何事物和现象,不论是自然要素还是社会现象,也不论是具体现实事物,还是抽象假设的概念,都可以用地图加以实现。随着经济建设和科学教育的发展,编制和应用地图的部门和学科越来越多,地图的类型与品种也日益增多,为了便于了解和分析所有地图的种类,需要将地图按照地图的内容、比例尺、制图区域范围、用途、使用方式等进行分类,合理科学的分类对地图的制作、保管和使用都有重要的意义。

(一)按内容分类

地图按其内容分为普通地图和专题地图两大类。

普通地图是表示地理景观外貌的地图,具体说就是以相对平衡的详细程度表示地球表面各种自然现象和社会经济现象,如居民地、道路网、水系、地貌、土质植被和境界线等地面基本要素为主要制图对象的地图。

专题地图是根据专业方面的需要,突出表示一种或几种主题要素现象的地图,其中作为主题的要素表示得很详细,而其他要素则依据主题的需要,作为地理基础选绘。作为主题的专题内容,可以是普通地图上的要素,但更多的是普通地图上所没有而属于专业部门特殊需要的内容,如地质构造和矿产分布、工业布局、农业区划等,都不是普通地图上的内容,在科学技术突飞猛进、社会不断发展、资源与环境问题日益严重和可持续发展已被人们越来越关注的今天,专题图的发展具有更丰富的内容和更广阔的发展空间。

当代专题制图已发展到所有区域性学科及其许多的生产部门。20 世纪 60 年代后期,国际上统一改为专题地图,使其含义更为明确。过去专题地图按制图对象内容的领域,主要分自然地图和社会经济地图(人文地图)两大类。反映自然各要素或现象的地图属于自然地图,包括地质、地球物理、气候、水文、海洋、土壤、植被、动物等各类专题地图;反映人类社会的经济及其他领域的事物或现象的地图属于社会经济地图,包括人口、政区、工业、农业、第三产业、交通运输、邮电通信、财经贸易、科研教育、文化历史等各类专题地图。另外,20 世纪 70 年代以来还出现一类反映人类与自然环境关系的地图,即环境地图,包括生态环境、环境污染、自然灾害、自然保护与更新、疾病与医疗地理、全球变化等各类专题地图。

专题地图制图对象多种多样:有可见的,也有不可见的;有地表的,也有地下的与高空的;有具体的,也有抽象的。但就其分布形式,可归并为点状分布、线状分布、面状分布三种基本形式。就其内容,主要包括分布位置和范围、质量特征、数量差异、动态变化等方面。另外,还可以表示时间序列变化,包括历史发展、现代过程和未来趋势。

(二)地图按比例尺分类

大比例尺地图是 1:10 万及更大比例尺的地图,大比例尺普通地图又称为地形图。

中比例尺地图是 1:10 万 ~ 1:50 万比例尺之间的地图,又称为一览地形图。

小比例尺地图是 1:100 万及更小比例尺的地图。

大、中、小三种比例尺地图在内容的详细程度、用途、表示方法和编制方法等各方面都有不同的特点。大比例尺地形图是地形测量或航空摄影测量的直接成果,或者是用实测地形图直接编制而成,具有详细的内容,可以迅速在地面定位和对照,供军事行动、规划设计和野外调查勘测编制大比例尺专题地图之用。中比例尺地理图是根据较大比例尺地形图资料编绘而成,通常还要利用一些补充资料,或者通过外业调查收集补充资料编绘而成的。小比例尺地图是用内业方法编制的成果,它以各种大、中比例尺地图为基础,广泛地应用各种补充参考资料编绘而成,供宏观规划及科学地编制各种小比例尺专题地图应用。

(三)按制图区域范围分类

按制图区域范围分类,是指地图所能显示的空间由总体到局部,由大及小依次划分,地图制图区域范围可按行政区和自然区两个系列划分。

(1)按行政区域划分,地图可分为世界地图、国家地图、省(区)地图、市(县)地图、乡镇地图,还有以城市范围的城市地图。按行政区划分具有很大意义,因为绝大多数地图是按行政区所限制的制图区域编制的。

(2)按自然区域划分,较普遍的是按政治地理单元划分,即全球图、半球图、大洲地图、大洋地图、分国图,这种划分与上述按行政区划分类似;另一种是按自然地理单元划分,这种划分标准适用于专业需要和专题地图,如青藏高原地图、海区图、海湾或海峡图等。

按制图区域分类的优点是可以与社会和专业划分的习惯取得一致,容易被大多数人理解,同时还能反映出制图区域内有哪些地图以及反映制图区域经济开发与科学勘察研究的深度和广度。

(四)按用途分类

按用途分类,即按用图者使用的范围和地图用于解决特定问题的性质区分为各种专门

地图,这里所说的专门地图不是地图的一种分类,它可以是普通地图,也可以是专题地图,一般可分为通用地图和专用地图两大类。

(1)通用地图适用于广大读者,可为读者提供科学参考或一般参考,如中华人民共和国挂图、世界挂图等。

(2)专用地图供专门的对象使用,如供航空飞行用的航空图,供小学生用的小学教学挂图等。

地图的用途对选择地图的比例尺、制图区域和确定地图内容及表示方法具有一定影响,并且由于许多地图都具有多方面的用途,因此按地图用途进行分类会受到各方面的局限和缺乏足够的严密性。

(五)按使用方式分类

地图按使用方式可分为桌面用图、挂图、屏幕地图和便携式地图。桌面用图:能在明视距离内阅读的地图,如地形图、地图集等;挂图:有近距离阅读的一般挂图和远离阅读的教学挂图;屏幕地图:由电子计算机控制的屏幕地图;便携式地图:如小的图册或便于折叠的丝绸地图、折叠式旅游地图等。

(六)按其他标志分类

地图按其外形特征可分为平面状、三维立体状、球状地图等。地图按其感受方式,可分为视觉地图和触觉地图(盲文地图)。地图按其结构可分为单幅图、多幅图、系列图和地图集等。

三、地图编制的方法

由于制图对象多种多样,地图的比例尺和用途也不相同,因此地图的资料来源、表示方法和制图方法都有很大差别,但归纳起来,主要有下列几种制图方法。

(1)实测成图。使用地面普通测量仪器或航空摄影与地面立体摄影测量仪器测制地图的方法,所测地图内容详细准确,几何精度较高,适用于测制大比例尺地形图、水利图、工程平面图、城市平面图等。

(2)地图资料制图。是中小比例尺地图编制的主要方法之一,包括利用大中小比例尺地图资料缩编同类中小比例尺地图;利用地形图或其他地图量算出来的数据,编制形态示量地图,如地面坡度图、水系密度图等;利用单要素分析地图编制综合地图、合成地图,或利用不同时期地图,编制动态地图。

(3)野外调查制图。通过野外实地踏勘、考察和调查,进行观察分析,在已有的地形图上填绘专业内容和勾绘轮廓界线,此法也称野外填图。这是编制大中比例尺地质地貌、土壤植被、土地利用等专题地图的方法。

(4)数据资料制图。利用各种观测记录数据、统计数据经过分析整理计算,编制成各种地图。数据资料制图需要根据内容的详细程度和地图用途选择反映制图对象特征的指标与图形,然后合理选择数量与梯度尺进行计算处理和地图编绘。

(5)文字资料制图。利用各种文献资料(包括历史资料、考古资料、地方志等)编制地图的方法,多用于编制历史地图。

(6)遥感资料制图。利用航空和卫星影像编制地图的方法,一般利用黑白、多波谱段、多频率雷达、红外等航空或卫星影像,在室内分析判读的基础上,经过实地验证,利用所建的影像判读标志,编制各种专题地图。目前,采用电子计算机与图像处理设备,将数字影像通过非监督分类、监督分类或其他图像分析模型自动分类,并与地图或地理底图匹配成图,已成为编制各种专题地图的主要方法。

(7)计算机制图。利用计算机及某些输入输出设备自动编制地图的方法。一般经过资料输入、计算机处理、图形输出三个基本过程,计算机制图能够大大提高制图速度,扩大制图范围,是当今信息时代的主要制图方法。

实测成图是制作大比例尺地形图的主要方法。以实测方法获得的地形图,又是用编制方法进行地图资料制图中的基本资料。小于1:100万的普通地理图,也都是采用资料制图的方法成图。实测成图和编绘成图,一般都要经过制印环节,以使其满足多方面的需要。正式出版的各种比例尺的地形图、普通地图,又是制作各种专题地图的基础。而野外调查制图、数据资料制图、文字资料制图,只不过是制作某类专题地图时确定专题内容的方法。由于现代遥感技术与GIS、GPS技术的融合,在遥感影像资料获得的同时也可获得其位置信息,因此现代意义下的遥感资料制图,实际上已把提供地理底图和获取专题信息合二为一完成了。上述7种方法成图的地图信息,包括基础地理信息和专题信息,经数字化后都可储存到地图数据库内,然后在计算机制图和地图编辑出版系统环境下,快速获得满足各种需要的印刷成品地图。

信息时代地图学的主要变化趋势主要表现在以下方面:由区域性、全国性制图向大洲、大洋与全球制图方向发展;由部门制图向综合制图、系统制图与实用制图方向发展;由二维平面地图向三维立体地图、由静态制图向动态制图方向发展;由传统地图制图向全数字化的计算机制图与制版一体化方向发展;由常规地图向数字地图、互联网地图方向发展;由传统地图向图谱与信息图谱方向发展。

上述这些变化和趋势都能在地球信息综合制图中体现出来,并在资料获取、地图内容、表现形式与制图技术上提高了综合制图水平。

多媒体电子地图与地图集信息系统及互联网地图成为综合制图的新的更有效的形式。电子地图与多媒体地图丰富了地图的信息内容,提高了传输效率,增强了感观效果,加强了地图快速分析能力,因此得到了迅速发展,并展示了非常广阔的应用前景,同时更能充分发挥综合制图的综合分析与综合利用的地图功能。电子地图集编制过程往往也是地图集信息系统建立的过程,可以同时完成传统地图集(纸质印刷)和电子地图集并提供数字信息产品,而后者可进行更深层次的开发利用,还为以后地图集的更新再版提供便利条件。互联网地图则实现全球信息共享,充分发挥地图的社会效益。

计算机全数字化制图与制版一体化根本上改变了综合制图设计与生产的传统工艺,近几年,比利时、美国、德国等推出的计算机出版生产系统,实现了地图设计、编辑和制版一体化处理。能够将编绘原图扫描数字化后,进行计算机符号、色彩和注记的设计与编排,通过喷墨打样检查修改后,用激光输出四张分色加网胶片,然后用该胶片晒版上机印刷,不仅提高制版质量,缩短生产周期,而且有助于实现地图符号与色彩的标准化与规范化。

全球定位系统、遥感、地理信息系统与地图方法相结合,把综合制图推到更高水平 。

(1)遥感与地理信息系统扩大了地图制图领域,提高了专题地图与综合制图质量,加快了成图速度,特别是遥感和地理信息系统不仅为地球信息综合制图提供了极其丰富的信息源,而且提供了地球信息快速处理、综合分析评价的技术手段。

(2)地图作为地球科学的观测与调查研究成果的主要表现形式和分析研究的重要手段,遥感与地理信息系统离不开地图这样一种空间信息的图形传输形式、地图模拟、地图认知与综合制图手段。

(3)地图方法(含电子地图)、全球定位系统、遥感与地理信息系统都是地球科学研究的不可缺少的基本方法与手段,这四者的结合,为地球系统科学提供完整有效的观测、分析与研究手段。在此基础上形成的地球信息科学必将得到很大的发展。同时,数字地球的综合分析与制图、区域综合信息图谱的建立也都会得到发展。

(4)尽管制图技术有很大进步,地图介质与形式也有很大变化,但综合制图的一些基本原则和方法在计算机制图与地理信息系统环境下仍然适用。综合制图将继续发展,并进一步发挥它在地学和地球信息科学中应有的作用。

四、地图编制的过程

不论哪种制图方法,就地图常规编制的总过程而言,一般都包括:地图设计与编辑准备阶段;地图编稿与编绘阶段;地图整饰阶段和地图制印阶段。尽管目前计算机制图已较广泛应用,计算机制图过程同常规传统地图编制有很大差别,地图编绘与地图清绘和整饰阶段已合二为一,地图制版工序也大力简化。尤其采用地图电子出版系统,更使地图设计、编绘与制版一体化。但对常规地图编制过程仍有必要具体了解。因为常规地图的编制过程与方法中的一部分内容仍适用于计算机制图,同时了解传统与常规制图方法技术中存在的问题与制图方法技术的发展过程,对进一步提高计算机制图水平也会有所帮助。

(一)地图设计与编辑准备阶段

地图设计与编辑准备阶段主要完成地图设计和地图正式编绘前的各项准备工作。一般包括:根据制图的目的任务和用途确定地图的选题、内容、指标和地图比例尺与地图投影;收集、分析编图资料;了解熟悉制图区域或制图对象的特点和分布规律;选择表示方法和拟订图例符号;确定制图综合的原则要求与编绘工艺。对于专题地图,还要提出底图编绘的要求和专题内容分类、分级的原则并确定编稿方式;最后写出地图编制设计文件——编图大纲或地图编制设计书,并制订完成地图编制的具体工作计划。

(二)地图编稿与编绘阶段

地图编稿与编绘阶段主要完成地图的编稿和编绘工作。在编绘过程中要进行地图概括(制图综合),即进行地图内容的取舍和概括。当然在编辑准备阶段的分类分级与图例拟订也包括一定的地图概括,但在地图编绘阶段地图概括贯彻始终。地图编绘是一种创造性的工作,编绘阶段的最终成果是编绘原图。所谓编绘原图,就是按编图大纲或制图规范完成,在地图内容、制图精度等方面都符合定稿要求的正式地图。对于专题地图,往往在地图正式编绘前由专业人员编出作者原图,然后由制图人员编辑加工,完成正式的编绘原图。

(三)地图整饰阶段

地图整饰阶段主要根据地图制印要求完成印刷前的各项准备工作,同时制作彩色样图。

(四)地图制印阶段

地图制印阶段主要完成地图制版印刷工作,目前计算机制图与自动制版一体化系统(计算机地图出版生产系统),已将地图编辑、编绘、整饰与制版合成一个阶段,即计算机设计、编辑与自动分色制版,输出胶片,直接制版上机印刷,如图3-38所示。

图 3-38　中华人民共和国地图

单元七　地形图的基本知识

一、地形图的定义

地球表面十分复杂，有高山、平原、河流、湖泊，还有各种人工建筑物，通常把它们分为地物和地貌两大类。地面上有明显轮廓的、天然形成的或人工建造的各种固定物体，如江河、湖泊、道路、桥梁、房屋和农田等称为地物；地球表面的高低起伏状态，如高山、丘陵、平原、洼地等称为地貌。地物和地貌总称为地形。通过野外实地测绘，可将地面上的各种地物、地貌沿铅垂方向投影到同一水平面上，再按一定的比例缩小绘制成图。在图上主要表示地物平面位置的地形图，称为平面图。如果既表示出各种地物，又用等高线表示出地貌的图，称为地形图。地形图是城乡建设和各项建筑工程进行规划、设计和施工必不可少的基本资料。

二、比例尺及其精度

(一)比例尺的概念

地面上的地物或地貌(高低起伏的地表情况)在平面上的投影，不可能按其真实的大小绘在图上，而是将其缩小。我们把地形图上任一线段的长度与它所代表的实地水平距离之比，称为地形图比例尺。比例尺是地形图最重要的参数，它既决定了地形图图上长度与实地长度的换算关系，又决定了地形图的精度与详细程度。

(二)比例尺的种类

1. 数字比例尺

数字比例尺是用分子为1,分母为整数的分数表示。设图上一线段长度为 d,相应的实地水平距离为 D,则该地形图的比例尺为

$$\frac{d}{D}=\frac{1}{\frac{D}{d}}=\frac{1}{M} \tag{3-5}$$

式中 M——比例尺分母。

比例尺分母 M 越小、比例尺越大,表示地物地貌越详尽。数字比例尺通常标注在地形图下方。为了满足经济建设和国防建设的需要,测绘和编制了各种不同比例尺的地形图。通常称1∶100万、1∶50万和1∶20万比例尺的地形图为小比例尺地形图;1∶10万、1∶5万和1∶2.5万比例尺的地形图称为中比例尺地形图;1∶1万、1∶5 000、1∶2 000、1∶1 000和1∶500比例尺的地形图为大比例尺地形图。1∶100万、1∶50万、1∶20万、1∶10万、1∶5万、1∶2.5万和1∶1万七种比例尺的地形图为国家基本比例尺地形图。不同比例尺的地形图一般有不同的用途。大比例尺地形图通常是直接为满足各种工程设计、施工而测绘的,本章重点介绍大比例尺地形图的基本知识。

2. 图示比例尺

为了用图方便,以及减小图纸伸缩而引起的误差,常在图廓的下方绘一图示比例尺,用以直接度量图上直线的实际水平距离。如图3-39所示为1∶500的图示比例尺,由间距为2 mm的两条平行直线构成,以2 cm为单位分成若干大格,左边第一大格十等分,大小格分界处注以0,右边其他大格分界处标记按绘图比例尺换算的实际长度。使用直线比例尺时,首先用分规在地形图上量出某两点的长度,然后将分规移至直线比例尺上,使其一脚尖对准0右边的一个整分划线上,从另一脚尖读取左边的小分划。如图3-39中长度为33.4 m和28.8 m。图示比例尺绘制在地形图正下方,可以减少图纸伸缩对用图的影响。

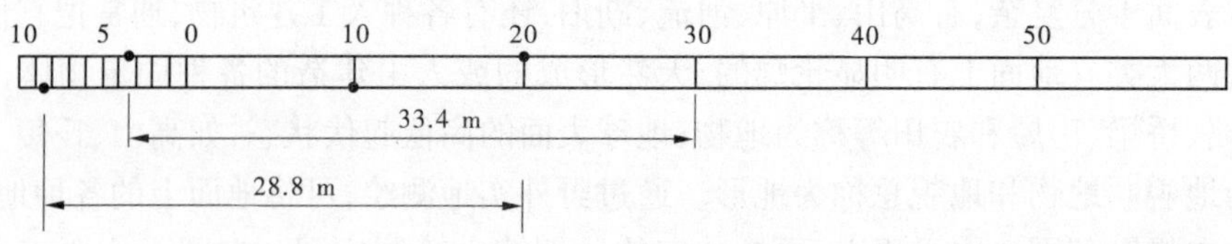

图3-39 图示比例尺

3. 比例尺精度

通常人眼能分辨的图上最小距离为0.1 mm。因此,将地形图上0.1 mm所代表的实地水平长度,称为比例尺精度,用 ε 表示,M 表示地形图比例尺的分母,则

$$\varepsilon=0.1M \tag{3-6}$$

比例尺越大,其比例尺精度也越高。几种常用地形图的比例尺精度如表3-1所示。

表3-1 几种常用地形图的比例尺精度

比例尺	1∶5 000	1∶2 000	1∶1 000	1∶500
比例尺精度(m)	0.50	0.20	0.10	0.05

比例尺精度对测图和设计用图都有重要的意义。根据比例尺的精度,可确定测绘地形图时测量距离的精度。例如,测比例尺为1∶2 000图时,实地测距只需取到0.2 m,因为即使量得再精细,在图上也无法表示出来。另外,如果规定了地形图上要表示的最短长度,根据比例尺的精度,可确定测图的比例尺。如一项工程设计用图,要求图上能反映0.1 m的精度,则所选图的比例尺就不能小于1∶1 000。图的比例尺越大,其表示的地物、地貌就越详细,精度也越高。但比例尺愈大,测图所耗费的人力、财力和时间也愈多。因此,在各类工程中,究竟选用何种比例尺测图,应从实际情况出发合理选择。

三、地形图的分幅和编号

为了便于测绘、管理和使用地形图,需将同一区域内的地形图进行统一的分幅和编号。地形图分幅有两种方法:其一是按经纬线分幅的梯形分幅法,用于国家基本比例尺地形图;其二是按坐标格网划分的矩形分幅法,用于工程建设大比例尺地形图。下面将分别进行介绍。

(一)梯形分幅和编号

1∶100万地形图的分幅与编号按照国际统一规定进行,是梯形分幅和编号的基础。其做法是将整个地球表面用子午线分成60个6°的纵列,自经度180°起,自西向东用阿拉伯数字1~60编列号。同时,由赤道起分别向南向北至88°止,以每隔4°的纬度圈分成许多横行,横行用大写的拉丁字母$A,B,C,\cdots,V$表示。由上所述可知,一张1∶100万比例尺地形图,是由纬差4°的纬圈和经差6°的子午线所形成的梯形。每一幅1∶100万比例尺的梯形图图号是由横行的字母与纵列的号数组成。图3-40为我国领域的1∶100万比例尺地形图的分幅与编号情况。例如,某地的纬度为北纬39°54′30″,经度为东经118°28′25″,其所在1∶100万比例尺图的图幅编号为J－50。

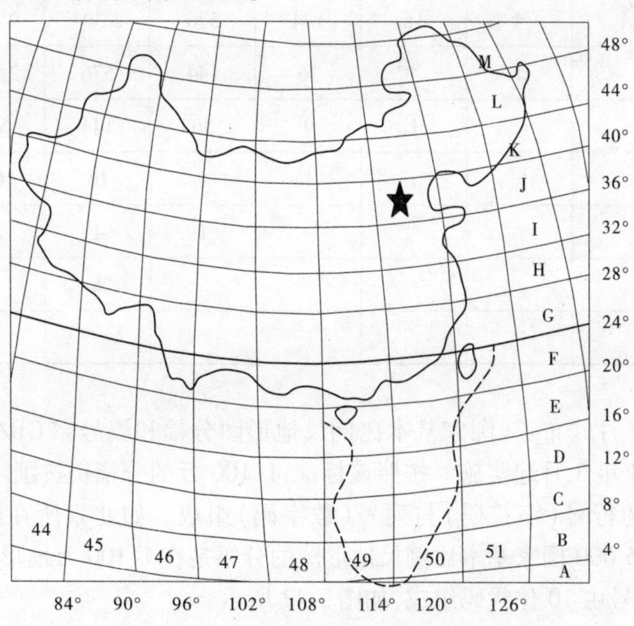

图3-40　1∶100万比例尺地形图的分幅与编号

1∶50 万、1∶25 万、1∶10 万地形图都是在 1∶100 万地形图的基础上进行分幅编号的。如图 3-41 所示，每一幅 1∶100 万地形图分为 2 行 2 列，共 4 幅 1∶50 万地形图，分别以 A、B、C、D 为代号，例如 J－51－C；每一幅 1∶100 万地形图分为 4 行 4 列，共 16 幅 1∶25 万地形图，分别以［1］，［2］，［3］，［4］，…，［16］为代号，例如 J－51－［8］；每一幅 1∶100 万地形图分为 12 行 12 列，共 144 幅 1∶10 万地形图，分别以 1，2，3，4，…，144 为代号。表 3-2 列出了不同比例尺地形图之间的图幅关系。

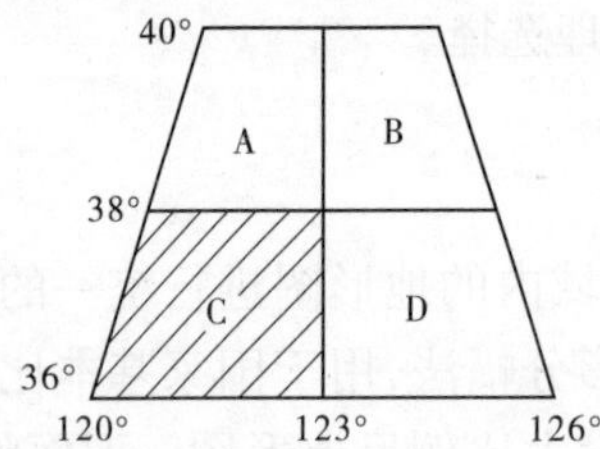

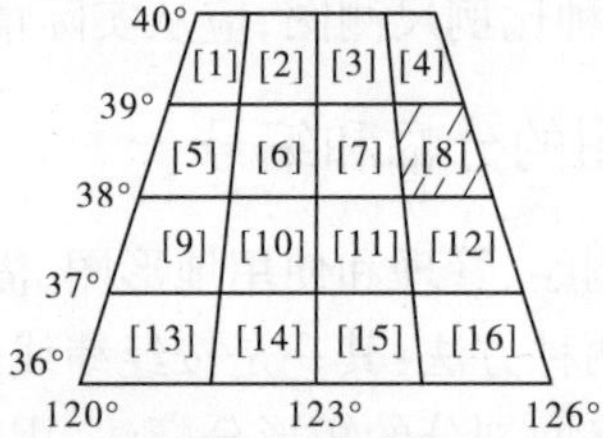

图 3-41　1∶50 万、1∶25 万比例尺地形图的分幅与编号

表 3-2　不同比例尺的图幅关系

比例尺		1∶100 万	1∶50 万	1∶25 万	1∶10 万	1∶5万	1∶2.5 万	1∶1万	1∶5 000
图幅范围	经差	6°	3°	1°30′	30′	15′	7′30″	3′45″	1′52.5″
	纬差	4°	2°	1°	20′	10′	5′	2′30″	1′15″
行列数量关系	行数	1	2	4	12	24	48	96	192
	列数	1	2	4	12	24	48	96	192
不同比例尺的图幅数量关系		1	4	16	144	576	2 304	9 216	36 864
			1	4	36	144	576	2 304	9 216
				1	9	36	144	576	2 304
					1	4	16	64	256
						1	4	16	64
							1	4	16
								1	4

我国 1992 年 12 月颁布了《国家基本比例尺地形图分幅和编号》（GB/T 13989—92）新标准，该标准自 1993 年 3 月起实施。按照该标准，1∶100 万的分幅仍按国际统一规定进行，其图号由该图所在的行号（字符码）与列号（数字码）组成。如北京所在的地形图编号为 J－50。1∶50 万～1∶5 000 国家基本比例尺地形图的分幅是在 1∶100 万地形图的基础上逐次加密划分而成，其编号由 10 位代码组成，如图 3-42 所示。

其中，地形图比例尺代码见表 3-3。

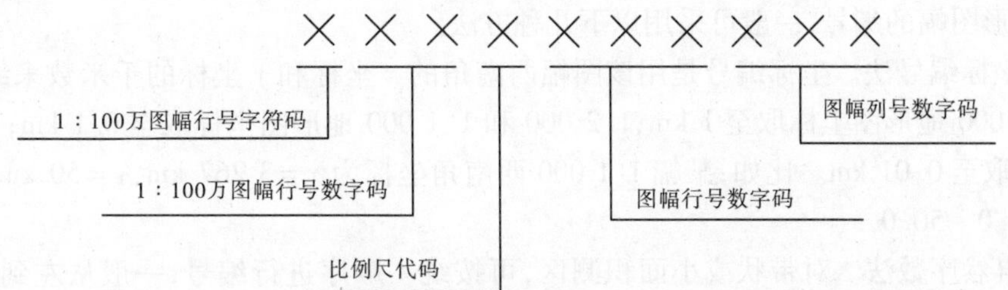

图3-42 1:5 000~1:50万比例尺地形图图号的构成

表3-3 比例尺代码

比例尺	1:50万	1:25万	1:10万	1:5万	1:2.5万	1:1万	1:5 000
代码	B	C	D	E	F	G	H

例如,图3-43阴影部分编号分别为J50B001002和J50C003003。

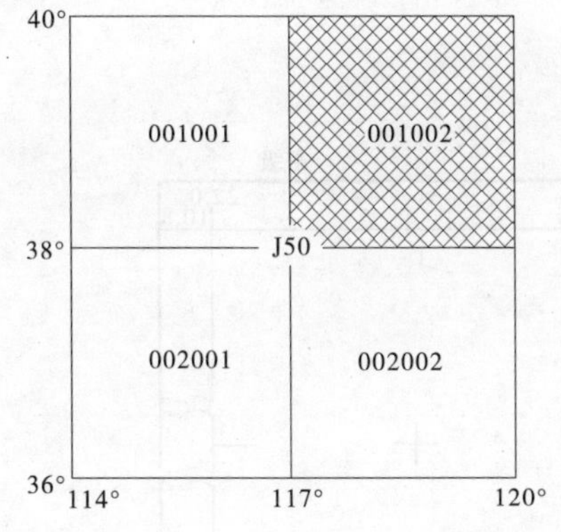

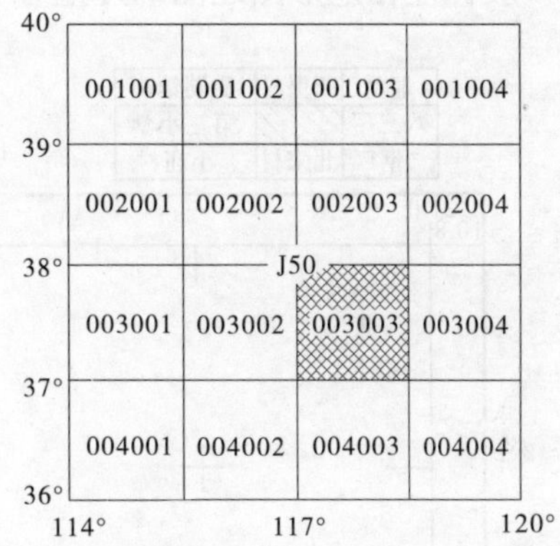

图3-43 1:50万和1:25万地形图图号

(二)矩形分幅和编号

大比例尺地形图常采用矩形分幅,图幅一般为50 cm×50 cm或40 cm×50 cm,以纵横坐标的整千米数或整百米数作为图幅的分界线。当分幅图幅大小为50 cm ×50 cm时,又称正方形分幅。各种比例尺地形图的图幅大小见表3-4。

表3-4 各种比例尺地形图的图幅大小

比例尺	40×50分幅		50×50分幅		
	图幅大小(cm×cm)	实地面积(km^2)	图幅大小(cm×cm)	实地面积(km^2)	一幅1:5 000图所含幅数
1:5 000	40×50	5	40×40	4	1
1:2 000	40×50	0.8	50×50	1	4
1:1 000	40×50	0.2	50×50	0.25	16
1:500	40×50	0.05	50×50	0.062 5	64

正方形图幅的编号,一般可采用以下几种方法。

(1)坐标编号法。坐标编号是用该图幅西南角的 x 坐标和 y 坐标的千米数来编号。编号时,1∶5 000 地形图坐标取至 1 km;1∶2 000 和 1∶1 000 地形图坐标取至 0.1 km;1∶500 地形图坐标取至 0.01 km。比如,某幅 1∶1 000 西南角坐标为 $x=3\ 267$ km,$y=50$ km,则其编号为 3267.0 - 50.0。

(2)自然序数法。对带状或小面积测区,可按统一顺序进行编号,一般从左到右,从上到下用阿拉伯数字 1,2,3,4,…编定,如新镇 - 8(新镇为测区名称)。

(3)行列式编号。行列式编号一般以大写的英文字母(如 A,B,C,…)为代号的横行,从上往下排列,以阿拉伯数字为代号的纵列,从左向右排列,如 C - 4。

四、地形图图名、图号、图廓和接合图表

(一)图名

每幅地形图都应标注图名,一般以图幅内最著名的地名、厂矿企业或村庄的名称作为图名。图名一般标注在地形图北图廓外上方中央,地形图图名为"热电厂",如图 3-44 所示。

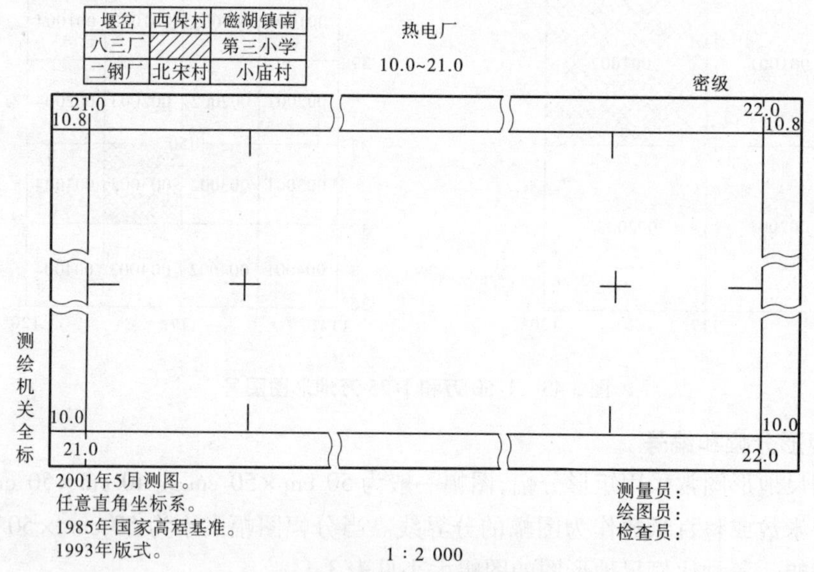

图 3-44　热电厂地形图图廓

(二)图号

为了区别各幅地形图所在的位置,每幅地形图上都编有图号。图号就是该图幅相应分幅方法的编号,标注在北图廓上方的中央、图名的下方,如图 3-44 所示。

(三)图廓和接合图表

1. 图廓

图廓是地形图的边界线,有内、外图廓线之分。内图廓就是坐标格网线,也是图幅的边界线,用 0.1 mm 细线绘出。在内图廓线内侧,间隔 10 cm,绘出 5 mm 的短线,表示坐标格网线的位置。外图廓线为图幅的最外围边线,用 0.5 mm 粗线绘出。内、外图廓线相距 12 mm,在内外图廓线之间注记坐标格网线坐标值,如图 3-44 所示。

2. 接合图表

为了说明本图幅与相邻图幅之间的关系,便于索取相邻图幅,在图幅左上角列出相邻图幅图名,斜线部分表示本图位置,如图 3-44 所示。

五、地物符号

地形图上表示地物类别、形状、大小及位置的符号称为地物符号。地物的种类繁多,形态复杂,一般可分为两类:一类是自然地物,如河流、湖泊等;另一类为人工地物,如房屋、道路、管线等。地物的类别、大小、形状及其在图上的位置,都是按规定的地物符号和要求表示的。国家测绘总局颁发的《地形图图式》统一了地形图的规格要求、地物、地貌符号和注记,供测图和识图时使用。

根据地物形状大小和描绘方法的不同,地物符号可分为比例符号、非比例符号、半比例符号和地物注记四种。

(一)比例符号

地物的形状和大小均按测图比例尺缩小,并用规定的符号绘在图纸上,这种地物符号称为比例符号。这类符号一般是用实线或点线表示其外围轮廓,如房屋、湖泊、森林、农田等。比例符号准确地表示地物的位置、形状和大小。

(二)非比例符号

有些地物轮廓较小,无法将其形状和大小按比例缩绘到图上,如三角点、水准点、烟囱、消火栓等,就采用统一尺寸,用相应的符号表示,这种符号称为非比例符号。非比例符号只能表示物体的位置和类别,不能用来确定物体的尺寸。

(三)半比例符号

地物的长度可按比例尺缩绘,而宽度按规定尺寸绘出,这种符号称为半比例符号。如铁路、公路、围墙、通信线等。半比例符号只能表示地物的位置(符号的中心线)和长度,不能表示宽度。

(四)地物注记

对地物加以说明的文字、数字或特有符号,称为地物注记。如村庄、工厂、河流的名称,河流的流速、深度,房屋的层数,控制点的点号、高程,地面的植被种类等。

比例符号和半比例符号的使用界限并不是绝对的。如公路、铁路等地物,在 1:500 ~ 1:2 000比例尺地形图上是用半比例符号绘出的,但在比例尺大于 1:500 的地形图上是按比例符号绘出的。一般来说,测图比例尺越大,用比例符号描绘的地物越多;比例尺越小,用非比例符号表示的地物越多。

六、地貌符号

地貌形态多种多样,可按其起伏变化的程度分成平地、丘陵地、山地、高山地。在大比例尺地形图中,通常用等高线和规定的符号表示地貌,图上表示地貌的方法有多种,对于大、中比例尺地形图主要采用等高线法。对于特殊地貌则采用特殊符号表示。

(一)等高线定义

等高线是地形图上高程相等的相邻点所连成的闭合曲线。如图 3-45 所示,设有一山地被等间距的水平面所截,则各水平面与山地相应的截线,即为等高线。将各水平面上的等高

线沿铅垂方向投影到水平面 H 上，并按一定的比例尺缩绘到图纸上，就得到用等高线表示的该山地的地形图。这些等高线的形状和高程，客观地显示了该山地的空间形态。在等高线上标注的数字为该等高线的海拔高度。

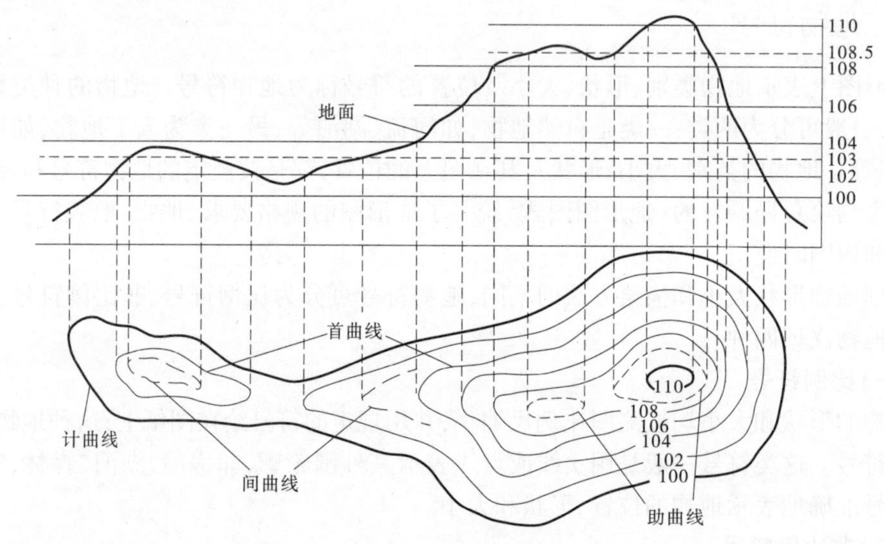

图 3-45　各种等高线

（二）等高线的分类

（1）首曲线，也称基本等高线，是按规定的基本等高距描绘的等高线，用宽度为 0.15 mm 的细实线表示。

（2）计曲线，为了计算高程方便，每隔四条基本等高线有一条加粗描绘的等高线，称为计曲线。

（3）间曲线，是指当基本等高线不足以显示局部地貌特征时，按二分之一基本等高距加绘的等高线，用长虚线表示，描绘时可不闭合。

（4）助曲线，按四分之一基本等高距所加绘的等高线，称为助曲线。用短虚线表示，描绘时也可不闭合。

（三）等高距与等高线平距

相邻等高线之间的高差称为等高距或等高线间隔，常以 h 表示。相邻等高线之间的水平距离称为等高线平距，常以 d 表示。等高线平距 d 的大小与地面的坡度有关。等高线平距越小，地面坡度越大；平距越大，则坡度越小。由此可见，地形图上等高线的疏密显示了地面坡度的变化情况。

等高距选择过小，会成倍地增加测绘工作量。对于山区，有时会因等高线过密而影响地形图清晰。等高距应该根据地形类型和比例尺大小选择，并按照相应的规范执行。表 3-5 是大比例尺地形图基本等高距参考值。

（四）典型地貌的等高线

地貌的形态虽然复杂，但都可以看作是由几种典型的地貌组成的。掌握典型地貌的等高线特征，有助于识读、应用和测绘地形图。

表 3-5　大比例尺地形图基本等高距参考值

地貌类别	比例尺			
	1∶500	1∶1 000	1∶2 000	1∶5 000
平地	0.5 m	0.5 m	0.5 m 或 1 m	0.5 m 或 1 m
丘陵地	0.5 m	0.5 m 或 1 m	1 m	1 m 或 2 m
山地	0.5 m 或 1 m	1 m	1 m 或 2 m	2 m 或 5 m
高山地	1 m	1 m	2 m	5 m

(1)山头和洼地(盆地)。山头和洼地的等高线特征如图 3-46 和图 3-47 所示。山头和洼地的等高线都是一组闭合曲线,但它们的高程注记不同。山头内圈等高线的高程大于外圈等高线的高程,洼地则相反。

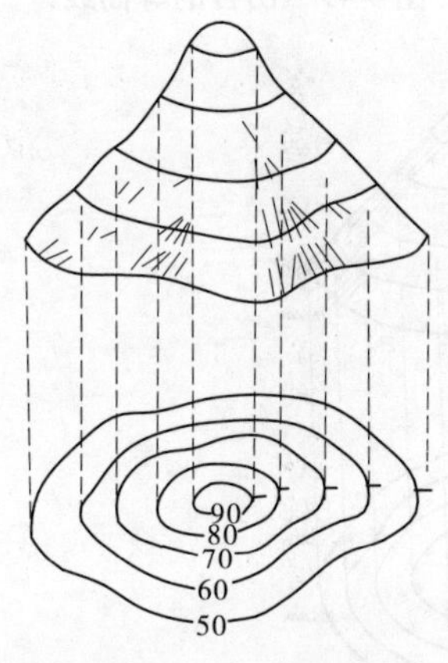

图 3-46　山头的等高线

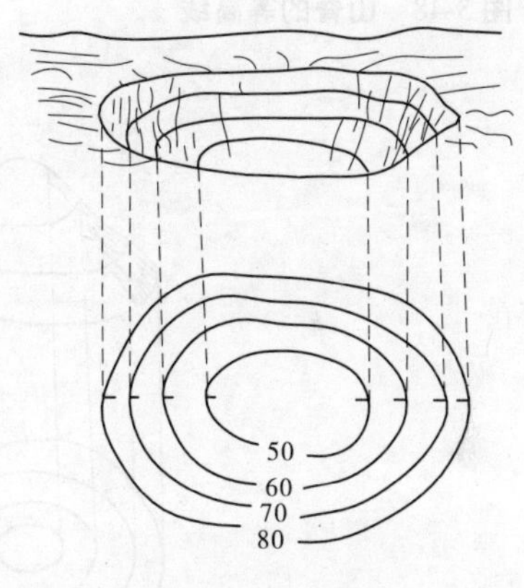

图 3-47　洼地的等高线

(2)山脊和山谷。从山顶向某个方向延伸的高地称为山脊,山脊上最高点的连线称为山脊线,山脊的等高线为一组凸向低处的曲线,如图 3-48 所示。相邻山脊之间沿着某个方向延伸的洼地称为山谷,山谷中最低点的连线称为山谷线,山谷的等高线为一组凸向高处的曲线,如图 3-49 所示。因山脊上的雨水会以山脊线为分界线而流向山脊的两侧,所以山脊线又称为分水线。在山谷中的雨水由两侧山坡汇集到谷底,然后沿山谷线流出,所以山谷线又称为集水线。山脊线和山谷线与等高线正交。

(3)鞍部。相邻两山头之间呈马鞍形的低凹部位称为鞍部。鞍部的等高线是由两组对称的山脊等高线和山谷等高线组成,即在一圈大的闭合曲线内,套有两组小的闭合曲线,如图 3-50 所示。

(4)陡崖和悬崖。坡度在 70°以上或为 90°的陡峭崖壁称为陡崖,因用等高线表示将非常密集甚至会重叠,故在陡崖处不再绘制等高线,而采用陡崖符号来表示,如图 3-51 所示。悬崖是上部突出,下部凹进的陡崖。上部的等高线投影到水平面时,与下部的等高线相交,下部凹进的等高线用虚线表示,如图 3-52 所示。

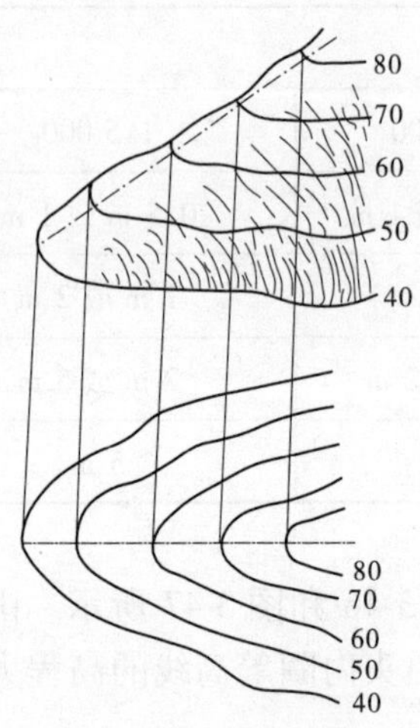

图 3-48　山脊的等高线

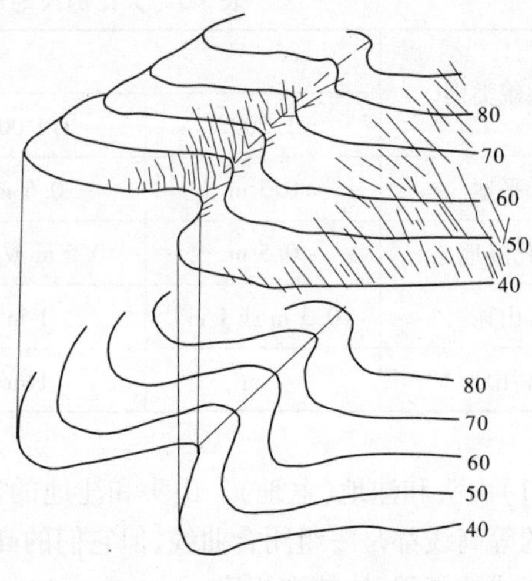

图 3-49　山谷的等高线

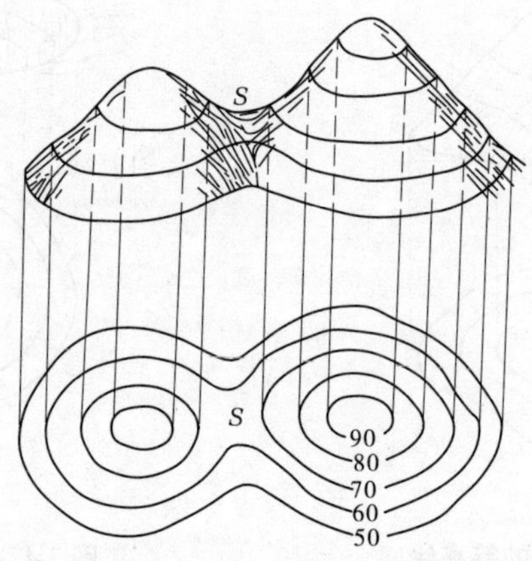

图 3-50　鞍部的等高线

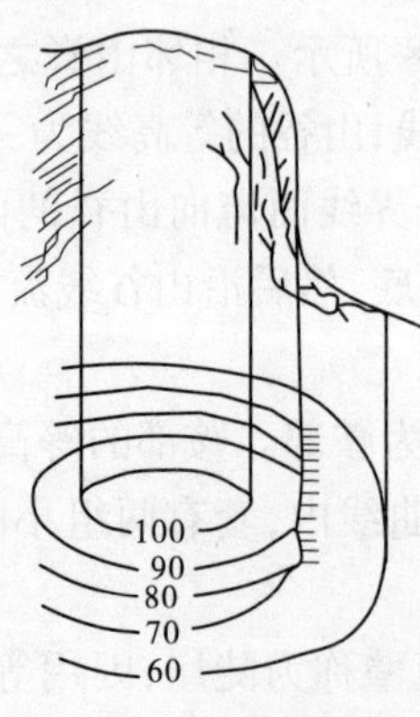

图 3-51　陡崖的等高线

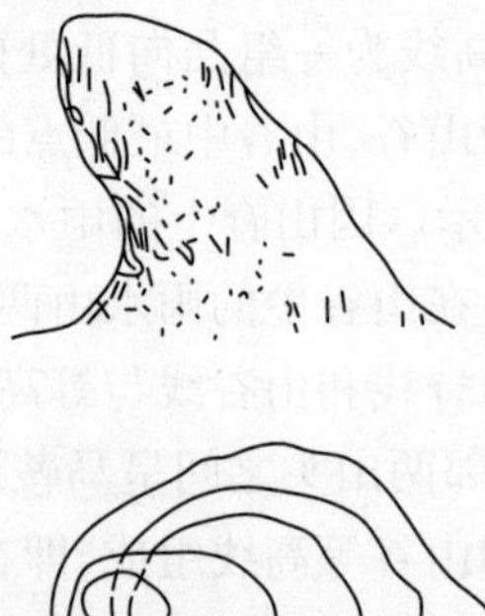

图 3-52　悬崖的等高线

了解了典型地貌的等高线特征以后，进而就能够认识地形图上用等高线表示的各种复杂地貌。

(五)等高线的特征

等高线的特征包括以下内容:

(1)同一条等高线上各点的高程相等。

(2)等高线是闭合曲线,不能中断,如果不在同一幅图内闭合,则必定在相邻的其他图幅内闭合。所以,在描绘等高线时,凡在本图幅内不闭合的等高线,应绘到图幅边缘,不能在图幅内中断。

(3)等高线只有在绝壁或悬崖处才会重合或相交。

(4)山脊、山谷的等高线与山脊线、山谷线正交。

(5)等高线的平距小,表示坡度陡,平距大则坡度缓。

单元八　地形图的识读和应用

一、地形图的识读

(一)地物地貌的识别

地形图反映了地物的位置、形状、大小和地物间的相互位置关系,以及地貌的起伏形态。为了能够正确地应用地形图,必须要读懂地形图(识图),并能根据地形图上各种符号和注记,在头脑中建立起相应的立体模型。地形图识读包括如下内容:

(1)图廓外要素的阅读。图廓外要素是指地形图内图廓之外的要素。通过图廓外要素的阅读,可以了解测图时间,从而判断地形图的新旧和适用程度,以及地形图的比例尺、坐标系统、高程系统和基本等高距,以及图幅范围和接合图表等内容。

(2)图廓内要素的判读。图廓内要素是指地物、地貌符号及相关注记等。在判读地物时,首先了解主要地物的分布情况,例如居民点、交通线路及水系等。要注意地物符号的主次让位问题,例如铁路和公路并行,图上是以铁路中心位置绘制铁路符号,而公路符号让位,地物符号不准重叠。在地貌判读时,先看计曲线再看首曲线的分布情况,了解等高线所表示出的地形线及典型地貌,进而了解该图幅范围总体地貌及某地区的特殊地貌。同时,通过对居民地、交通网、电力线、输油管线等重要地物的判读,可以了解该地区的社会经济发展情况。

(二)野外使用地形图

在野外使用地形图时,经常要进行地形图的定向,在图上确定站立点位置,地形图与实地对照,以及野外填图等各项工作。当使用的地形图图幅数较多时,为了使用方便则须进行地形图的拼接和粘贴,方法是根据接合图表所表示的相邻图幅的图名和图号,将各幅图按其关系位置排列好,按左压右、上压下的顺序进行拼贴,构成一张范围更大的地形图。

(1)地形图的野外定向。地形图的野外定向就是使图上表示的地形与实地地形一致。常用的方法有以下两种:

罗盘定向:根据地形图上的三北关系图,将罗盘刻度盘的北字指向北图廓,并使刻度盘上的南北线与地形图上的真子午线(或坐标纵线)方向重合,然后转动地形图,使磁针北端指到磁偏角(或磁坐偏角)值,完成地形图的定向。

地物定向：首先，在地形图上和实地分别找出相对应的两个位置点，例如本人站立点、房角点、道路或河流转弯点、山顶、独立树等，然后转动地形图，使图上位置与实地位置一致。

(2)在地形图上确定站立点位置。当站立点附近有明显地貌和地物时，可利用它们确定站立点在图上的位置。例如，站立点的位置是在图上道路或河流的转弯点、房屋角点、桥梁一端，以及在山脊的一个平台上等。

当站立点附近没有明显地物或地貌特征时，可以采用交会方法来确定站立点在图上的位置。

(3)地图与实地对照。当进行了地形图定向和确定了站立点的位置后，就可以根据图上站立点周围的地物和地貌的符号，找出与实地相对应的地物和地貌，或者观察了实地地物和地貌来识别其在地图上所表示的位置。地图和实地通常是先识别主要和明显的地物地貌，再按关系位置识别其他地物地貌。通过地形图和实地对照，了解和熟悉周围地形情况，比较出地形图上内容与实地相应地形是否发生了变化。

(4)野外填图。野外填图是指把土壤普查，土地利用，矿产资源分布等情况填绘于地形图上。野外填图时，应注意沿途具有方位意义的地物，随时确定本人站立点在图上的位置，同时站立点要选择视线良好的地点，便于观察较大范围的填图对象，确定其边界并填绘在地形图上。通常用罗盘或目估方法确定填图对象的方向，用目估、步测或皮尺确定距离。

二、地形图应用的基本内容

(一)在地形图上确定某点的坐标

1.确定点的地理坐标

如图3-53所示，欲求 M 点的地理坐标，可根据地形图四角的经纬度注记和黑白相间的分度带。初步知道 M 点在纬度38°56′线以北，经度115°16′线以东。再以对应的分度带用直尺绘出经纬度为1′的网格，并量出经差1′的网格长度为57 mm，纬差1′的长度为74 mm。过 M 点分别作平行纬线 aM 和平行经线 bM 两直线，量得 $aM=23$ mm，$bM=44$ mm，则 M 点的经纬度按式(3-7)和式(3-8)计算：

$$\lambda_M = 115°16' + \frac{23}{57} \times 60'' = 115°16'24.2'' \tag{3-7}$$

$$\phi_M = 38°56' + \frac{44}{74} \times 60'' = 38°56'35.7'' \tag{3-8}$$

2.确定点的平面直角坐标

欲求图3-54中 K 点的平面直角坐标，过 K 点分别作平行于 X 轴和 Y 轴的两个线段 ab 和 cd。量出 aK 和 cK 并按比例尺计算其实地长度，设 $aK=63.2$ m，$cK=36.1$ m，则

$$X_K = 4\,300 + 63.2 = 4\,363.2(\text{m})$$

$$Y_K = 13\,100 + 36.1 = 13\,136.1(\text{m})$$

为了检核，还应量出 bK 和 dK 的长度。若精度要求较高，应考虑图纸伸缩的影响，首先量出图上方格边长，看是否等于理论长度10 cm，并按下式计算 K 点的坐标：

$$X_K = 4\,300 + \frac{aK}{ab} \times 0.1 \times M \tag{3-9}$$

$$Y_K = 13\,100 + \frac{cK}{cd} \times 0.1 \times M \tag{3-10}$$

式中　M——比例尺分母。

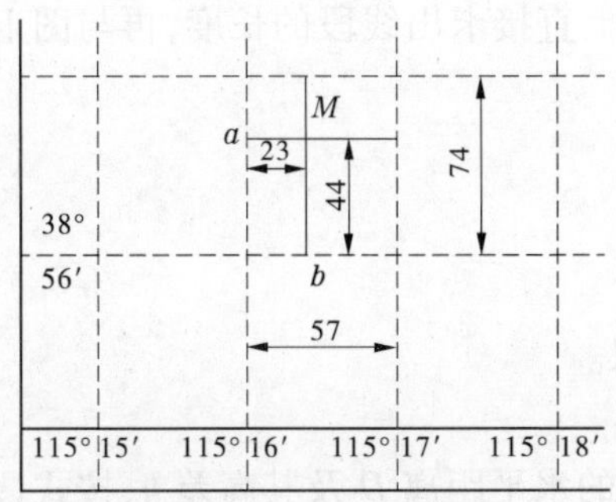

图 3-53　求 M 点地理坐标

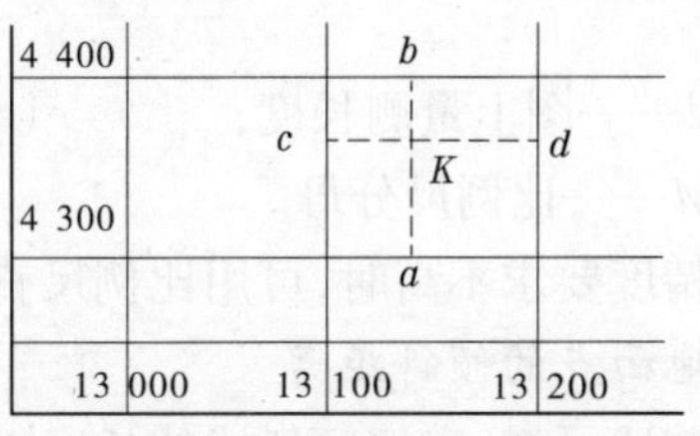

图 3-54　求 K 点的平面直角坐标

(二)在图上确定点的高程

1. 点在等高线上

如果所求点恰好位于等高线上,则该点高程等于所在等高线高程。

2. 点不在等高线上

若所求点不在等高线上,可按平距与高差的比例关系求得。如图 3-55 所示,求 B 点的高程,可过 B 点作一条大致垂直于两条等高线的直线,分别交等高线于 m、n 两点,分别量 mn、mB 的长度,则 B 点高程 H_B 可按式(3-11)计算

$$H_B = H_m + \frac{mB}{mn} \cdot h \tag{3-11}$$

式中　H_m——m 点的高程,为 38 m;

h——等高距,为 1 m。

设 $mn = 14$ mm,$mB = 9$ mm,则 B 点高程为

$$H_B = 38 + \frac{9}{14} \times 1 = 38.64(\mathrm{m})$$

通常可根据等高线用目估法按比例推算图上点的高程。

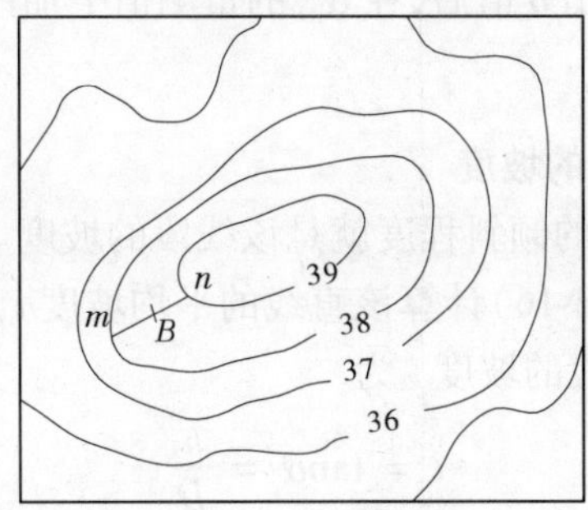

图 3-55　求点的高程

(三)在图上确定两点间的距离

1. 两点间的水平距离

(1)解析法。设所量线段为 AB,先求出端点 A、B 的直角坐标(x_A, y_A)和(x_B, y_B),然后

按距离公式计算线段长度 D_{AB}。

$$D_{AB} = \sqrt{(x_B - x_A)^2 + (y_B - y_A)^2} \tag{3-12}$$

(2)图解法(直接量测)。用卡规(两脚规)在图上直接卡出线段的长度,再与图上的图示比例尺比量,即得其水平距离。

$$D_{AB} = dM \tag{3-13}$$

式中 d——图上量测长度;

M——比例尺分母。

当精度要求不高时,可用比例尺直接在图上量取。

2. 地面点的倾斜距离

由前述可知,实地倾斜线的长度 D',可由两点间的水平距离 D 及其高差 h,按式(3-14)进行计算:

$$D' = \sqrt{D^2 + h^2} \tag{3-14}$$

(四)在图上确定某一直线的坐标方位角

1. 解析法

欲求一线段 AB 的坐标方位角,先求出两端点 A、B 的直角坐标值(x_A,y_A)和(x_B,y_B),再根据坐标反算。计算坐标方位角 α_{AB} 为

$$\alpha_{AB} = \arctan\frac{y_B - y_A}{x_B - x_A} \tag{3-15}$$

把 A、B 两点的坐标值代入式(3-15)计算。如果欲求线段 AB 的磁方位角或真方位角,则可依磁偏角 δ 和子午线收敛角 γ 进行换算。

2. 图解法

过 A、B 两点分别作平行于纵轴的直线,然后用量角器量出 AB 和 BA 的坐标方位角 α_{AB} 和 α_{BA},量测时各量测两次并取平均值,α_{AB} 和 α_{BA} 应相差 180°。由于图纸伸缩及量测误差的影响,一般两者不会正好相差 180°,即

$$\alpha_{AB} \neq \alpha_{BA} \pm 180°$$

设 $\delta = \alpha_{BA} \pm 180° - \alpha_{AB}$,求出 δ 值后,在 α_{AB} 的量测值上加改正数 $\frac{\delta}{2}$,再以此作为直线 AB 的坐标方位角。

(五)在图上确定某一直线的坡度

地面某线段对其水平投影的倾斜程度就是该线段的坡度。在地形图上求得直线的长度以及两端点的高程后,可按式(3-16)计算该直线的平均坡度 i,坡度角为 α,其水平投影长度为 D,端点间的高差为 h,则线段的坡度 i 为

$$i = \tan\alpha = \frac{h}{D} \tag{3-16}$$

按式(3-16),在地形图上量出线段的长度及其端点间的高差,便可算出该线段的坡度。坡度有正负号,“+”表示上坡,“-”表示下坡,坡度常用百分率(%)或千分率(‰)表示,也可用坡度角表示。

三、地形图在工程设计中的应用

(一)绘制地形纵断面图

地形纵断面图是指沿某一方向描绘地面起伏状态的竖直面图。可以在实地直接测定,也可根据地形图绘制。绘制断面图时,首先要确定断面图的水平方向和垂直方向的比例尺。通常,在水平方向采用与所用地形图相同的比例尺,而垂直方向的比例尺通常要比水平方向大10倍,用以突出地形起伏状况。

如图3-56(a)所示,要求在等高距为5 m、比例尺为1∶5 000的地形图上,沿AB方向绘制地形断面图,方法如下:

(1)在地形图上绘出断面线AB,依次交等高线于点1、2、3…

(2)在另一张白纸(或毫米方格纸)上绘出水平线AB,并作若干平行于AB等间隔的平行线,间隔大小依竖向比例尺而定,再注记出相应的高程值,如图3-56(b)所示。

(3)把1、2、3等交点转绘到水平线AB上,并通过各点作垂线,各垂线与相应高程的水平线交点即为断面点。

(4)用平滑曲线连接各断面点,则得到沿AB方向的断面图,如图3-56(b)所示。

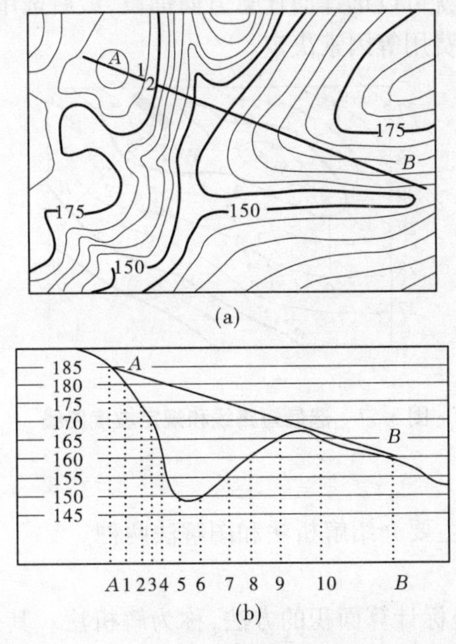

图3-56　绘制地形纵断面图和确定两点通视

(二)判定两地面点间是否通视

要确定地面上两点之间是否通视,可以根据地形图来判断。在图上判定两点间的通视情况,主要是根据观察点、遮蔽点、目标点三者的位置关系和高程而定。如果两点间地形比较平坦,通过在地形图上观看两点之间是否有阻挡视线的建筑物就可以进行判断;如果两点间地形起伏变化较复杂,则可以采用绘制简略断面图来确定其是否通视,如图3-56(b)所示,则可以判断AB两点通视。

（三）选择路线

1. 选择最短路线

斜坡上一点出发向不同的方向，地面坡度大小是不同的，其中有一个最大坡度，即斜坡的最大坡度线，就是垂直于图上等高线的直线，也为最短路线。降雨时，水沿着最大坡度线流向下方。欲求斜坡上最大坡度线，就要在各等高线间找出连续的最短距离（等高线间的垂直线），将最大坡度线连接起来，就构成坡面上的最大坡度线。其作法如图 3-57 所示，欲由 a 点引一条最大坡度线到河边，则从 a 点向下一条等高线作垂线交于 1 点，由 1 点再作下一条等高线的垂线交于 2 点，同法交于 B 点，则 a、1、2、B 连线即为从 a 点至河边的最大坡度线。

2. 选择规定坡度的路线

在进行线路设计时，往往需要在坡度 i 不超过某一数值的条件下选定最短的路线。如图 3-57 所示，此时路线经过相邻两等高线间的水平距离 D，$D = h/i = 1/1\% = 100(\text{m})$，$D$ 换算为图上距离 d，则 $d = 10$ mm，然后将两脚规的两脚调至 10 mm，自 A 点作圆弧交 27 m 等高线于 1 点，再自 1 点以 10 mm 的半径作圆弧交 28 m 等高线于 2 点，如此进行到 5 点所得的路线符合坡度的规定要求。如果某两条等高线间的平距大于 10 mm，则说明该段地面小于规定的坡度，此时该段路线就可以选择向任意方向铺设，最后选用哪条，则主要由占用耕地、拆迁民房、施工难度及工程费用等因素决定。

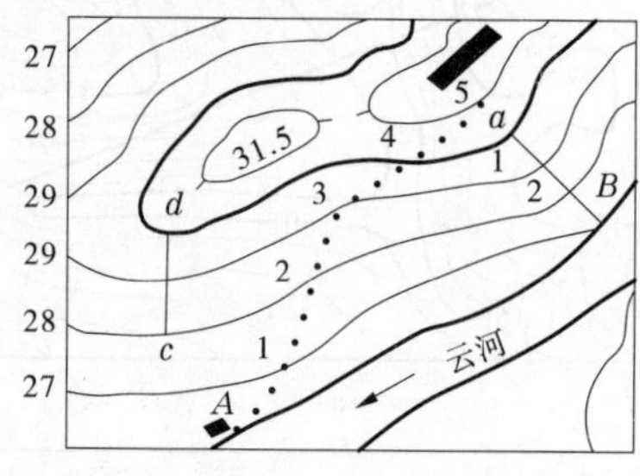

图 3-57　选最短路线和规定坡度路线

（四）面积的计算

量算面积的方法很多，主要介绍解析法和图解法两种。

1. 解析法

利用闭合多边形顶点坐标计算面积的方法，称为解析法。其优点是计算面积的精度很高。如图 3-58 所示，四边形 $ABCD$ 各顶点坐标分别为：(x_1, y_1)，(x_2, y_2)，(x_3, y_3)，(x_4, y_4)。四边形的面积 S 等于四个梯形的面积的代数和，得

$$S = S_{ABB_1A_1} + S_{BCC_1B_1} - S_{ADD_1A_1} - S_{DCC_1D_1}$$

多边形相邻点 x 坐标之差是相应梯形的高，相邻点 y 坐标之和的一半是相应梯形的中位线，故四边形 $ABCD$ 的面积为

$$S = \frac{1}{2}[(x_1 - x_2)(y_1 + y_2) + (x_2 - x_3)(y_2 + y_3) - (x_1 - x_4)(y_1 + y_4) - (x_3 - x_4)(y_3 + y_4)]$$

将上式化简并将图形扩充至 n 个顶点的多边形，上式可写成一般式：

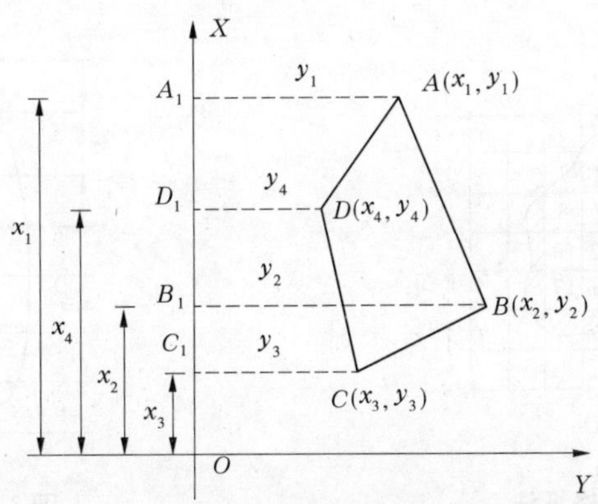

图 3-58　解析法求算面积

$$S = \frac{1}{2}\sum_{i=1}^{n} x_i(y_{i+1} - y_{i-1}) \tag{3-17}$$

或推导出另一种形式：

$$S = \frac{1}{2}\sum_{i=1}^{n} y_i(x_{i+1} - x_{i-1}) \tag{3-18}$$

式中　i——多边形各顶点的序号，当 i 取 1 时，$i-1$ 就为 n；当 i 为 n 时，$i+1$ 就为 1。

2. 图解法

(1)几何图形法。地形图上所测的面积图形是多边形时，可把它分成若干三角形、梯形等简单几何图形，分别计算面积，求其总和，再乘上比例尺分母的平方即可。为了提高量测精度，所量图形应采用不同的分解方法计算两次，两次结果符合精度要求，取平均值作为最后结果。

(2)透明方格纸法。地形图上所求的面积范围很小，其边线是不规则的曲线，可采用透明方格纸法。在透明方格纸(方格边长一般为 1 mm、2 mm、5 mm、10 mm)或透明胶片上作好边长 1 mm 或 2 mm 的正方形格网膜片，如图 3-59 所示。测量面积时，将透明方格纸覆盖在图上并固定，统计出整方格数，目估不完整的方格数，用总方格数乘上该比例尺图的方格面积，即得所求图形的面积。方格法简单易行，适用范围广。

(3)平行线法。方格法的量算受到方格凑整误差的影响，为了减少边缘因目估产生的误差，可采用平行线法。如图 3-60 所示，量算面积时，将绘有间距 $h=1$ mm 或 2 mm 的平行线组的透明纸覆盖在待算的图形上，则整个图形被平行线切割成若干等高 h 的近似梯形，设图中梯形的中位线分别为 $L_1, L_2, \cdots, L_n$，量取其长度，则图形总面积 S 为

$$S = h(L_1 + L_2 + \cdots + L_n) = h\sum_{i=1}^{n} L_i \tag{3-19}$$

即图形面积 S 等于平行线间距乘以梯形各中位线的总长。最后，再根据图的比例尺将其换算为实地面积。

用平行线法，在 1∶2 000 比例尺的地形图上量得各梯形上、下底平均值的总和 $\sum L_i = 876$ mm，$h = 2$ mm，则该图形所代表的实地面积为

$$S = 2 \times 10^{-3} \times 876 \times 10^{-3} \times 2\ 000^2 = 7\ 008(\text{m}^2)$$

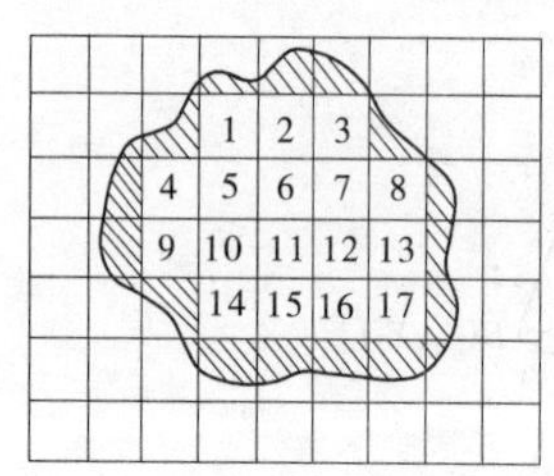

图 3-59　透明方格纸法

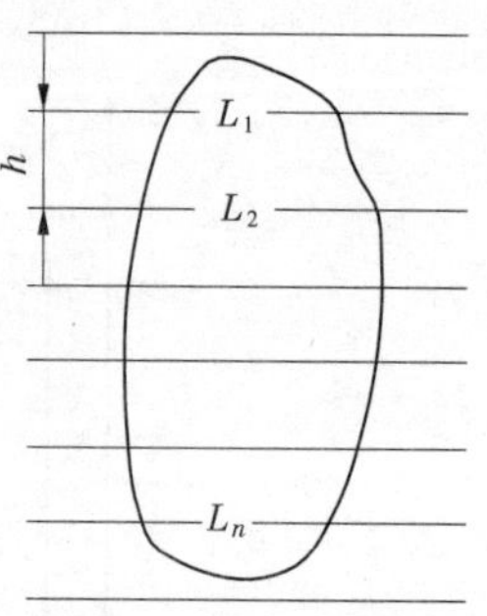

图 3-60　平形线法

（五）地形图在平整土地中的应用

1. 在地形图上绘出填挖边界线

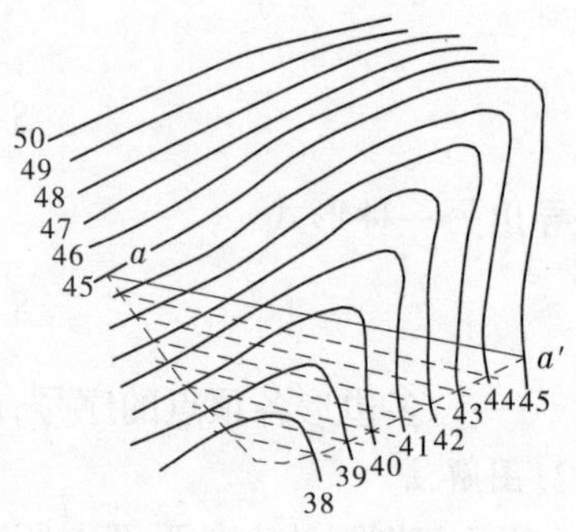

图 3-61　确定填挖边界线

在平整场地的土石方工程中，可以在地形图上确定填方区和挖方区的边界线。如图 3-61 所示，要将山谷地形平整为一块平地，并且其设计高程为 45 m，则填挖边界线就是 45 m 的等高线，可以直接在地形图上确定。

如果在场地边界 aa' 处的设计边坡为 1∶1.5（每 1.5 m 平距下降深度 1 m），欲求填方坡脚边界线，则需在图上绘出等高距为 1 m、平距为 1.5 m、一组平行于 aa' 表示斜坡面的等高线。如图 3-61 所示，根据地形图同一比例尺绘出间距为 1.5 m 的平行等高线与地形图同高程等高线的交点，即为坡脚交点。依次连接这些交点，即绘出填方边界线。同理，根据设计边坡，也可绘出挖方边界线。

2. 土地平整中的土方计算

为了使起伏不平的地形满足一定工程的要求，需要把地表平整成为一块水平面或斜平面。在进行工程量的预算时，可以利用地形图进行概算。

1）方格网法

如果地面坡度较平缓，可以将地面平整为某一高程的水平面。如图 3-62 所示，计算步骤如下：

（1）绘制方格网。方格网的边长取决于地形的复杂程度和土石方量估算的精度要求，一般取 10 m 或 20 m。然后，根据地形图比例尺在图上绘出方格网。

（2）求各方格角点的高程。根据地形图上的等高线和其他地形点高程，采用目估法内插出各方格角点的地面高程值，并标注于相应顶点的右上方。

（3）计算设计高程。将每个方格角点的地面高程值相加，并除以 4 则得到各方格的平均高程，再把每个方格的平均高程相加除以方格总数就得到设计高程 $H_{设}$。$H_{设}$ 也可以根据工程要求直接给出。

（4）确定填、挖边界线。根据设计高程 $H_{设}$，在地形图 3-62 上绘出高程为 $H_{设}$ 的高程线（如图中虚线所示），在此线上的点即为不填又不挖，也就是填、挖边界线，亦称零等高线。

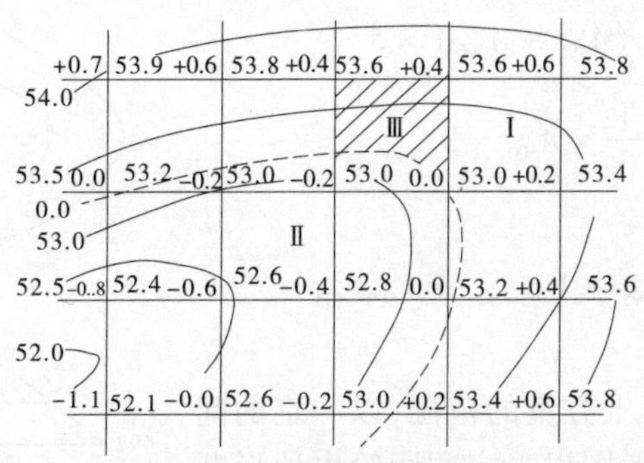

图 3-62　方格网法土方量计算

(5)计算各方格网点的填、挖高度。将各方格网点的地面高程减去设计高程 $H_{设}$,即得各方格网点的填、挖高度,并注于相应顶点的左上方,正号表示挖方,负号表示填方。

(6)计算各方格的填、挖方量。下面以图 3-62 中方格Ⅰ、Ⅱ、Ⅲ为例,说明各方格的填、挖方量计算方法。

方格Ⅰ的挖方量:$V_{\mathrm{I}} = \frac{1}{4} \times (0.4 + 0.6 + 0 + 0.2)A = 0.3A$

方格Ⅱ的填方量:$V_{\mathrm{II}} = \frac{1}{4} \times (-0.2 - 0.2 - 0.6 - 0.4)A = -0.35A$

方格Ⅲ的填、挖方量:

$$V_{\mathrm{III}} = \frac{1}{4} \times (0.4 + 0.4 + 0 + 0)A_{挖} + \frac{1}{4} \times (-0.2 + 0 + 0 + 0)A_{填} = 0.2A_{挖} - 0.05A_{填}$$

式中　A——每个方格的实际面积;

$A_{挖}$、$A_{填}$——方格Ⅲ中挖方区域和填方区域的实际面积。

(7)计算总填、挖方量。将所有方格的填方量和挖方量分别求和,即得总填、挖土石方量。

当把地面平整为水平面时,每个方格角点的设计高程值相同。当地面坡度较大时,可以按照填、挖土石方量基本平衡的原则,将地形整理成某一坡度的倾斜面。由图 3-62 可知,当把地面平整为倾斜面时,每个方格角点的设计高程值则不一定相同,这就需要在图上绘出一组代表倾斜面的平行等高线。它们都是通过具体的设计要求直接或间接提供的,绘出倾斜面等高线后,通过内插即可求出每个方格角点的设计高程值,计算各方格网点的填、挖高度,并计算出土方量。

2)等高线法

如果地形起伏较大,可以采用等高线法计算土石方量。首先从设计高程的等高线开始计算出各条等高线所包围的面积,然后将相邻等高线面积的平均值乘以等高距即得总的填挖方量。

如图 3-63 所示,地形图的等高距为 5 m,要求土地平整后的设计高程为 492 m。首先在地形图中内插出设计高程为 492 m 的等高线(如图中所示虚线),再求出 492 m、495 m、500 m,3 条等高线所围成的面积 A_{492}、A_{495}、A_{500},即可算出每层土石方的挖方量为

$$V_{492-495} = \frac{1}{2} \times (A_{492} + A_{495}) \times 3$$

$$V_{495-500} = \frac{1}{2} \times (A_{495} + A_{500}) \times 5$$

$$V_{500-503} = \frac{1}{3} \times A_{500} \times 3$$

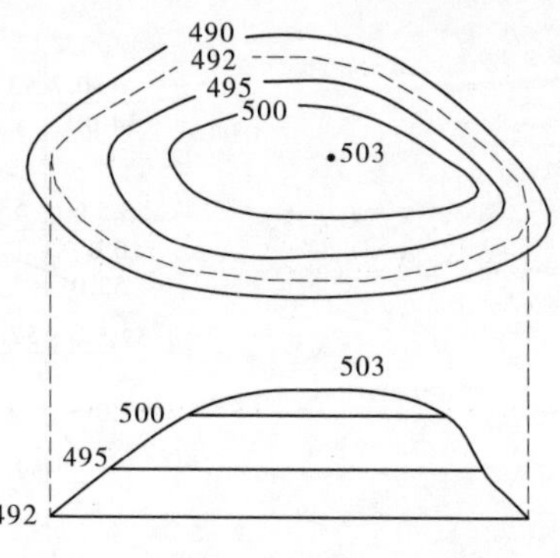

图 3-63　等高线法土方量计算

则总的土石方挖方量为

$$V = \sum V = V_{492-495} + V_{495-500} + V_{500-503}$$

3）断面法

在地形图上根据计算土方量的范围，以一定的间距等分施工场地，利用地形图以一定间距绘出地形断面图，并在各个断面图上绘出平整场地后的设计高程线。按照设计高程与地面线所组成的断面图，计算出断面图上地面线与设计高程线所围成的面积，再乘上等分的间距即可得出每两断面间的土石方量。将各断面所分隔的各部分土石方量加起来即可得总土石方量。

每断面土石方量：

$$V_i = \frac{S_{i-1} + S_i}{2} D \tag{3-20}$$

式中　S_{i-1}，S_i——相邻断面的面积；

D——相邻断面的间距。

总土石方量：

$$V = \sum_{i=1}^{n} V_i \tag{3-21}$$

思考题及习题

1. 三视图如何形成？
2. 各种位置直线的投影特点有哪些？
3. 确定地面点位的方法有哪些？
4. 地图的基本功能有哪些？
5. 1∶100 万地形图如何分幅与编号？
6. 等高线的分类有哪些？

项目四 地质图的基本知识

学习目标

掌握地质图的概念和地质图的主要内容，了解地质制图的发展史和发展趋势。掌握地质图的分类，了解地质图的规格和图式要求。掌握地质图件的基本内容，熟悉地质要素表示方法和地质注记。掌握地质图编制主要步骤、普通地质要素及图件的清绘以及清绘图的整饰。

【学习导入】

地质图是反映一个地区各种地质条件的图件，是用规定的符号、线条、色彩来反映一个地区地质条件和地质历史发展的图件。地质图是地质工作者依据野外探明和收集的各种地质勘测资料，按一定比例投影在地形底图上编制而成的，是地质勘察工作的主要成果之一。在地质工作中，根据不同的要求有不同类型的地质图。编制地质图要遵循有关的制图规格和图式要求。各种地质图的图式是将各种不同对象正确、明显、形象地描绘在图纸上。地质图要有统一的规格，除正图部分外还应包括图名、比例尺、图例、编图单位和编图人、编图日期、地质剖面图和地层柱状图等。地质工作者通过现场编录及生产勘探取得大量地质原始资料，并经过对这些资料分析研究及综合整理，编制出反映各种地质特征的地质图件，地质图件的基本内容主要包括地理底图、地质要素表示和地质注记三部分。地质图是以地质要素为主，地形要素为辅，制作图件时不能简单地把地质内容直接套到地形图上，造成图面上地形内容繁多，重点不突出，层次不清楚。地质图上还要进行注记，在图上用文字、数字说明它们的名称、性质和数量。地质图是以表示地质内容为主的专题地图，图上的内容作为编图、用图的依据。地质图编制是根据成图比例尺和内容要求，对有关的编图资料进行投影转换，建立新的数学基础，采用综合制图手段编制出地质图件。地质图要达到图式的要求，要运用专门的绘图技术对原图进行清绘。还要对地质图图廓和图廓外的线划符号和注记，按照统一的规格进行整饰。

地质图包含丰富多样的内容，要将这些图件编制得准确规范，需要掌握地质图的基本知识。本项目包括地质图的概念和意义，地质图的分类、规格和图式，地质图件的基本内容和表示方法，地质制图的基本要求等。

单元一　地质图

一、地质图的概念和意义

地质图是将各种地质体的界限、特征、产状、地质构造及地质现象按照规定符号、颜色、花纹和比例尺综合概括地投影到地形图上的一种图件，它是以地形图为底图进行绘制的。一般用来表示从全球到一定区域内的地壳或基岩的成分、构造和分布规律，是经济建设、环境保护和科学研究的基础地质资料。

地质图是区域地质调查成果不可缺少的组成部分。由地质人员在野外实地观察研究的基础上，按一定比例尺将各种地质体和地质现象填绘在地形底图上制成地质图的过程称地质填图。地质图的编制，首先必须是通过野外现场观察，对区内地层、岩石、岩浆活动、变质作用和构造变动等情况进行综合调查研究。再以规定的线条把各种地质界线，包括地层界线、岩体界线、断层线、不整合界线等勾划出来，把岩层和断层等的产状标记上去，对各时代地层和各类型岩浆岩涂以各种统一规定的颜色，对各种岩相（岩浆岩、变质岩）和蚀变、矿化现象加以各种规定的符号、花纹。一幅地质图还要有图名、比例尺、图例、测制单位和测制日期。

地质图能够反映图区内地层、岩浆活动、构造变动及地质发展史的主要特征，因此它是为了解一个地区的地质情况进行地质勘探和科学研究工作的重要资料。地质图对于研究矿床赋存的地质条件、矿床在空间上和时间上的分布规律、指导矿产普查、进行各项工程建设和基础地质研究工作，都具有十分重要的意义。

二、地质图的主要内容

地质图的内容很多，这里仅介绍图名、比例尺、图例、地质符号、地质界线、等高线、注记等主要内容。

（一）图名

图名是一幅图的名称，它表明图幅所在地区和图的类型，一般以图区内主要城镇、居民点或主要山岭、河流命名。如果比例尺较大，图幅面积较小，地名小而不为众人所知或同名多，则在地名上要写上所在省（区）、市或县名，如《北京市门头沟区地质图》。图名可根据情况用端正美观的隶书、魏书等书写在图幅上端正中或图内适当的位置。

图名用的字体与字形有关，如竖长字形不宜用隶书而可用黑体等。图名用字大小要与图面大小相协调。一般图名字数多时，字距不得小于字宽的 1/4，字少时字距可以超过 1 个字宽。图名全长不宜超过图北边长的 5/7，如果图名字数多可以分两行。大型挂图图名宜置于北图廓外居中的位置。有时图的内容不是满幅，在图内上半部空白处较大，为了图的整体美观，应当把图名写在北图廓内或东、西边图廓内的上端，此时横排图名长度一般应略大于或略小于图宽的 1/2，竖排图名应略大于或略小于图高的 1/2。

（二）比例尺

在测制地形图或地质图时，不可能按照地物的实际大小完全一样地绘制到图上，必须将长度缩短。将图上的长度与实际水平距离的比值称为比例尺。它表明图幅反映实际情况的详细程度。比例尺越小,反映的实际情况越粗略;比例尺越大,反映的实际情况越详细。比例尺一般放在图名下或图框下方正中位置。比例尺主要有数字比例尺、文字比例尺、图解比例尺、面积比例尺等。

(1)数字比例尺。简单的分数或比例,可表示为1∶1 000 000或1/1 000 000。这意味着,图上(沿特定线)长度1 mm(分子),代表地球表面上的1 000 000 mm(分母)。

(2)文字比例尺。图上距离与实地距离之间关系的描述。例如,1∶1 000 000这一数字比例尺可描述为"图上1 mm相当于实地1 km"。

(3)图解比例尺(也称直线比例尺)。在图上绘出的直线段,常常绘于图例方框中或图廓下方,表示图上长度相当于实地距离的单位。

(4)面积比例尺。图上面积与实地面积之比,表示图上1单位面积与实地上同一种平方单位的特定数量之比。

(三)图例

图例是图的内容的简要示例,它是读图的钥匙。不同类型的地质图各有表示自己内容和现象的图例。普通地质图的图例是用规定的颜色与符号来表示地层、岩体的时代和性质。图例通常放在图框外的右边或下边,也可放在图框内足够安排图例的空白处。

地质图上的图例通常按照地层、岩浆岩、岩性花纹、岩脉、围岩蚀变、地质界线、断层或其他构造线、产状、剖面线等依次排列。其中,地层按由新到老的顺序排列(从上到下或从左到右由新到老),时代不明的变质岩排列在后面;岩浆岩按生成环境由深至浅排列,其中深成岩和浅成岩按酸性、中性、基性、超基性到碱性排列,喷出岩可按喷发的时代排在地层系统内;岩性花纹按松散沉积物、沉积岩、岩浆岩、变质岩顺序排列;岩脉按酸性、中性、基性、超基性、碱性顺序排列,矿脉排在其后面;构造图例按地质界线、褶皱轴迹、断层线、节理、层理、劈理、片理、流面、流线及线理的产状要素排列,除断层线用红色外其余都用黑线表示。

通过阅读图例,可以了解图中的大体内容。凡是在图幅内存在和表示出的地层、岩石、构造及其他地质现象,就应无遗漏地有图例。地形图的图例一般不标注在地质图上。

(四)地质符号

地球表面的地质体及地质现象是复杂多样的,不可能在图上将它们全部表示出来,这就必然要用各种方法有选择地将它们表示出来。在地质图上,将地质现象(如某一岩石、构造和矿化带)和地质工程(如钻孔、坑道)采用特定的点、线和几何图形表示在地质图上,这些点、线和几何图形称为地质符号。其他如地形图上也用相应的符号表示一些特定的现象。

地质图上的符号不仅表示出实地物体的位置,而且还反映出物体的质量、数量的特征及相互关系,有的符号还表示出物体的形态和大小。地质工作者依据其中的某些符号,不仅可以量取距离、方位和面积,还可以非常直观而概括地了解和研究分析地质体与地质现象的特征、产状、相互关系及形成机制。因此,读图者应当学会识别地质符号。

(五)地质界线

地质界线是不同时代岩层之间的接触面与地面的交线。通常用0.15 mm粗的平滑细线表示,其中细实线表示实地填绘的地质界线,细虚线表示推测的地质界线。在地质图上通常可以根据地质界线的出露情况,结合地层代号、岩层产状等内容分析图区的地层发育情况。根据地质构造的形态、产状、规模、分布、组合规律及成因,分析图区内地质发展史和构造变形史,为指导找矿和工程建设提供理论依据。所以,在地质图上要善于识别地质界线的

分布规律和交接关系，以便正确地分析图件。

在大、中比例尺的地形地质图上，整合接触及平行不整合接触的地层，其地质界线一般平行或近于平行延伸；水平岩层的地质界线与等高线平行分布；倾斜岩层的地质界线与等高线相交，且符合“V”字形法则；直立岩层的地质界线在图上平直延伸，其延伸方向就是岩层的走向；角度不整合接触的地层，其地质界线是新地层压盖不同时代的老地层；新老岩体的界线也是新岩体压盖老岩体。在绘图时应十分注意上述问题。

（六）等高线

由于地球表面是高低起伏的，要在地形图或地质图上将地面上的山顶、山脊、斜坡、凹地、谷地等地貌形态较为准确地表现出来，通常需要在图上加绘等高线来实现这一目的。

要说明等高线的概念，首先必须明确什么是高程。所谓某点的高程，就是该点高出大地水准面的垂直距离。等高线则是地面上高程相等的相邻各点的连线，两条相邻等高线之间的高差称为等高距。将每隔一定等高距的实地等高线按一定的投影方式，并按一定的比例尺缩绘在图纸上，就得到了表示地面高低起伏的等高线图形。

等高距是根据用图目的、比例尺、制图区的地形坡度大小确定的。等高距大，等高线少，地貌显示就概略，甚至地质图上会遗漏某些地貌形态；等高距小，等高线多，地貌显示就不够清晰明了。所以，规定等高距要适当。一般图上规定的等高距称为基本等高距。不同比例尺图上的基本等高距见表4-1。

表4-1　不同比例尺图上的基本等高距

地形图比例尺	基本等高距(m)		
	平原	丘陵	山地
1:500	0.25	0.5	0.5
1:1 000	0.5	0.5	1.0
1:5 000	1.0	2	2.5
1:1万	1.0	2.5	5
1:2.5万	5		10
1:5万	10		20
1:10万	20		40

等高线是地质图上常见的内容之一，它常在图上用棕色平滑的细线表示。在地质图上，等高线除能表示地面高低起伏外，还可以根据等高线与地层界线的弯曲关系、交接关系判断岩层的产状与地面坡度和坡向的关系。

（七）注记

地质图的内容很多，除用各种符号、颜色表示外，还必须用文字、数字说明它们的名称、性质和数量，这些在地质图上有说明作用的文字、数字称为注记。注记是地质图的内容之一，没有注记的图件难以阅读。

地质图的注记有名称注记（如北京市、凤凰山背斜等）、说明注记（如矿井的“煤”“铁”等）、数字注记（如山峰的高程、等值线的数字等）、特种内容要素注记（如用字母表示的地质时代、岩石性质等)。

注记还可以用不同的字体、大小和颜色显示物体的类型和等级。

三、地质制图的发展史和发展趋势

地质图的绘制始于18世纪末到19世纪英国地质学家威廉·史密斯。史密斯于1794年从巴斯到新卡斯尔的旅途中,发现南英格兰地层的层序适用于整个英格兰。由此便决定要绘制全英格兰的地质图,并开始为这一目的陆续地收集资料。在1801年前后,他完成了英格兰、威尔士地层分布的一般地质图。史密斯地质图的编制,首先在标准地区确定地层层序。再注意这些地层中含有的化石的特征,并确定自古到今的差异,将其作为标准化石对其他地层进行不考虑岩性的对比。史密斯之后随着时代的前进、地质学的发展,地质图的编制越来越精确,表现的内容也逐渐增多。1878年在巴黎召开的第一届国际地质学会议上,开始讨论有关地质图的问题,1881年通过了俄国A. П. 卡尔宾斯基提出的地质图图例,并逐渐发展成今天国际上通用的地质图图例系统。现在所说的地质图,也包括为某种特殊目的,着重表现某种地质现象的图件。1981年美国编成的1:750万的环境工程地质图,日本编成的1:20万基岩地质图,以及国际合作编成的1:500万各大洲地质图都是比较著名的地质图。

地质学在我国作为一门独立的学科出现,是从19世纪80年代开始的。清代数学家华蘅芳于1872年把英国地质学家莱伊尔所著《地质学原理》一书翻译成中文《地学浅释》,从此开拓了我国现代地质学的地质调查工作(当时主要是个别欧美地质人员来华短期考察),而我国地质制图工作则是从20世纪开始发展起来的。1905年,直隶省(今河北省)矿产总局总勘探师邝荣光编制了我国第一张分省地质图——《直隶省地质图、矿产分布图》,这就是我国现代地质制图工作的开端。1913年我国成立了第一个专门的地质机构——地质调查所,开始进行区域地质图件的测制工作,至1928年编制了百万分之一地质图3幅(北京济南幅、太原榆林幅、南京开封幅),标志着我国地质制图的开始。从1956年开始,我国有步骤、有计划地开展了重点地区区域地质调查工作,开展了大规模的1:20万地质填图,在我国首次形成地质填图高潮。1961年建立中国地质图编审委员会,由李四光任编审委员会主任,开始编制1:100万国际分幅的全国地质图、矿产分布图、大地构造图和内生金属成矿规律图等一整套综合地质图件(简称"一套图"),表明我国地质制图工作日臻完善,且已有能力独立编制出版任何图种的大型挂图。1975年和1976年首次公开出版了1:400万《中国地质图》和《中国构造体系图》,这两张地质图件的出版说明我国在地质理论方面有了很大发展,它们对生产、教学和科研都具有重要作用。1978年末,在成矿有利地段开展了1:5万区域地质调查工作,形成了我国第二次地质填图高潮,这次地质填图的最大特点就是新技术、新理论的运用,应用遥感图像资料进行调查,有些地区运用彩色或假彩色遥感图像进行填图。对沉积岩区强调开展岩相古地理研究;对变质岩区要求运用构造解析方法研究变质岩区的多期构造变形,从而搞清原始地层层序;在火山岩区采用双重制图法,对火山岩构造的研究取得了明显成就。1981年开始陆续出版我国各省(区)1:50万或1:100万地质图及区域地质志。这一套图件(还包括构造图、岩浆岩分布图)和相应说明书的公开出版是我国地质工作的一件大事,它标志着我国地质制图科学已经到了比较完善和比较普及的程度。现今,我国地质制图事业进一步向纵深发展,其主要标志是:公开出版的图件种类增多;公开出版地质图件的比例尺范围扩大;开始应用计算机编制地质图件的自动化制图技术。

今后我国地质制图事业的发展趋势如下:

(1)地质图件的种类迅速增加,实用性地质图件的测图工作会得到很大发展,如各种类型的环境地质图、地质灾害图、岩溶地质图、城市地质图、农业地质图、国土规划图等。

(2)由单一地质类图件向多学科的系列图件发展。随着学科之间的相互渗透,特别是地球物理、地球化学及遥感技术在地质工作中的广泛应用,将产生一系列地球物理、地球化学及遥感地质图件,如航磁图、重力图、遥感地质构造图等。

(3)由地表地质图件向反映深部地壳结构的图件发展。应用活动论的观点,使地质图件由过去的静态反映现象的地质格局逐渐过渡到动态地、历史地反映多个地区陆块迁移、会聚、离散的历史过程。

(4)计算机测图技术的应用范围将不断扩大,方法技术将不断改进,这些都将促使地质制图技术迅速发展、成图自动化程度大为提高,主要体现在下面三个方面:

第一,多种数据采集手段一体化。目前,我国的计算机地质制图系统大多以野外、井下实测数据作为信息源,一般都很少包含属性数据。今后应着力发展其他数据采集手段,如室内数字化、航片采集、遥感影像、一般照片的数据获取等方面进一步加强研究。采集获取的信息应包括矢量、栅格的图形、图像数据和非空间属性数据。

第二,数据标准化。以往在研究发展计算机地质制图系统时比较注重实用性,而对标准化问题考虑研究的比较少,这样就造成了数据共享与交流的困难,影响了计算机地质制图的进一步发展。数据标准化的研究包括数据采集编码的标准化、数据格式转换的标准化、数据分类的标准化等。实现数据的标准化是系统普及应用的必要条件。

第三,向集成化的地理信息系统发展。在当前的计算机地质制图系统中引入数据库管理系统,建立空间数据和属性数据之间的联系,并实现其共同管理与相互查询。

总之,地质制图理论和技术方法都在随着科学技术进步而获得迅速的发展,今后地质制图的任务将伴随地质工作和经济建设的需要而更加繁重。

单元二　地质图的分类、规格和图式

一、地质图的分类

根据不同的要求分别测绘和编制出不同类型的地质图,这样才有利于制图作业,有利于图件的使用和保管。按内容、比例尺、图幅内容显示方法和用途等特征可将地质图分为不同的类型。

(一)按内容分类

1.普通地质图

普通地质图又称狭义地质图,它主要反映一个地区的地层、构造、岩浆岩及重要地质现象。这种图可提供制图区的地层顺序、构造特征、岩浆岩类型及产状,以及重要地质现象和矿产等基础地质内容。为了使这种图上的地貌形态表示得更加明显,在大、中比例尺图上还加绘地形等高线。由此可见,普通地质图是一种综合性图件,是各种地质图中最基本、最广泛应用的图件,是编制其他专门性地质图的基本图件。

2. 构造图

构造图包括两种图:一种是用构造图例符号来表示各种构造要素的构造纲要图,这种图表示广大区域内构造的特点、形成时代、发展历史以及各区构造之间的相互关系;另一种是用构造等高线来反映地下深处的岩层构造形态的构造等高线图,这种图主要用于矿产的普查和勘探工作。

3. 岩石分布图

岩石分布图是表示地表出露不同成分或不同结构构造的各种岩石在空间分布情况的图件。这种图主要用于岩石时代不易确定的地区,如某些火成岩、变质岩发育地区。它是在这些地区编制地质图及进行初步普查和水文地质及工程地质勘察时的主要依据。

4. 水文地质图

水文地质图是反映某地区的地下水分布、埋藏、形成、转化及其动态特征的地质图件,主要表示地下水类型、产状、性质及其储量分布状况等,是某地区水文地质调查研究成果的主要表示形式。

5. 工程地质图

工程地质图是按比例尺表示工程地质条件在一定区域或建筑区内的空间分布及其相互关系的图件,是结合地质工程建筑需要的指标测制或编绘的地图,是地质图的一种分支类型。其目的是通过将各种对工程规划、设计与施工合理性及经济效益有直接影响的工程地质条件和因素,编制成不同比例尺与不同内容类型的专题图件,为城市规划、工业与民用建筑工程、铁路工程、道路工程、港口工程、输电及管线工程、水利工程、采矿与地下工程等提供基础资料与评价。

6. 环境地质图

环境地质图是以环境地质为研究目的,将有关地质体和地质现象以一定的比例尺填绘的图件。环境地质图是环境地质工作成果的反映形式之一。它反映环境的基本要素及其相关作用,既要记录自然动力地质作用,也要标明人工开发导致地质环境的变化。通过定期编制环境地质图件,可以反映出环境变化的方向和速度及其演化。

7. 第四系地质图

第四系地质图是表示一个地区的第四系沉积层的成因类型、岩性及其形成时代、地貌单元的类型和形态特征的一种专门性地质图。这种图对工程地质和水文地质勘察、寻找砂矿及农林规划建设等都有实际意义。

8. 矿产分布图

矿产分布图是表示矿产分布的情况,以及与矿产有关的地层、岩石、地质构造、物探异常、化探异常的图件,有时还在图上表示矿产储量和品级。矿产分布图是制定国民经济发展规划和确定工农业生产布局的重要基础资料和决策依据。中国第一张矿产分布图是邝荣光1905年编制的直隶省矿产分布图。至20世纪80年代末中国全境已完成1:50万或1:100万矿产分布图的编制工作。

9. 地球物理图

地球物理图是利用各种仪器来研究岩石的物理特征(如磁性、重力、导电性、放射性、密度)在空间上的变化规律,并用等值线形式反映出来的各种类型的图件,如重力分布图、磁力分布图和放射性γ强度分布图等。

10. 航空相片和卫星相片解译图

航空相片和卫星相片解译图是根据这两种相片所提供的图像及其他信息特征，对工作区地层、岩石和构造特征进行判读，并采用通常地质图例将所得的各种地质要素反映出来的一种图件。

11. 岩相—古地理图

岩相—古地理图是表示某一地质时代地层的岩相、海陆分布以及古地貌等特征的图件，它用于推断古地理及古气候，还可以作为某些矿产调查的基础。

12. 成矿规律图和成矿预测图

成矿规律图和成矿预测图是专门表示矿产分布规律和指明找矿远景的一种图件，这类图件是在综合研究矿产与各种地质因素相互关系的基础上编制的，为指导找矿以及编制资源规划提供依据。

（二）按比例尺分类

我国基本地质图的比例尺有 1∶1万、1∶2.5 万、1∶5万、1∶10 万、1∶25 万、1∶50 万、1∶100 万。通常将这些比例尺图分为大、中、小三类。

(1) 大比例尺图包括 1∶1万 ~1∶5万及更大比例尺图。

(2) 中比例尺图包括 1∶10 万 ~1∶25 万比例尺图。

(3) 小比例尺图包括 1∶50 万 ~1∶100 万比例尺图。

上述划分标准具有一定的相对性，比如地质部门把 1∶10 万比例尺图视为中比例尺图，而测绘部门却把它称为大比例尺图。

（三）按图幅内容显示方法分类

1. 地质素描图

地质素描图是采用绘图技巧和图例概括的方法随手绘出的各种写实型图。这种图通常以线条为主要表现形式，用来反映地质现象的形态特征和规律，在记录和阐明问题方面给人直观形象的感觉。

2. 地质平面图

地质平面图是表示一个地区的地质构造特征，以及各地质时代的地层、岩石及其分布规律的平面图件。这种图通常以地形图或地理图做底图，包括普通地质图、工程分布图、矿产分布图、构造纲要图、岩相古地理图等的一类正投影图。分析地质平面图，可以了解图区内各时代的地层、岩石、构造的分布规律及它们之间的相互关系，为矿产普查及地质勘探提供依据。

3. 地质剖面图

地质剖面图是在垂直断面上表示一个地区的地形、岩层构造的图件。地质剖面有横剖面和纵剖面两种，与岩层主要走向线大致垂直的剖面叫作横剖面，与岩石主要走向线大致平行的剖面叫作纵剖面。剖面线要尽可能垂直地层走向并通过全区主要构造，剖面线的位置要按左西右东、左北右南放置。为了了解一个地区的地质体和地质构造的特征及其在空间上的变化规律，在地质图上通常需附有 1 ~3 条剖面以补充平面图的不足，剖面图通常附在地质图的下方。

4. 地层柱状图

地层柱状图是以柱状剖面形式系统表示各地质时代地层的岩性、厚度、岩性变化和接触关系的一种图件。地层柱状图可分为一般地层柱状图和综合地层柱状图两类。一般地层柱状图简称地层柱状图,它是根据一口钻井或一条地层剖面所确定的地层层序、地层厚度、岩性特征等资料编制的。综合地层柱状图是一种综合性图件,它是根据整个工作地区若干个钻井或若干条地层剖面资料,经过综合整理后而编制成的,它是工作区内地层、岩性特征、厚度变化、岩相、古生物的变化等情况的总结,是区域地质资料的重要组成部分。这种图件有助于对该区地壳运动、岩浆活动及地质发展史的恢复。

5. 地质分析曲线图

地质分析曲线图是以地质分析、试验、鉴定、记录、统计等相关性数据为基础,按照坐标对应原理而制成的曲线图。

(四)按用途分类

1. 概略地质图

概略地质图的比例尺为1∶50万~1∶100万,一般是根据中比例尺图件参考卫星资料编绘而成的,主要用于研究区域地质特征和大区域找矿工作的总体部署。

2. 详细地质图

详细地质图的比例尺为1∶2.5万或1∶5万,它是详细地质测量的主要成果。这些图上要带有等高线以显示地面的高低起伏状况,用于详查地质构造和矿产情况。

3. 区域地质图

区域地质图的比例尺为1∶10万或1∶20万,它是地质普查阶段的重要成果。其目的是了解调查区域较详细的地质情况、矿产的分布和远景情况,为进一步的找矿勘探工作、科研工作提供必要的地质资料。

4. 专用地质图

专用地质图是指比例尺大于1∶2.5万(1∶1万、1∶5 000、1∶1 000、1∶500)的地质图。常用于矿点及异常点检查、评价以及勘探工作中用以研究矿床的成矿规律,追索和圈定矿体。

地质图分类方法很多,根据不同的分类标准有不同的分类,见表4-2。分类表列出了13项分类依据,其中最主要的是比例尺和图件内容,按比例尺分类反映工作的精度和深度,按图件内容分类表示图件的基本内容。

二、地质图的规格

一幅正规的地质图有统一的规格,除正图部分外,还应包括图名、比例尺、图例、编图单位、编图人、编图日期、地质剖面图和地层柱状图等。

(1)图名常用整齐美观的大字书写于图的正上方,图名应表明图幅所在地区和图的类型,如《北京西山地质图》等。

(2)比例尺又称缩尺,表明图幅反映实际地质情况的详细程度和工作精度。比例尺一般放在图名下方或图框下方正中位置。

(3)图例是图的内容的简要示例,不同类型的地质图有不同的图例。一般地质图的图例是用各种规定的颜色和符号来表明地层、岩层的时代和性质。图例通常绘在图框外的右边或下方。地层图例的排列顺序是自上而下、由新到老,方格左侧注明时代,方格右侧注明岩石性质,如绘在下方,则从左到右由新到老顺序排列。岩石图例放在地层图例之后,岩浆岩一般按时代新老顺序或酸性程度排列。构造图例放在岩石图例之后,一般顺序是按褶皱、

断层、节理、产状要素等排列。地形图的图例不在地质图上说明，但在图框外标明等高距。

表 4-2　地质图分类一览表

分类标准	Ⅰ	Ⅱ	Ⅲ	Ⅳ
比例尺	小比例尺地质图，1∶100万及小于1∶100万	中比例尺地质图，1∶20万及大于1∶50万	大比例尺地质图，1∶5万、1∶1万及大于1∶1万	
图件内容	基础地质图件：实际材料图、普通地质图、矿产图、探槽素描图	综合地质图件：岩相古地理图、大地构造图	物性及化性异常地质图件：物探、化探异常图	示意性地质小插图：素描图、直方图、曲线图
投影面位置	水平投影：剖面地质图	垂直投影：平面地质图		
投影方法	透视投影地质图	轴视投影地质图		
投影的空间度数	平面地质图	立体地质图		
颜色	线划单色素图	线划多色素图	彩色地质图	
使用方式	桌图：1∶20万区测图	挂图：1∶500万亚洲地质图	手图：野外用图	
编图方法	实测地质图	缩编地质图	卫片、航片镶嵌地质图	电子计算机成图
图幅范围	区域地质图	矿区地质图	构造单元地质图	
制图工艺阶段	基础资料图	缩稿原图	出版原图	样图复印成品图
和工业、经济指标关系	普通地质图、岩相古地理图	矿产图、矿床储量计算图、经济地质图、环境地质图		
图件组合形式	单张地质图	系列地质图		
图的分幅方式	矩形分幅	经纬度分幅		

地质图上不同时代的地层和各种岩浆岩侵入体的颜色是按国际统一图谱规定的，其他如地质界线用黑色，断层线用鲜红色，河流用浅蓝色，地形等高线用棕色，城镇和交通网用黑色等。

(4)图框外还应注明编图单位、编图人、编图日期等，正规出版的地质图左上角还有图幅接合表，图名下方还注明它的国际图幅分幅的代号。

(5)地质剖面图，正式地质图的框下必须附有 1 ~ 2 幅穿过整个地质图的地质剖面图。地质剖面图也有一定的规格，要求有图名、比例尺、剖面方位、图例等。剖面在地质图上的位置用细线标出，要注上剖面代号，如Ⅰ—Ⅰ′、A — B 等。剖面图与地质图所用的地层符号，色谱应一致。剖面图内一般不留空白，根据地表来推断绘出。

(6)地层柱状图，是将一个地区的全部地层按其时代顺序、接触关系及各层位的厚度大小编制的图件。一般地质图正图的左侧缩绘有简要的地层柱状图，按新老关系从上到下表示该区发育的各时代地层的岩性特征及其厚度、地层接触关系、岩体穿插关系等。柱状剖面图的比例尺视情况而定，一般总是大于地质图的比例尺。

三、地质图的图式

编绘地质图时，尽可能制订出统一图式图例并遵照执行，这对促进地质填图和地质科研、改进制图工艺、提高成图质量、缩短成图周期，都具有重要的意义。所以，一幅正规的地质图图式应包括各种代号、地质构造符号、岩（矿）石花纹、地质图颜色、图例说明、文字报告、图、表等。

（一）各种代号

各种代号包括地层代号、岩浆岩代号、岩相代号、岩（矿）石代号、矿物代号、地质构造代号、工程代号等。其中，地层代号包括宇、界（亚界）、系（亚系）、统、阶、群、组、段等代号；岩浆岩代号包括花岗岩、玄武岩等及其期、阶段和次的代号。

（二）地质构造符号

地质构造符号包括普通地质图符号、构造地质图符号、矿产普查与勘探工程图符号及矿产图符号等。普通地质图符号包括各种地质界线、断层、产状、剖面线等；构造地质图符号包括各种褶皱、断裂、产状要素和其他构造符号；矿产普查与勘探工程图符号包括各种观察点（线）、采集地、勘探线和钻孔、探槽、坑道和探井符号；矿产图符号包括一种或数种矿产符号，通常还按矿产类型和规模做详细划分。

（三）岩（矿）石花纹

岩（矿）石花纹包括沉积岩、岩浆岩、变质岩的各种岩石和矿石的花纹图例。

（四）地质图的颜色和整饰规格

地质图的颜色：基本比例尺普通地质图的色标全国已基本统一，各地质单位制图应遵照执行。

地质图的整饰规格：凡正规出版的地质图对整饰规格都有统一的规定，其中包括图廓、图廓外各要素的整饰规格和说明。

地质图的编制，首先必须通过野外现场观察，对区内地层、岩石、岩浆活动、变质作用和构造变动等情况进行综合调查研究，再以规定的线条把各种地质界线（包括地层界线、岩体界线、断层线、不整合界线等）勾划出来，把岩层和断层等的产状标记上去，对各时代地层和各类型岩浆岩涂上规定的颜色，对各种岩相（岩浆岩、变质岩）和蚀变、矿化现象要用相应规定的符号、花纹。

我国现行的地质图图式版本，主要有以下国家和行业标准：

（1）中华人民共和国国家标准《地质图用色标准（1∶500 000～1∶1 000 000）》（GB 6390—1986）；

（2）中华人民共和国国家标准《区域地质图图例》（GB/T 958—2015）；

（3）中华人民共和国地质矿产行业标准《1∶250 000 地质图地理底图编绘规范》（DZ/T 0191—1997）；

（4）中华人民共和国地质矿产行业标准《1∶200 000 地质图地理底图编绘规范及图式》（DZ/T 0160—1995）；

(5)中华人民共和国地质矿产行业标准《1:50 000 地质图地理底图编绘规范》(DZ/T 0157 —1995);

(6)中华人民共和国地质矿产行业标准《地质图用色标准及用色原则(1:50 000)》(DZ/T 0179—1997);

(7)中华人民共和国地质矿产行业标准《区域地质及矿区地质图清绘规程》(DZ/T 0156—1995);

(8)中华人民共和国地质矿产行业标准《区域地质调查总则(1:50 000)》(DZ/T 0001—1991);

(9)中华人民共和国地质矿产行业标准《1:250 000 区域地质调查技术要求》(DZ/T 0246—2006);

(10)中华人民共和国地质矿产行业标准《1:1 000 000 海洋区域地质调查规范》(DZ/ T 0247—2006);

(11)中华人民共和国地质矿产行业标准《区域地质调查中遥感技术规定 1:50 000》(DZ/T 0151—1995);

(12)中华人民共和国地质矿产行业标准《1:50 000 海区地貌编图规范》(DZ/T 0235—2006);

(13)中华人民共和国地质矿产行业标准《1:50 000 海区第四纪地质图编图规范》(DZ/T 0236—2006);

(14)中华人民共和国地质矿产行业标准《浅覆盖区区域地质调查细则(1:50 000)》(DZ/T 0158—1995);

(15)中华人民共和国地质矿产行业标准《煤田地质填图规范(1:50 000、1:25 000、1:10 000、1:5 000)》(DZ/T 0175 —2014)。

单元三　地质图件的基本内容和表示方法

地质图件的基本内容很多,概括起来主要是地理底图、地质要素表示和地质注记三部分。

一、地理底图

地理底图的主要内容由制图的数学要素和自然地理要素两部分组成。常用的地理底图要素简述如下。

(一)数学要素

地质图的地理底图的数学要素与同比例尺的地理(地形)图的数学要素基本一致,只是某些内容较为简单甚至有的内容不表示,如指北针、磁偏角等。

1. 测量控制点

测量控制点控制着图的精度,也关系整个地质图件的精度,底图上的测量控制点分为高程控制点和平面控制点。

平面控制点:用不同的测量方法而得到,分为天文点(天文测量)、三角点(大地测量)、导线点(导线测量)等。它们以不同的符号将测点的位置标在图上,符号的中心点表示实地的测点所在,平面控制点也注以高程数字。目前,我国是以“1980 西安坐标系”的原点(设在陕西省泾阳县永乐镇)作为国家大地坐标系原点。

高程控制点:是国家水准点,在图上以小圆圈表示,圆的中心点表示实地水准点的真实位置。目前,我国采用“1985 国家高程基准”作为国家高程系统。

图件比例尺越大,要求表示的控制点数目越多。在 1:50 万或更小比例尺的地质图上不再表示控制点,由地理坐标网代替它的作用。

2. 坐标网

坐标网是为了地图的拼接、量算和指示地面目标而绘制的,它可以分为地理坐标网和直角坐标网。地理坐标网是由大地经纬线构成的。直角坐标网是为了在图上量取任意点的直角坐标值而加绘的坐标网,每一网格代表实地若干平方公里,所以又称直角坐标网或公里网,由于网格均为正方格,所以又称方格网。

坐标网的选用和表示方法由比例尺决定。

(1)1:20 万比例尺地质图件中既表示经纬网,又表示公里网。除在四个图廓点注记相应的经纬度外,在内、外图廓之间加绘经纬线并注记。南北内、外图廓之间以 15°间隔加绘经线;东西内、外图廓之间以 10°间隔加绘纬线。为了用图方便,在外图廓内线上还要表示“分度带”,可直接根据分度带加密经纬线网;图廓内绘制方里网线并在内、外图廓间注记方里网数值。

(2)1:1万和 1:5万地质图坐标网表示和 1:20 万地质图基本相同,只是在内外图廓之间不加绘经纬线。

(3)在 1:50 万和小于 1:50 万比例尺地质图上,绘制经纬网格及其注记,不表示公里网。

3. 地理底图的分幅

地理底图的分幅有矩形分幅和经纬度分幅两种。矩形分幅可以分为坐标网格分幅和任意分幅,前者多用于大比例尺地质图,后者多用于小比例尺挂图和图册;经纬度分幅是以 1:10 万比例尺地形图为基础的分幅系统。当前我国地质图经纬度分幅的基本比例尺系列为 1:100 万、1:50 万、1:25 万、1:5万、1:1万等比例尺。

4. 地理底图的编号

我国基本比例尺地质图的编号是地图行列编号法和自然序数法的结合。

5. 比例尺

地质图上常用的比例尺有数字比例尺、文字比例尺和直线比例尺。

(二)自然地理要素

1. 水系

水系是水文地质学研究的直接对象,也是外力地质作用的产物并常和矿产资源有间接或直接的关系,因此它是地图的骨架,是底图中的重要地理要素。水系包括江河、湖泊、海洋、井泉等自然水体和水库、沟渠等人工水体。

2. 地貌

地貌在不同比例尺的地质图中显示的形式是不同的。

(1)用等高线显示地貌特征。1:25 万或大于 1:25 万比例尺地质图的地形底图上,地貌主要是采用等高线和注记来表示并辅以山峰符号、高程注记以及山峰、山脉注记。

(2)无等高线地貌特征的显示。小于1∶25万比例尺的地理底图有些无等高线,其地貌特征主要采用山峰符号、高程注记以及山峰、山脉注记来显示。

3. 社会经济要素

底图上的社会经济要素,包括居民地、独立地物、道路网和境界。它们表示的级别和方法将随制图比例尺的变化而有所不同。

关于地理底图更具体和详细的内容及相关表示方法,可以参考其他章节或查阅资料以及有关国家和行业标准。

二、地质要素及表示方法

(一)各种岩石花纹、代号和符号在图上的表示

1. 岩石花纹符号

岩石花纹符号由各类主要岩石基本花纹符号和根据岩石命名原则所规定的岩石特征矿物、结构、构造等附加花纹符号按一定的规律组合而成。其做法是先设计出各类主要岩石基本花纹符号,同时规定参加岩石命名的特征矿物、岩石成分、岩石结构和岩石构造的附加花纹符号,然后以岩石基本花纹符号为骨架,按照一定的组合规律把附加花纹符号放进去,即成为各种岩石的花纹符号,如图4-1所示。

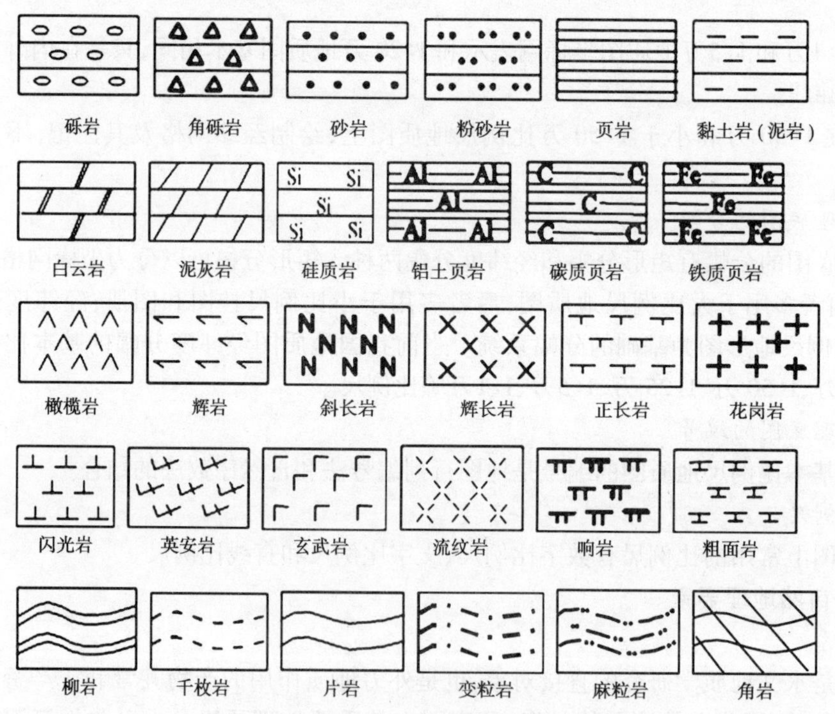

图4-1 岩石花纹

2. 岩体代号

岩体代号代表侵入岩的岩石名称及其地质时代,它是由单个希腊字母或两个希腊字母加上阿拉伯数字的角注组成的。希腊字母表示岩体的岩石类型,阿拉伯数字的角注表示岩体的成岩时代,其右下角注表示"代"一级的时间单位,而右上角注表示"纪"一级的单位。

用希腊字母表示岩石类型,最早是从俄罗斯借用过来的,现在已成为习惯用法。如用"γ"表示花岗岩,用"δ"表示闪长岩。

火山岩一般以地层处理,岩性用花纹符号表示。对时代不明的火山岩类,可按岩性特点分类表示,其代号为:λ 一流纹岩类;α 一安山岩类;β 一玄武岩类;υ 一粗面岩类。

除岩浆岩之外,其他的岩石均用英文名字字头缩写表示,用一拉丁字母表示时用大写正体,用两个字母表示时第一字母为大写、第二个字母为小写。如熔岩用"L"表示,灰岩用"Ls"表示。

矿物名称代号为英文字头缩写,用两个或三个字母组成,第一个字母为大写,第二个字母和第三个字母为小写。如钙长石用"An"表示,红柱石用"And"表示。

地质构造代号为英文名称字头缩写。用一个或两个字母组成,第一个字母为大写,第二个字母为小写。如节理"J"、断层"F"。

3. 线状符号

线状符号在地质图件中占有十分重要的位置,地质界线、断层线和褶皱构造等主要地质现象,都是通过线状符号表示的。

4. 点状符号

点状符号所表示的内容,主要是某一地点的地质现象和地质工作的内容,如化石采集地、露头观测点、废矿硐、露天采场、钻孔、探槽。点状符号可以分为规则和不规则两类,方形、圆形、矩形、三角形都是规则的符号;而化石符号、石器产地符号为不规则符号。使用点状符号关键之处是符号的哪一点表示实地位置,对于规则的符号其中心点表示实地的位置,对于不规则的符号,在符号设计时应加以说明。

5. 矿产符号

矿产按工业用途分类可达 180 余种,而每一种矿产又可以根据其规模大小分为大型、中型、小型、矿点、矿化点等 5 级。如此众多的符号只靠符号的形状变化是难以设计出来的,就是设计出来使用也很不方便。为此,在符号形状变化的因素之外,加入了符号的颜色。形状和颜色有规律的组合补充可设计出一套合理的矿产专用符号,按矿产的大类和小类制定 24 个基本图形符号,如图 4-2 所示。

在矿种符号之外加一重复的边圈,在外圈和内圈之间按内生矿产的成矿构造期,沉积矿产的沉积时代,变质矿产的原岩时代,以相应的颜色表示成矿时代。在外圈的外边加不同的齿纹表示矿产成因类型,如图 4-3 所示。

(二)地质条件在图上的表示

1. 地层的表示

地层是地壳发展中一定地质时期形成的层状岩石,通过野外地质调查工作,搞清地层形成的年代和先后次序,建立区域的地层系统。然后,对地层进行划分,把野外分层进行归并,归并成有规律的组合,按照不同地层组合划分不同的地层单位。

各时代的地层在地质图上,除用界线来圈定其分布的范围外,还须用地层代号标明其时代。

2. 岩层产状的表示

岩层产状有水平岩层、直立岩层和倾斜岩层三种情况,它们在地形地质图上分别有不同的表现特征。

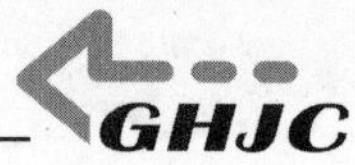

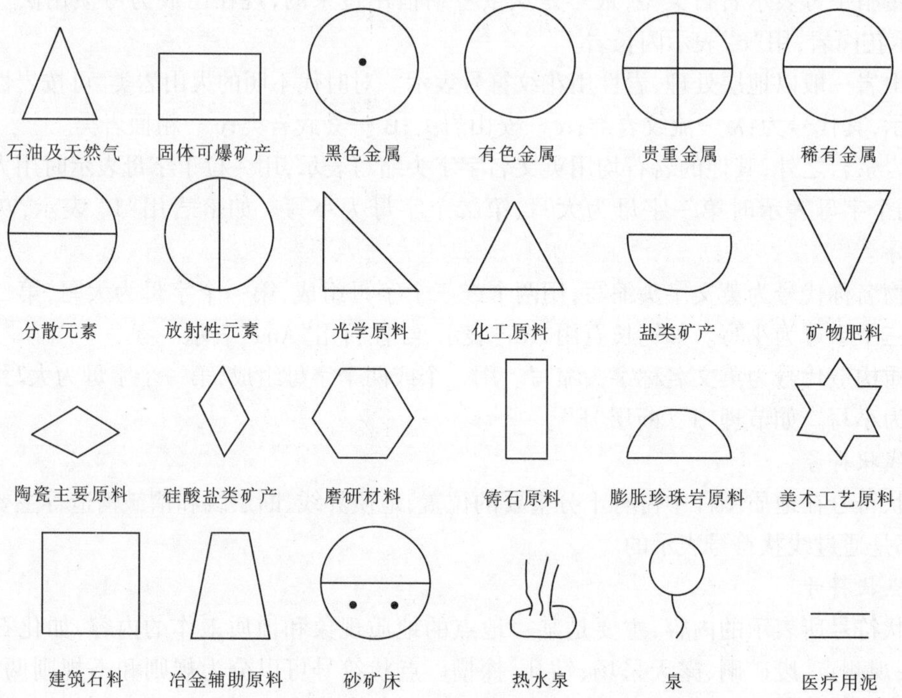

石油及天然气
固体可爆矿产
黑色金属
有色金属
贵重金属
稀有金属
分散元素
放射性元素
光学原料
化工原料
盐类矿产
矿物肥料
陶瓷主要原料
硅酸盐类矿产
磨研材料
铸石原料
膨胀珍珠岩原料
美术工艺原料
建筑石料
冶金辅助原料
砂矿床
热水泉
泉
医疗用泥

图4-2　矿产基本符号

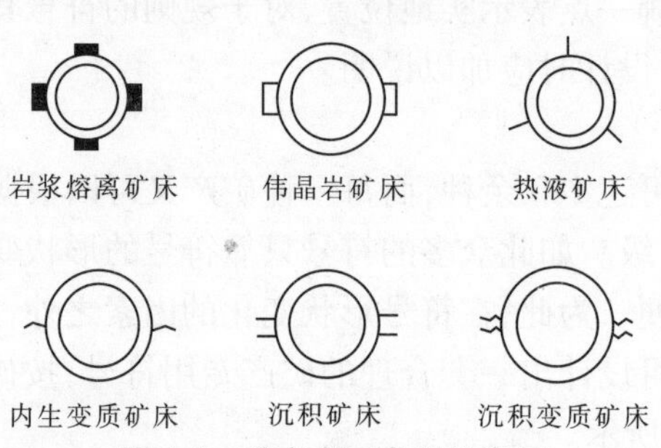

岩浆熔离矿床
伟晶岩矿床
热液矿床
内生变质矿床
沉积矿床
沉积变质矿床

图4-3　矿产成因类型的表示

1）水平岩层在地形地质图上的表现

在地形地质图上，水平岩层露头线与邻近的地形等高线平行或重合；地形越高的地方，出露的岩层越新，地形越低的地方，出露的岩层越老；岩层露头宽度随地面坡度变化而变化，坡度越陡，露头宽度越小，坡度越缓，露头宽度越大，如图4-4所示。

a
a
a
m
50
40
30
20
50
40
30
20

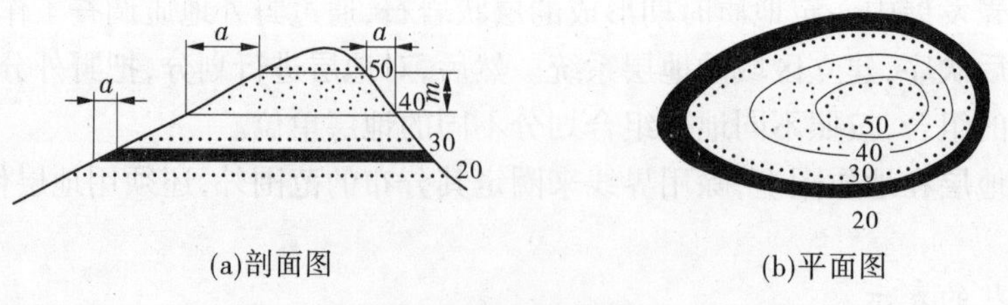

(a)剖面图　　(b)平面图

图4-4　水平岩层在地形地质图上的表现

2)直立岩层在地形地质图上的表现

直立岩层露头线为直线,不受地形变化影响,岩层露头宽度即为岩层厚度,如图 4-5 所示。

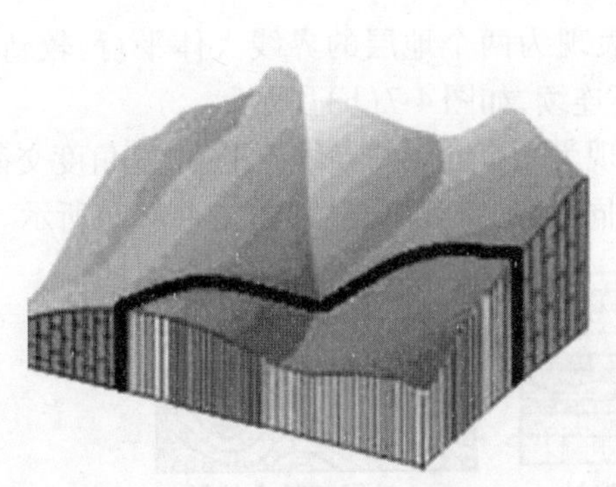
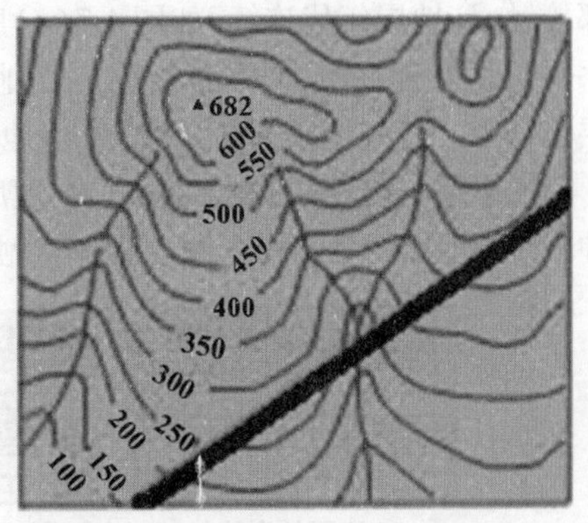

图 4-5　直立岩层在地形地质图上的表现

3)倾斜岩层在地形地质图上的表现

在地形地质图上,倾斜岩层露头线与邻近的地形等高线的关系随岩层产状与地面坡度、坡向的不同关系而表现出不同的情况。其遵循“V”字形法则,具体有以下三种情况,如图 4-6 所示。

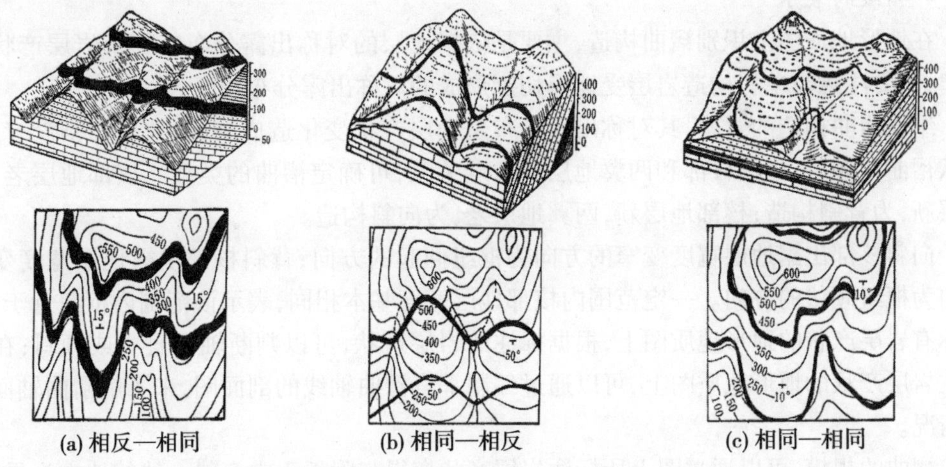

(a) 相反—相同　(b) 相同—相反　(c) 相同—相同

图 4-6　倾斜岩层在地形地质图上的表现(“V”字形法则)

(1)相反—相同。当岩层倾向与地面坡向相反时,岩层露头线与地形等高线呈相同方向的弯曲,但岩层露头线弯曲度总是比等高线弯曲度要小,如图 4-6(a)所示。

(2)相同—相反。当岩层倾向与地面坡向相同且岩层倾角大于地面坡度时,岩层露头线弯曲方向与等高线弯曲方向相反,如图 4-6(b)所示。

(3)相同—相同。当岩层倾向与地面坡向相同且岩层倾角小于地面坡度时,岩层露头线弯曲方向与等高线弯曲方向相同,但岩层露头线弯曲度总是比等高线弯曲度要大,如图 4-6(c)所示。

以上三种地形等高线与岩层露头线弯曲组合的规律,称作“V”字形法则。

3. 岩层接触关系的表示

(1)层状岩层间的接触关系。

整合接触:在地质图上表现为两个地层的界线大体平行,较新的地层只与一个较老地层相邻接触,且地层年代连续,如图 4-7(a)所示。

平行不整合接触(假整合接触):在地质图上表现为两个地层的界线大体平行,较新的地层也只与一个较老地层相邻接触,但地层年代不连续,如图 4-7(b)所示。

角度不整合接触(不整合接触):在地质图上表现为两个地层的界线不平行,呈角度交截,一种较新的地层同多个较老地层相邻接触,产状不同,地层年代不连续,如图 4-7(c)所示。

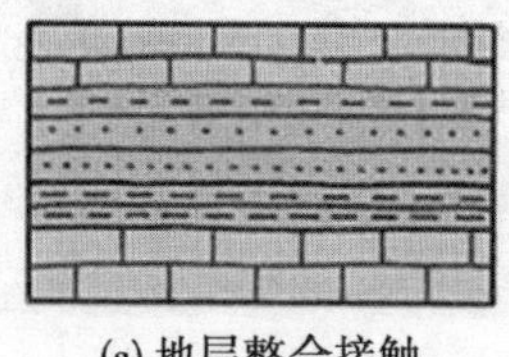
(a) 地层整合接触

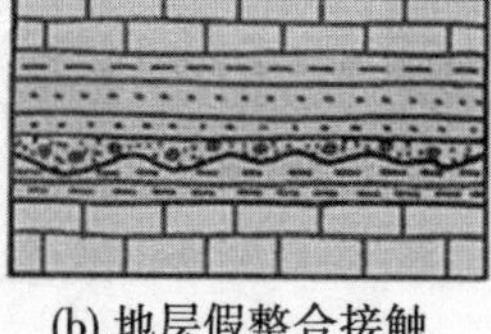
(b) 地层假整合接触

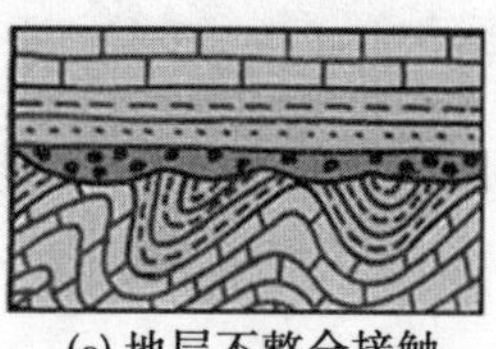
(c) 地层不整合接触

图 4-7　地层间接触关系

(2)岩浆岩侵入体与围岩的接触关系。

侵入接触:在地质图上表现为沉积岩的界线被岩浆岩界线截断。

沉积接触:在地质图上表现为岩浆岩的界线被沉积岩界线截断。

4. 褶皱的表示

在地形地质图上识别褶曲构造,主要是依据地层的对称出露分布特征及岩层产状变化规律,但要注意与单斜构造岩层受地形切割形成的对称出露分布相区分。

组成褶曲构造的岩层,其对称出露分布是岩层产状变化造成的,与地形切割没有关系。确认褶曲存在后,根据核部和两翼地层的新老关系,可确定褶曲的类型。核部地层老,两翼地层新,为背斜构造;核部地层新,两翼地层老,为向斜构造。

向斜核部出露地层宽度变窄的方向为枢纽仰起的方向;背斜核部出露地层宽度变窄的方向为枢纽倾伏的方向。一定范围内核部地层宽度基本相同,表示该范围内枢纽近于水平。在标有岩层产状的地形地质图上,根据标注的岩层产状,可以判断轴面直立或倾斜;在没有标注岩层产状的地形地质图上,可以通过编制垂直褶曲轴线的剖面图,来了解褶曲轴面的倾斜情况。

褶曲的规模,可以通过图上所标注岩层产状变得与附近正常产状一致的地方为界,确定其走向延伸长度和两翼宽度。

5. 断层的表示

断层在地形地质图上是以断层线的形式显示的。不同性质的断层,以不同断层线符号表示。对已查明产状、落差的断层,同时在断层符号倾向箭头附近和断层线一侧标出具体数值。如果没有具体断层符号或标注,在小比例尺地质图上,断层线的延伸方向接近断层走向。

三、地质图件的地质注记

地质图的内容繁多,除用各种符号、颜色表示它的不同内容外,还必须用文字、数字说明它们的名称、性质和数量。这些在地图上有说明作用的文字、数字称为注记。注记是地图内容的基本要素之一,它与地物的图形或符号构成一个整体。地质图件注记按其形式可分为代号注记、数字注记、文字注记和拉丁文注记等。

(一)代号注记

代号注记由拉丁字母或汉语拼音字母符号,按一定原则组成,说明地质体和矿产符号的名称或性质。

(二)数字注记

数字注记由罗马数字、汉语数字以及阿拉伯数字组成,说明各种地质要素的数量特征,如岩层倾角、断层面倾角、矿体编号、钻孔终孔深度等。

(三)文字注记

文字注记根据作用的不同,又可以分为名称注记和说明注记。名称注记是指明被说明要素的地质名称,如"寒武系""矽卡岩"等;说明注记是说明被注记要素的地质内容,如"厚层状砂岩""薄层状泥质灰岩"等。

文字注记还可以按文种的不同分为外文注记和中文注记。外文注记多用于对外公开发行的图件,有时专印外文注记版。

(四)拉丁文注记

拉丁文注记虽是外文,但它已是古生物名称的专用语,用它来注记地层中所含古生物化石名称。

单元四　地质制图的基本要求

一、地质图编制概况

地质图编制主要由编图资料的收集、选择和评价,制定编图细则,地质编图的综合等三个主要步骤来完成。

(一)编图资料的收集、选择和评价

资料的收集、选择和评价是编图工作中的重要一步,资料收集的好坏将直接决定成果图件的质量。资料包括实测资料和文献资料,收集资料后,需要对收集到的资料进行全面的评价。评价工作要从资料的精确性、完备性、科学性和现实性等方面进行,以便确定补充的手段。

(二)制定编图细则

对收集到的制图区域的各种资料,进行认真的综合分析,加强对该区地质现象的研究,制定编图细则。

制定编图细则,也称为编图指南和要求,其内容应包括制图的各个环节。这项工作是编辑工作的一部分,它要根据编图任务书对各种地质问题和地质要素的处理做出明确的规定和统一的处理标准。它是综合制图的依据,其主要内容如下。

1.地层单位的划分

(1)根据比例尺和基础资料的工作程度,确定成果图件的地层划分单位。一般的规律是:比例尺越小,地层单位的划分越粗;工作程度越高,地层单位划分就越细。

(2)根据编图的目的,对某一时代的地层单位的划分可做特殊的规定,如煤田地质工作用的地质图,对石炭系、二叠系的划分单位可以比其他的时代地层要细一些。

(3)要解决地层的横向对比。

(4)对地层划分和时代归属有争议的问题,要有明确的观点,要有作为权宜之计的处理方法,但必须符合权威机构的规定。

(5)对制图区的地质构造发展,要做全面和系统的研究,确定区域地层之间的各种接触关系和构造发展旋回,并在图例和柱状图中正确地反映出来。

2. 岩浆岩分类及时代归属

(1)侵入岩的分类是以化学分类为基础,再进行矿物分类和地质分类;编图比例尺越小,分类就越粗。但不论分类多么概括,化学分类的酸性、中性、基性、超基性始终是分类的基础。

(2)侵入岩的时代应反映出我国地史的构造—岩浆旋回特征和岩浆活动的基本规律。根据我国地史发展演化过程,将岩浆岩活动分为太古宙、元古宙、下古生代、上古生代、中生代、新生代六大岩浆旋回。

(3)对侵入岩和围岩之间的表示以及对侵入岩之间的侵入顺序的表示和处理做统一规定。

(4)喷出岩一般作为地层处理,岩性用花纹符号表示。对时代不明的火山岩类,根据岩性用代号表示。

3. 构造断裂的表示

明确断层分类系统,其表示方法必须保证系统性。大断裂的处理和表示是编制小比例尺地质图常遇到的问题,要做好有关的资料分析工作和确定图面表示的位置。

4. 区域变质岩及蛇绿岩的表示

区域变质岩作为地层来处理,但变质程度可用花纹符号表示。蛇绿岩是“蛇绿岩套”的基础部分,表示“蛇绿岩”就意味着“蛇绿岩套”的存在,因此有蛇绿岩存在的地区,图面中都应表示出来。

(三)地质编图的综合

1. 制图综合的基本原理

制图综合就是对图面要素的取舍和概括,它是根据比例尺和图件的内容和要求并考虑区域性地质特征来进行的。通过综合,可使图件的主题明确、结构合理、内容清晰。在综合的过程中,必须保持原基本资料的地质体的特征,而不能歪曲它。因此,地质图件的综合必须在理论指导下进行,以保证图件的科学性和精确性。制图综合主要表现在制图物体数量和质量特征的概括以及制图物体的取舍上。

(1)制图物体数量特征的概括是指厚度、长度、宽度、倾斜度、面积所具有能直接测量的数量标志,以及通过测试手段而得到的物理、化学属性的数据。数量特征的概括表现在:①紧缩分类项目,即减少地质要素的数量特征分级。例如,编制第四系等深线图时,随着比例尺的缩小等深线距将变大;又如,化探异常等值线图的线值差也将随着比例尺的缩小而加大。②提高资格,即把图面要表示的地质要素的数量资格提高。如用1∶5万编制1∶20万地质图综合时,按比例尺表示岩脉实际宽度的数量值,就需要从大于50 m提高到大于200 m。

(2)制图物体质量特征的概括是指在其内部可以决定其性质的特征。对其性质特征概括,就是以概括的分类代替详细的分类,减少质量分类的级别。例如,在较大比例尺的岩性柱状图中,把砂岩细分为粉砂岩、细砂岩、中砂岩、粗砂岩,而在较小比例尺的图中可概括为砂岩。又如,在大比例尺图中把侵入岩分为酸性、中酸性、中性、中基性、基性、超基性,经概括之后则可分为酸性、中性、基性、超基性。

(3)制图物体形状特征的概括。在编图中,由于受到比例尺大小的限制,地质体的一些细小轮廓不能清楚地表现出来,或者由于地质图内容的不同,对某地质体要素不需要表示得过于详细,故对其形状要进行概括。

形状特征的概括,常用删去、夸大、合并和分割等方法。在地质图的综合中,常用的是删去、夸大和合并。①删去:就是删去无关紧要的碎部图形,例如当比例尺缩小时,一些地质界线或断层线上的小弯曲可以删去。②夸大:在综合图形时,不能机械地删去碎部,对影响地质体形状特征和地质特征的碎部必须要夸大保留,例如,花岗岩侵入的枝叉碎部正是斑岩铜矿成矿的有利地段,因此在形状概括时必须夸大表示,才能突出和成矿有关的地质特征。③合并:随着地质图的比例尺缩小,制图物体或地质要素的图形之间的间隔到了不能详细区别时,可以采用合并碎部的办法来反映其主要形状特征。

(4)制图物体的取舍:就是根据新编图件的性质和内容、图幅内区域地质特征以及比例尺等多项因素,选取主要地质体和地质要素,舍去次要的地质体和地质要素。

“取舍”一般是按从高级到低级、从主要到次要、从整体到局部的程序进行的。例如,在“组图”中需要表示岩石地层的界线和岩石地层注记,但编制“系图”时,和年代地层界线相符合的岩石地层界线就要保留,不需要的岩石地层界线和注记就要舍去。

为了编图时有较为统一的取舍标准,在编制有关规范和细则中必须制定统一的要求和标准。取舍标准通常用两种方法来确定,即资格法和定额法。资格法是根据成图的性质、内容、比例尺及图幅区域地质特征,制定制图地质体和地质要素的选取指标,这个选取指标包括两个方面:一是质量指标,二是数量指标。凡达到指标的就选取,达不到指标的就舍去。当然,选取指标并不是绝对的,质量指标和数量指标常常会产生矛盾,这必须由编图者进行合理的处理。例如,和金刚石产出有关的金伯利岩体肯定是要反映的,是符合质量选取指标的,但因比例尺的缩小金伯利岩体的面积达不到数量的选取指标而要舍掉。在这种情况下,机械地把岩体删去是不能很好地解决这一矛盾的。处理的原则是形式服从内容,尽管金伯利岩体的面积达不到上图指标,但考虑金伯利岩是寻找金刚石的母岩,必须保留而加以夸大表示。定额法是以单位面积内规定选取地质体和地质要素的数量标准来进行取选。这种方法既可以使地质图有丰富的内容,又可以避免载负量过重,从而可以保证图件的清晰性和易读性。

不论是用资格法还是用定额法来确定选取标准,都不能离开地质体的特征和图件的内容,否则会出现层次不清、主次不分的情况。

小比例尺大幅面的地质图,可以按区域地质特征进行分区,分别制定地质体和地质要素的选取标准。

(5)影响地质图综合的基本因素:地质制图综合不仅是图面要素的处理技巧,而且是制图者对图件所表达的内容和所反映的实质认识程度的体现,是创造性的制图思维活动。要想搞好综合工作,必须处理好区域地质特征、图件性质和比例尺三者之间的关系。这三项内容,都是影响制图综合的基本因素,而它们之间既互相独立又互相影响。

区域地质特征是影响制图综合的最基本的因素。地质构造、地层走向、不整合接触关系、侵入岩的分布等,构成了制图区所特有的基本地质构造轮廓。在制图综合过程中,不论是概括还是取舍,都必须要保证其基本地质特征不受歪曲和变形。因此,进行综合时,要在考虑全区地质总貌的前提下再进行局部的综合。

图件的性质对制图综合的影响,主要体现在图件的性质不同时其内容也就不同,对基础资料的选择也必定不同。例如,编制构造图主要是选取断层、产状、褶皱等地质要素,对它们的综合主要是分清主次,而对其他地质要素如岩体、地层界线等则要高度概括。因此,只有在考虑图件性质的基础上进行综合,才能保证成图的主题明确、层次清楚。

比例尺对制图综合的影响,主要体现在图件的易读性上,这个因素考虑不好将会影响图件的使用效率。制图比例尺常和图解尺寸相关。

除上述三种因素影响制图的综合外,基本资料的状况、成图工艺过程、图例符号大小等因素也都和制图综合有关。

2. 地质要素的制图综合

(1)地质要素的制图综合要遵循的基本原则。

图面要比较清晰地反映出编图区内地质特征的轮廓,各地质体的简化应尽可能反映出区域构造特征,简化后的地质体应保持原地质体的形态,而不失真;各地质体的简化,要符合出版技术条件的要求,图面上的地质体,一般情况下,其宽度不要小于 1 mm,面积不要小于 2 mm^2;对于有特殊意义的小地质体,可夸大表示,不应舍去;有区域性角度不整合或明显的假整合的地层不能合并,必须分别表示;必须保持地质体与各类地理要素(水系、居民地、交通线、境界线、山峰、山口等)之间的相对位置(方位、距离);要正确反映出各地质体之间的接触关系;每个地质体均应注记地质代号。

(2)地质体及地质要素质量特征的概括。

①地层的并层:随比例尺的缩小,地层划分单位逐渐扩大,原资料图上的小地层单位合并为大一级的地层单位。例如,1:20 万地质图中,上二叠统划分为龙潭组(P_2l)、长兴组(P_2c)、大隆组(P_2d),当缩编为 1:50 万地质图时,上述三个组则可全部概括为上二叠统(P_2)。

②侵入岩的归并:可分为生成时代的归并和岩石类型的归并。例如,喜山中期花岗岩和喜山晚期花岗岩可以归并为喜山期花岗岩。

③构造单元的归并:构造单元的归并表现为划分构造单元级次的升高。例如,低级的背斜和向斜构造归并到高一级的复背斜和复向斜之中。

④断裂的归并:断裂归并可以分为类型的归并和级次的归并。例如,1:20 万地质图断裂分为正断裂、逆断裂和平移断裂,缩到 1:100 万时就归并为断裂而不分性质。又如当比例尺缩小时,断裂分布密集地区可并为断裂带。

⑤岩脉的归并:在大比例尺图上,岩脉的形状是根据实际大小按比例尺综合绘出并表示其岩性的。在缩编为中小比例尺图时,只用岩脉符号表示其所在的位置并概括为伟晶、细晶、酸性、中性、基性、碱性等。

(3)地质体轮廓形状的概括。

地质体轮廓形状的概括,应当从两方面进行考虑:一方面是应用地图编制时地物图形的概括原则和方法,例如删除、夸大、合并、分割等方法,以及对图解尺的运用;另一方面就是运用地质知识,使地质图形的概括更接近客观实际情况。

从线划的处理角度考虑,凡弦长大于 1 mm 的弯曲部都应表示出来,但在具体概括时,必须结合地质图的性质和弯曲处的地质内容而定。例如,在普通地质图中弦长大于 2 ~ 3 mm 的弯曲部都可以删除,而和砂矿有关的第四系地质图中,就是弦长小于 1 mm 弯曲的地方,只要是砂矿的富集部位都应保留并要夸大表示。

(4)地质要素的取舍。

地质体是选取还是舍去,其决定因素有两个:一是地质体在综合图中所占有的尺寸;二是地质体的地质意义。一般说,图面上大于 2 mm^2 的地质体都要表示,而小于这个标准的地质体可以舍去。但在具体处理时,还必须要考虑其地质意义。

第四系的取舍尺寸:大于 16 mm^2 才保留。为了清晰反映区域性地质构造特点并减轻图面负担,小面积的第四系可根据实际需要予以舍去,但有特殊意义的如反映编图区域地质特征或地质体接触关系的则应予保留并夸大表示。

有特殊意义的地质体,其面积虽然小于 2 mm^2,但可以扩大表示。特殊意义主要体现在两方面:①在较大范围内仅有零星分布,而又代表某一地质发展时期、发展阶段和某一类型的小地质体。②和某些特种矿产有关的小地质体,如和金刚石有关的金伯利岩和煌斑岩。对于夸大的地质体要保持原来的基本形态和走向。在选取时,既要考虑区域地质特征,又要有适当的密度对比。

断层的取舍原则基本和地质体的取舍相似,一般长度小于 5 mm 的断层可以舍去。但对于有特殊意义的,如代表本区断裂和区域构造方向特征的、直接控制地层接触关系的,以及与地震、工程地质和新构造运动有关的断层可以夸大表示。断层的取舍一定要反映本区断裂系统和区域构造特征,如北东向、北西向两组断裂交叉的先后关系等。在同一时代地层中穿越的大小断层,应选取有代表性的。

(5)地质体的合并。

地质体的合并应按编图规范进行合并。面积小、距离近且又符合合并原则的地质体可以合并,合并后的形状和分布方向要保持原来的形状和构造特征。某些地层在图面上的出露宽度小于 1 mm 时,可局部进行合并处理。如中泥盆统和上泥盆统可以用合并的中、上泥盆统(D_{2+3})表示。这种并层也可用于系之间的合并,如泥盆系和石炭系亦可以合并。

两个相邻的地层出露宽度相差较大时就不宜用并层的方法,否则会歪曲地层出露的真实性。这时,可把过窄的地层界线向出露宽的地层中做适当的位移。地层合并还要考虑地质构造的因素,当地层合并以后有可能影响构造形态时,最好不要合并。地层之间为不整合接触时不能合并。

二、普通地质要素及图件的清绘

作为原图,由于受各种条件的限制,一方面原图的描绘质量、符号规格、注记书写及图幅整饰等方面不可能完全达到图式的要求;另一方面有的符号、注记布置不恰当,各要素之间的关系处理不合理。因此,对原图必须进行加工,即清绘。清绘工作是运用专门的绘图技术,严格按照图式及有关规定对各类原稿图进行工艺加工,使线划、符号、注记、图幅整饰等符合图式、规程、技术设计书和出版要求。

国家已制定了地质图清绘的行业标准,详见中华人民共和国地质矿产行业标准《区域地质及矿区地质图清绘规程》(DZ/T 0156—1995)。根据原图情况及地质工作要求,清绘作业可采用蒙绘、刻绘、原图直接清绘三种方法。

(一)清绘工作概况

1. 清绘工作的要求

清绘人员必须熟悉本规程及有关图式、规范及设计书,并在工作中认真执行;清绘工作

必须尊重原图，不得随意改动原线划的位置。必须保持图中各要素的几何精度，正确处理各要素之间的相互关系；各要素应严格按照相应图种的图式、图例清绘，如需新增符号，要经主管部门批准；清绘工作中应当广泛采用各种行之有效的先进方法和技术，努力提高清绘工作的质量和效率。

2. 清绘工作的一般规定

一般地质图件中的注记、符号、代号可以植字剪贴，也可以手写，但重点报告必须植字剪贴；一份报告中同类图件和同一图件中相同地质体使用的代号、花纹、色调等必须一致；中文注记必须采用国务院正式公布实施的简化汉字。有特殊要求时，可使用繁体字；文字描述中要正确运用标点符号。一个标点符号占一个字格，连接号占两个字格，阿拉伯数字中的小数点及分节号占半个字格；计量单位一律采用国家颁布的法定计量单位。地质代号、化石名称应严格按照统一标准注记；坐标注记以千米为单位。1∶500 比例尺图注记到小数点后两位，1∶1 000 ~ 1∶5 000 比例尺图注记到小数点后一位，小于 1∶10 000（含 1∶10 000）比例尺图注记到整千米。等大清绘时，最细线划不得小于 0.1 mm（含 0.1 mm），线间最小间距为 0.2 mm，最小文字注记为 1.75 mm，最小数字注记、外文字母注记为 1.40 mm。放大清绘时，应按倍数增大线划、符号、注记及间隔；所有注记应靠近被说明的符号并保持一定间距。面状或线状符号的注记，应能明确指示其范围或线段。一组注记不够时，可重复注记；注记应尽量避免压盖重要地物、变化点、地质线划衔接处、独立符号等。

3. 清绘原图的质量要求

(1) 数学精度：图廓边长误差不得超过 ±0.2 mm；对角线长度误差不得超过 ±0.3 mm；直角坐标网、控制点误差不得超过 0.1 mm；各种工程点、地物定位点误差不得超过 0.2 mm；各种主要线划的清绘误差不得超过 0.2 mm。

(2) 分版清绘的图幅，各要素避让关系正确，各版间套合误差不得大于 0.1 mm（含 0.1 mm）。

(3) 各要素清绘正确。依比例表示的外围轮廓线无变形；不依比例、半依比例的符号定位点、线的位置准确。

(4) 图形位置适中，各要素相互关系正确协调，相邻图幅接边正确。

(5) 内容清晰、层次分明，符号、注记、线划及整饰规格符合图式、设计书规定。

(6) 刻绘图件中，各要素刻绘清晰、光洁、透明。

(7) 墨色浓黑，线条光滑饱满，符号、注记剪贴平整牢固，图面整洁，符合印刷要求。

(8) 内容完备、正确、无错漏。

清绘工作之前要认真分析原图资料，了解地质工作要求，编写切实可行的、经济合理的清绘技术设计书。

4. 技术设计书的主要内容

任务概述：说明任务名称、来源、图件种类、数量、工作量、完成日期及要求；原稿图的质量情况及问题的处理意见；确定清绘方法；图面设计及分幅、分版的具体规定；图内各要素的清绘要求（分要素逐一编写）；特殊符号的使用与说明；其他情况的说明与规定；清绘原图的检查与验收。

地质图各要素相互关系可分为衔接、重叠、相邻三大关系，处理原则如表 4-3 所示。

表4-3 地质图诸要素相互关系处理

		衔接		重叠	相距（保持图上最小距离0.2 mm）
		相交	相接		
地质界线（包括岩体界线）	地质界线		老接新		
	构造线		不通过，双线构造线用连接法表示	省略地质界线，表示构造线	
	探槽		不通过，用连接法表示	移动地质界线	移动地质界线
	等高线	相交表示		省略等高线，表示地质界线 分版清绘时均应表示	保持特征，分别移动 分版清绘时均应表示
	境界线	相交表示	相接时，用连接法表示	移动地质界线 分版清绘时均应表示	移动地质界线 分版清绘时均应表示
	道路	相交表示		遇双线路移动地质界线，遇单线路相互移动 分版清绘时均应表示	遇双线路移动地质界线，遇单线路相互移动
	居民地	相交表示	遇圈形符号，用连接法表示		移动地质界线
	水系	单线河相交表示	不通过双线河，用连接法表示	省略地质界线，表示河流	移动地质界线
构造界线	构造线	新的通过老的		低级省略，高级表示	移动低一级断层线
	等高线	相交关系		表示断层线 分版清绘均表示	保持特征移动等高线
	境界线	相交关系		移动构造线 分版清绘均表示	移动构造线
	水系	遇单线河相交表示	遇双线河时用连接法表示		移动断层
	道路	遇单线路相交表示	遇双线路时用连接法表示 分版清绘时均应表示	移动道路或相互表示	互相移动
	居民地	相交表示	遇圈形符号，用连接法表示 分版清绘时均应表示	重叠表示	移动构造线

(二)普通地质要素的清绘

1.断层的清绘

清绘断层先用单曲线笔绘出断层线,然后用小笔尖依靠玻璃棒目估描绘表示断层性质的箭头和短线。断层线分为实测和推测两种,推测断层线的清绘方法和要求可以参照虚线路的清绘法。

清绘断层要注意正确显示断层的产状和新老关系以及主干与次级断层的关系。

(1)断层线上产状符号的表示。将断层线全部绘完以后,再标上产状符号和注记。描绘断层线上的产状符号,要与断层线垂直,长短、间隔要均匀。当断层线较长时,产状符号要重复绘出,其间距随地质图比例尺和地质图的用途不同而异。但要注意,位于断层倾向变化部位的产状符号尽量不移或稍移位。

(2)新老断层关系的表示。为了确定断层的新老次序,清绘前要仔细查看和分析各条断层之间是否有错动。清绘时应先绘新断层后绘老断层。被错开的老断层,要与新断层互相连接,不留空白。断层错开的位置要描绘准确,不能任意移位,不能把错位小的断层连成一条,也不能把没有错位的断层错开绘成两条,更不能把相交的两条一笔连成一条。

(3)主干断层和次级断层的表示。断层的主次,在有些地质图上是用两种线号来描绘的。在断层线或其他要素密集的地方,断层线可以稍微减细描绘,但仍要有主次之分,同地质界线也应有明显区别。

(4)断层线与其他要素关系的表示。

①断层线与地质界线相交,应依地质体与断层的生成关系而定。当被断层切割的地层产生了位移现象时,地质界线要分段错开描绘;当断层发生后,又被新地层覆盖或被年轻的岩体冲断时,断层线绘至覆盖层或岩体界线处中断;当图上要绘出第四系覆盖层下的断层时(第四系内,一般不表示断层,为了说明地质情况需要表示时,只能用推测断层线表示),其推测断层应以虚部连接在第四系地层线上,同时要使断层线实部与虚部衔接自然。如果推测断层延续几个地层,其虚实部按类似要求描绘。

②断层遇河流绘不下时,一般情况下应移动断层,特殊情况处理原则:主干断层遇双线河,为了保持断层原来的直线特征,应将二者适当移位(或将线号适当缩小)绘出;主干断层遇小支流应移动小支流,以保持主干断层位置精确;如果小断层一侧是小河流、另一侧是控制点,则移动河流。

③断层遇道路绘不下时,一般情况下处理原则:若遇铁路或公路,应移动断层;若遇土路或小路等次级道路,应移动道路。

2.岩脉、蚀变带和产状的清绘

在大比例尺图上,多数岩脉都能按比例表示。岩脉的形体狭长,新老岩脉相互穿插,清绘时应使新岩脉通过,老岩脉中断;岩脉通常是用单曲线笔或小笔尖徒手描绘,清绘记号性的岩脉要描绘呈尖梭状,力求均匀对称。清绘蚀变带,要严格按照符号原来的间距和排列的方向描绘,在与邻图接边处符号排列要均匀自然,符号的大小应按图式规定描绘。产状包括地层产状、侵入接触面产状和倾斜流面构造产状等。清绘时应按图式规定进行,符号的主点一般不得移位,方向不得改变。

3.地质界线的清绘

图上的地质界线有实测地质界线、推测地质界线、不整合界线和岩相界线。清绘时地质界线既要位置准确，弯曲又要自然，尤其是清绘不整合界线，点线要整齐，间距要合格。在大比例尺图上，当不整合界线（或岩相界线）延伸较长时，点与点的间距可以放大描绘，但最大不能超过1.5 mm。清绘地质界线必须表示出地层与地层、岩体与岩体、地层与岩体之间的新老关系，同时还要处理好与其他要素的关系。

（1）新老地质体关系的表示。

清绘地质界线要注意新老地层的接触关系，要显示地质时代的先后次序，即新地层压盖老地层，新岩体压盖老岩体，新地层压盖老岩体，新岩体压盖老地层。为了表示不同地层、岩体接触界线的新老关系，清绘时一般应当按照从新到老的顺序进行。可是，由于图面要素复杂，完全按照上述顺序清绘很难做到。通常是新生界和中生界各层按顺序清绘，而古生界和元古界各层则根据情况灵活掌握，以保证交接关系正确为原则。

（2）地质界线与其他要素关系的清绘。

地质界线是图上最后描绘的一种细线符号。清绘地形地质图，要善于区分地质界线和等高线。其基本要领就是要掌握水平岩层、倾斜岩层和褶皱在地质图上的图形特征，以及它们与同向（或反向）斜坡等高线图形之间的关系。

4. 岩性花纹的清绘

岩性花纹符号的清绘，要在了解所属岩类花纹符号的排列形式、间距和符号的大小等规格后，才能进行。

（1）符号规格。

符号的排列形式：沉积岩和侵入岩的花纹符号皆为整列式，而火山岩花纹符号，一部分为整列式，另一部分为散列式。整列式符号中的点、线等符号图形，有的排成方阵形，有的排成品字形。

符号的间距和大小：岩性花纹符号的间距和大小与地图比例尺有关。同一比例尺图上同一符号的间距和大小应基本一致。只有当图上表示的地质体很大或很小（或因其他要素影响）时，才适当放大或缩小符号的间距，而符号的大小通常是不变的。

（2）描绘方法。

描绘整列式符号，通常先构网格，然后按网格上的“十”字位置，分别描绘各个符号。如果图面要素复杂，有的符号不能按规定位置描绘，也可适当调整其位置；描绘散列式符号，要先了解其排列情况，做到心中有数，描绘时才能得心应手。描绘这类符号要做到整齐多变，间隔均匀，才能使图面美观；描绘花纹符号中的细短线是用小笔尖依靠玻璃棒作业，绘粗点可用针头（或粗笔尖）点绘，绘小圆圈需用点圆规绘出，其余不规则的符号可徒手描绘；清绘柱状图和剖面图上的岩性花纹符号，应先用0.2 mm粗的线条绘出岩层界线，接着用0.1 mm粗的线条绘出层间线，最后在层间线里填绘相应的符号。

（三）普通地质图件的清绘

国家已制定了地质图清绘的行业标准，详见中华人民共和国地质矿产行业标准《区域地质及矿区地质图清绘规程》（DZ/T 0156 — 1995）。下面介绍地形地质图类的清绘。

1. 作业程序

地质诸要素的清绘顺序依次为：第四系地质界线，喜山期及燕山期岩体界线，断层构造线及产状，挤压破碎带，岩脉及主要矿脉界线，围岩蚀变及地层产状，其他专业要素符号及界线，地质界线，剖面线，勘探线，图廓整饰，地层综合柱状图，地质剖面图，其他附图及附表说

明,图例,注记剪贴。

2. 作业要求

地理底图的作业要求按照有关规定执行。地理及地形诸要素可根据地质要求做适当简化处理;地质体年代代号,化石名称,地质工程符号,岩石矿物,岩石特征成分,结构构造花纹,各种地质代号和矿产符号等的规格,注记字体大小以及花纹的排列组合等,1∶5万区域地质调查图应按照中华人民共和国国家标准《区域地图图例(1∶50 000)》(GB 958—1999)规定执行,矿区区域地质图可参照上述规定执行。

断层应先绘主干断层,后绘次级断层。同级断层相交时,先绘新断层,后绘老断层。断层线上的产状符号要与断层线垂直,当断层线较长时,产状符号要重复绘出,间隔要均匀。位于断层倾向变化部分的产状符号不能移位。

区域地质图上褶皱符号的形状要绘成中间粗两头尖的狭长轴线,轴线最粗部分为 3 mm。矿区地质图上轴线要等粗,清绘时轴线应在断层线上中断,而不能在地层线上中断。褶皱线与断层线相交时,应先绘断层线,其两侧的褶皱线要错开。

第四系地质界线与断层线相交时,要先绘第四系地质界线。当断层切割的地层产生位移时,断层两侧的地质界线要断开,即使错动很小,也要清晰表示。

推测断层用虚线表示,当与第四系地层界线相接时应断开以实部相接表示,如推测断层延续几个地层,也按此要求清绘。

新、老岩脉相互穿插时,新岩脉通过,老岩脉中断。清绘记号性岩脉时,要绘成尖梭状,并力求均匀对称。有意义的岩脉在图上不足 1 mm 时,可扩大到 1 mm 表示。

蚀变带要严格按照符号原来的间距和排列方向清绘,符号、规格要按照图式规定执行。与邻幅接边处符号排列要均匀自然。

产状符号的长短线(走向线和倾向线)要互相垂直,方向不能改变,交点不能移位。

新、老地层相接触时,由新地层到老地层依次清绘。

当侵入体与地层呈侵入接触时,先绘侵入体界线。呈沉积接触时,先绘地层界线。

当有角度不整合界线时,先绘不整合界线,再绘其他地质体界线。不整合界线的小点应加在时代较新的地层一边,点线间应符合图式规定,第四系与其他老地层呈超不整合时,不加小点。

清绘岩性花纹符号时,要根据相应比例尺图式规定的所属岩类花纹符号的排列形式、间距、规格进行清绘。

各类地质工程符号的规格应符合图式规定,符号中心点即为实地中心位置,应准确描绘。表示斜孔倾斜方位和斜角的箭头,应绘在圆半径延长线上,不得任意移动。

半依比例尺的探槽、坑道,要用规定距离的双线表示,符号的中心线要描绘准确,不得移位,遇到独立符号(如钻孔、浅井等)应中断,用连接法表示。多层重叠的坑道,要表明坑道层位。

线划由粗至细依次为:褶皱轴线、断层线、分区界线、构造角砾带边界线、剖面线、勘探线、岩相分界线、地质界线、层理线、岩性花纹符号等。

地质体内的代号注记,一般不得注出体外,或压盖地质界线。特殊情况体内无法注记时,可以用引线法引出体外注记。引线长度一般不得超过 0.7 cm,同时要尽量避免穿越几个地质体。代号注记宜用水平字列。

当地质体面积较大或图形较复杂时,应同时配置几个注记或代号。

相邻的几个相同的地质体可共用一个注记,但不能将注记注在断层线上以说明两侧的地质体。

构造名称注记要根据构造方向确定。东西向构造用水平字列注记;南北向构造用垂直字列注记;其他构造方向用雁行字列注记。注记应位于构造线的上面或右侧,字头一律朝北,字体宜用粗等线体。

地层产状和断层倾角注记要配置在产状符号垂直短线或断层倾向箭头一侧(特殊情况可注在顶端),并尽量靠近符号。

地形地质图所附的地质剖面图和综合柱状图的作业程序和作业要求,应按照有关规定执行。

三、清绘图的整饰

图廓和图廓外的线划符号和注记,按照统一的规格进行艺术加工称为整饰。凡是国家出版的基本比例尺图都统一按图式规格整饰。

(一)图廓的整饰

1. 外图廓与分度带

(1)外图廓。外图廓又名图框,它的作用主要是装饰地图,便于读者视界集中。图框有简单图框和组合图框两种,简单图框由一组粗、细线构成,多用于单张图整饰,国家基本图的图廓就属于这一种;组合图框由线条和花边构成,仅用于挂图,由绘图员根据图件大小和内容进行设计。这里仅介绍简单图框的整饰法。简单图框的整饰法是在内图廓延长线上将粗、细线间距分出,先用0.1 mm粗的硬铅笔将相应点连线,然后用0.1 mm粗的直线笔和0.5 mm粗的阔头笔着墨绘出。

(2)分度带。为了便于量算图上某点的地理坐标,在外图廓的内线上,需要按经纬差绘出分度带,分度带的等分方法较多,可以用分规等分,也可以用等间距的平行线透明膜片等分。分规等分法作业工效低,误差也较大,利用上述的预制膜片进行等分效果较好。

2. 方格网和经纬网

为了便于图幅拼接及在图上量算和指示目标,图上应根据高斯—克吕格投影绘出坐标网。坐标网分为方格网和经纬网。

3. 图廓注记

图廓间的经纬度、方格网、到达地、行政界端注记和图廓外的有关注记的整饰,均按统一整饰规格结合本图情况进行。

(二)图廓外的内容整饰

图廓外整饰,除各种注记外,还包括比例尺、图例、柱状图、剖面图等图表整饰。

1. 比例尺的整饰

正规出版图的比例尺,按国家相应图式整饰,一般图件可参照执行。分幅图应同时标明数字比例尺和直线比例尺。直线比例尺有主尺和附尺分划。一般分幅图的主尺可取4~5 cm长,每厘米为一分划;附尺应取2 cm长,每小分划为1 mm。

挂图的直线比例尺可以加长几个厘米,附尺每小分划可绘成2~5 mm。有时挂图只注数字(或文字)比例尺。

2. 图例的编排顺序

地质图上的图例通常是按照地层、岩浆岩、岩性花纹、岩脉、围岩蚀变、地质界线、断层(或构造)线、产状、剖面线等依次排列的。

(1)地层按由新到老的时代顺序排列,时代不明的变质岩系排在后面。

(2)岩浆岩按生成环境由深至浅的顺序排列。

深成岩类按酸性、中性、基性、超基性、碱性依次排列,每种岩性又按由新到老的时代顺序排列;浅成岩类排列顺序和要求同深成岩类;喷发岩类上新统——第四系喷发岩,按岩性顺序排列。上新统以前的喷发岩,用岩相花纹加地层代号表示。

在有的图例中,将岩体、岩脉分开,先排岩体,然后排岩脉,其中按酸性、中性、基性、超基性顺序排列。在有的图例中还以表格形式表示:左端排岩性,按酸性、中性、基性、超基性顺序;右端排时代(由新到老的时代顺序排列)。岩性图例中先排深成—中深成岩类,后排浅成—超浅成岩类。

(3)岩性花纹按松散沉积物、沉积岩、岩浆岩、变质岩顺序编排。

沉积岩按机械沉积、化学沉积、生物沉积的顺序编排;岩浆岩按生成环境由深至浅的顺序,先侵入岩,后喷出岩,都按酸性、中性、基性、超基性、碱性顺序编排;变质岩按照混合岩、区域变质岩、接触变质岩顺序排列。

(4)岩脉、围岩蚀变岩脉可按酸性、中性、基性、超基性、碱性顺序排列,矿脉排在后面。

(5)地质界线、断层(或构造)线、产状等地质符号编排顺序,在矿产图上,矿产符号通常排在图例后面。

(三)柱状图的整饰

柱状图分为钻孔柱状图和综合地层柱状图,其整饰法相同。地层柱状图的长度一般不超过50 cm,宽度为2~4 cm(应与柱子的长度相协调)。

1. 描绘顺序

首先绘出地层柱表格,然后描绘侵入岩界线、地层界线、层理线和花纹符号,最后书写地质代号和说明注记。

2. 描绘要求

线号规格:外框线为0.3 mm,侵入岩接触界线和地层界线为0.15~0.2 mm,层理线和花纹短线为0.1 mm。

地层间的角度不整合接触,要用波浪曲线表示,整合接触用水平直线表示,而假整合接触用虚线表示。化石符号要绘在地层柱的居中位置,要把产出层位画准确。线条符号和花纹规格与剖面图描绘要求相同。

岩性说明文字宜用宋体、仿宋体或细线体。如果说明文字很多,可以拉斜线将说明栏放宽。化石名称书写时要注意外文元音与辅音的移行规则。

(四)剖面图的整饰

1. 描绘剖面图的顺序

标高尺、地形线(表示该剖面地表起伏形态的一条曲线)、断层线、侵入岩界线、地层界线、层理线、岩性花纹和注记。

2. 描绘要求

线号规格:地形线为0.25 mm,侵入岩界线和地层界线为1.5~0.2 mm,层理线和花纹符号短线为0.1 mm。

描绘地形线、断层线和地质界线均按原位置清绘，而地质代号和注记凡底图上位置不适当的应当重新配置。岩性花纹的密度和排列形式应按图式统一规定清绘，岩性花纹的延伸方向应与其层理线方向一致。层理线应与实地岩层的层理线方向一致，用三角板推平行线时要注意方向变化。

剖面图的图头用黑体或宋体字表示，图头应置于剖面图上面的居中位置。在剖面图两端的垂线上要注明剖面线的相应编号，地层的标高，剖面的方位。剖面经过的山峰、河流、城镇其名称注在地形线的上面，为了整齐美观，应尽量把方位符号、地名配置在一条水平线上。这种说明注记一般用宋体或细线体表示。

剖面图的图例应与主图（地质平面图）的图例一致，如果剖面图附在地质平面图下，其图例可以省略。

（五）地质图的色彩整饰

任何物体的颜色都可分为两类：一类是黑、灰、白色，称为消色或非彩色；另一类是除黑、灰、白外的其他颜色，称为彩色。习惯上将这两种色统称为颜色或色彩。利用色彩对地质图进行整饰，可以突出地图的主题，提高地质图的表现能力，使图上各要素之间的区别和联系更加明显易读。因此，色彩整饰是制图作业中一道十分重要的工序。国家已制定了地质图的用色标准，详见中华人民共和国国家标准《地质图用色标准（1∶500 000～1∶1 000 000）》（GB 6390—1986）和中华人民共和国地质矿产行业标准《地质图用色标准及用色原则（1∶50 000）》（DZ/T 0179—1997）。

1. 地质图面积色彩的整饰

地质图面积色彩整饰是用不同色斑将各个不同时代和不同岩性的地质体区分开来，从而使错综复杂的图面变得一目了然。由于各色斑表示的是各地质体的质的区别，所以，通常称这种整饰法为质地法。

（1）地质图色标。

地质图色标是印制地质图件的依据和色相标准。一般在地质图件送厂印制之前就应做好色标。地质图色标也是地质体年代符号的补充，地质体年代和地层单位的划分，可以从图上的不同色相得到体现。

（2）面积色彩的调配。

调配区域地质图和成矿预测图等图件的面积色彩，应当遵守如下原则：调配的各个色相要尽量符合我国的地质色标规定；地层各系用不同色相以强调对比性，同系的各统用该系色相的不同色阶以满足协调性，并用亮色表示新地层，用暗色表示老地层；跨层颜色使用相邻色，未分统的系并入所属系的下统颜色；专题地质图上目的层颜色浓度（饱和度）要大，非目的层颜色浓度要小；中性、基性、超基性、碱性岩体（岩脉、矿脉）较之地层及花岗岩着色浓度要大些，对比性要强些；挂图着色要比桌面用图鲜亮，浓度大，对比性强；小比例尺图着色要比大比例尺图浓度大，但对比性不一定要强；在不违背上述原则的条件下，尽量选用色彩美观、容易涂匀、经久耐用的颜色。绘图员调配色彩，除掌握色彩的基本知识、调色的原则和色标的有关规定外，还必须充分征求地质人员的意见。

2. 地质图线划符号色彩的整饰

在普通地质图上，断层皆以一种红色表示。在构造图或在有些预测图上构造常常采用

不同颜色区分出不同构造类型或构造体系。在矿产分布图和预测图上，还用不同颜色表示不同成因类型的矿化。

(1)构造符号颜色的调配。

构造符号的色标，目前尚无统一的规定。作业中，通常按地质人员制作的草图色标进行调色。但是，由于地质员对各类颜色的特点和着色方法不甚熟悉，对地层颜色和构造颜色互相配合考虑不周，难免有些颜色选择不当。因此，绘图员应当对草图色标进行适当的调整。通常应符合以下要求：构造符号颜色主次分明，对比明显，突出在地层和矿化两层平面之间，并求美观耐久；尽量采用习惯颜色；用较鲜亮的颜色突出显示控矿的主要构造；用对比性较强的两种颜色表示延伸方向相近的两种构造类型或两种构造体系；尽量避免采用与构造线通过的多数地层相近的颜色，因为构造线颜色与地层颜色相近，构造线就看不清楚；性质不明或归属不明的断裂，用灰暗(淡)色表示。

(2)矿化颜色的调配。

矿化是预测图上最主要的要素，通常都用很浓的颜色表示。在要素复杂的挂图上，为了突出显示矿化，可以选用荧光颜料表示。不同矿化的颜色都有规定。单矿种颜色再细分，则由本部门或本单位自行拟定。

(六)地质绘图数字化技术

地质制图是地质综合编录的重要组成部分，其工作质量与精度的高低，直接影响整个报告的质量。过去的报告与设计几乎都是传统的人工编制，成图方法工序繁杂，需要投入大量的人力和物力，效率低，速度慢，不便于修改，不利于资料的二次开发和综合利用。

近几年来，随着计算机的迅速发展，特别是计算机辅助设计技术的出现，用 CAD、MAPGIS 等技术，在编绘上有精度高，修改方便，容易保存，有利于地质资料的开发与再利用等优点，可以反复修改设色标准、图案花纹库、子图符号库、线型库及地质代号等的设计，可达到编图规范要求的效果，提高了设计效率和质量。在制版上可集编绘与制版于一体，省略了传统制版工艺，不仅缩短了制印周期，而且消除了由制版过程而产生的误差。同时，不受菲林片的制约，各色比例(0 ~ 100%)可任意组合选用。计算机制图还可保证线条、花纹、面色的颜色纯度，不致因图素的叠加而变色，也可使地质符号、化石符号得到更完善的体现。计算机制图在地质制图中得到广泛应用。

四、编制地质图应注意的问题

(一)编制地质图要认真抓好三个环节

(1)资料收集齐备。重视第一手资料的收集和资料的整理，充实完备的资料是编图的重要前提和基础。检查各种与编图有关的原始地质资料，包括地面露头、老窑调查资料，各项勘探工程和井巷工程编录资料，各种有关的图表及综合性资料等是否收集整理齐备，并进行了充分利用。

(2)综合分析与研究。要注意综合分析研究，这是认识规律的重要步骤，图纸应当反映出对地质条件的规律性认识，使人建立起概念，这是编图的关键。

(3)编图方法合理。要运用合理的编图方法，这是编好图纸的保证。

(二)地质图件中地形要素的取舍要合理

地质图是以地质要素为主，地形要素为辅。地形内容是地质图的地理基础，它与普通地形图的主要区别,在于地形内容的选取是主要根据地质图的需要而定的。因此,在做地质图时不要直接把地质内容套到地形图上,这样地形内容载负量特别大,重点不突出,层次不清楚,图面较乱,也不符合编图要求。大家都知道地形图或者收集来的地形图,它上面的内容比较多,地理内容、地形内容都比较详细,所以我们就要对地形内容进行选取,进行一定的取舍。

(三)编制地质图要有生产观点,按生产要求进行编图

地质图是为生产建设服务的重要基础技术资料,要从为生产建设服务的观点来完成图纸的编制。如果所编图件能够较好地反映客观存在的地质条件,则起着指导生产的作用,反之,如果图纸中出现问题,则会给生产带来损失,甚至造成高代价差错。因此,要树立为生产服务的观点,不断提高编图质量。

(四)编制地质图首先要进行地质分析,特别是地质构造分析

要充分利用第一手资料,不要凭主观臆断编图,更不能先下结论后找依据。根据已知推测未知时,要在认识地质规律的基础上进行,还应考虑到推测部分可能发生的变化。

(五)要认真细致,注意图纸的整洁美观

要严格按照规定和生产要求编图,切忌“差不多”和“大概”等观点。图纸要做到内容和形式统一,既要反映实际材料,还应表现出客观存在的规律,既要内容齐全又要整洁美观。

各种地质图件的编制,实际上是用点、线、面等几何要素反映空间地质体形态特征的方法,是通过点、线、面三者有机地结合,合理地连接,表现地质体赋存状态的一种手段。各种不同类型的地质图件是针对不同地质情况所采用的不同表现形式,各种不同的表现形式又都能从不同侧面反映客观地质条件的一些表象。它们既能说明一些问题,又各自存在一定的局限性。所以,要表现某个地区或某个区域的地质情况,就应该充分利用多种地质图件,它们互相补充又能互相验证。

客观存在的地质现象是复杂的,但它是可以被认识的,是有规律可循的。通过编图可以反映出这种客观规律。编制地质图的方法是根据实际经验和理论总结出来的,它们是切实可行的,也是应当遵循的。但是,由于地质条件的特殊性多于普遍性,在编图过程中还应当注意灵活运用这些方法,不要生搬硬套。应当在编图实践中继续完善,充实和提高,使主观认识与客观存在尽量统一,编制出符合实际情况的各种地质图件。

思考题及习题

1. 什么叫地质图?规格齐全的地质图应包括哪些内容?
2. 地质图的种类很多,按内容可分为哪些类型?
3. 地质图的图式包括哪些内容?
4. 岩层接触关系在图上是如何表示的?
5. 编制地质图应注意哪些问题?

项目五　野外地质数字化制图

学习目标

了解地质数字化制图的基本思想，掌握地质数字化制图的作业过程。熟练掌握野外地质数字化制图的数据采集、数据传输、数据处理、数据输出等工作步骤。

【学习导入】

随着电子技术和计算机技术日新月异的发展及其在测绘领域的广泛应用，20 世纪 80 年代产生了电子速测仪、电子数据终端，并逐步地构成了野外数据采集系统，将其与内业机助制图系统结合，形成了一套从野外数据采集到内业制图全过程的、实现数字化和自动化的测量制图系统，简称地质数字化制图系统。

单元一　概述

一、地质数字化制图的基本思想

传统地形测图方式：白纸测图。整个过程在野外实现，劳动强度较大，精度低，图面信息少，变更、修改也极不方便，难以适应当前经济建设的需要。

缩短野外测图时间，减轻野外劳动强度，而将大部分作业内容安排到室内去完成。与此同时，将大量手工作业转化为电子计算机控制下的机械操作，这样不仅不会降低观测精度，而且能减轻劳动强度。

地质数字化制图的基本思想是将地面上的地形和地理要素（或称模拟量）转换为数字量，然后由电子计算机对其进行处理，得到内容丰富的电子地图，需要时由图形输出设备（如显示器、绘图仪）输出地形图或各种专题图图形。将模拟量转换为数字量这一过程通常称为数据采集。目前，数据采集方法主要有野外地面数据采集法、航片数据采集法、原图数字化法。地质数字化制图就是通过采集有关的绘图信息并及时记录在数据终端（或直接传输给便携机），然后在室内通过数据接口将采集的数据传输给电子计算机，并由计算机对数据进行处理，再经过人机交互的屏幕编辑，形成绘图数据文件。最后由计算机控制绘图仪自动绘制所需的地形图，最终由磁盘、磁带等储存介质保存电子地图。地质数字化制图虽然生产成品仍然以提供图解地形图为主，但是它以数字形式保存着地形模型及地理信息。

二、地质数字化制图系统

地质数字化制图系统是以计算机为核心,连接测量仪器的输入输出设备,在硬件和软件的支持下,对地形空间数据进行采集、输入、编辑、成图、输出、绘图、管理的测绘系统。地质数字化制图系统的综合框图如图5-1所示。

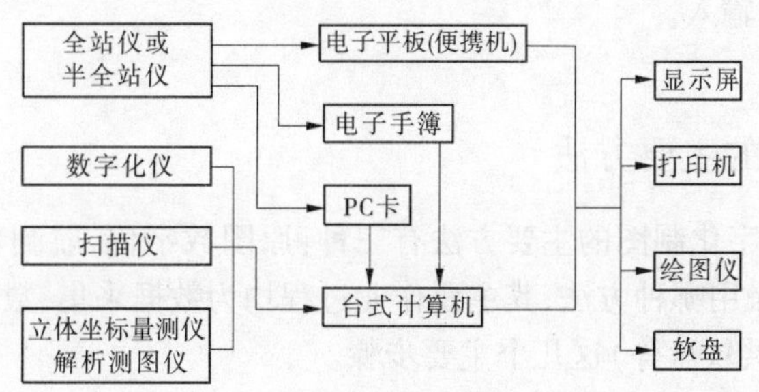

图5-1　地质数字化制图系统综合框图

三、地质数字化制图的作业过程

(一)地质数字化制图的基本阶段

地质数字化制图的作业过程与使用的设备和软件、数据源及图形输出的目的有关。但不论是测绘地形图,还是制作种类繁多的专题图、行业管理用图,只要是测绘数字图,都必须包括数据采集、数据处理和图形输出三个基本阶段。

1.数据采集

数据采集主要有如下几种方法:

(1)GPS法:通过GPS接收机采集野外碎部点的信息数据。

(2)航测法:通过航空摄影测量和遥感手段采集地形点的信息。

(3)数字化仪法:通过数字化仪在已有地图上采集信息数据。

(4)大地测量仪器法:通过全站仪、测距仪、经纬仪等大地测量仪器实现碎部点野外数据采集。

2.数据处理

数据处理主要包括数据传输、数据预处理、数据转换、数据计算、图形生成、图形编辑与整饰、图形信息的管理与应用等。

3.图形输出

经过数据处理以后,即可得到数字地图,也就形成一个图形文件,由磁盘或磁带作永久性保存。也可以将数字地图转换成地理信息系统所需要的图形格式,用于建立和更新GIS图形数据库。

(二)地质数字化制图的作业流程

地质数字化制图具体流程如下:

(1)图根控制测量。图根控制点(包括已知高级点)的个数,应根据地形复杂、破碎程度或隐蔽情况而决定其数量。

(2)测站点的测定。

(3)野外碎部点数据采集。采集方式有测记法或电子平板法等。

(4)室内点位数据采集。根据软件提供的功能,利用地物特征点间的几何关系采集点的数据。

(5)数据编码。数据编码的基本内容包括地物要素编码(或称地物特征码、地物属性码、地物代码)、连接关系码(或连接点号、连接序号、连接线型)、面状地物填充码等。

(6)图形信息码的输入。

(7)绘制成图。

四、数字化制图的主要方法

目前,我国获得数字化制图的主要方法有三种:原图数字化、航测数字成图和地面地质数字化制图。但不管采用哪种方法,其主要作业过程均为数据采集、数据处理及地形图的数据输出(打印图纸、提供软盘等)这几个主要步骤。

(一)原图数字化

当一个城市(地区)需要用到数字地形图而一时因经费困难或受到时间等原因的限制时,该方法是再适宜不过的了。它能够充分地利用现有的地形图,仅需配备计算机、数字化仪、绘图仪再配以一种数字化软件就可以开展工作,并且可以在很短的时间内获得数字的成果。如一时连购买设备的经费也难以落实,也可让具备有图纸数字化能力的测绘单位代而为之。它的工作方法有两种:手扶跟踪数字化及扫描矢量化后数字化,其中后者要比前者的精度高、效率高。但是,利用该方法所获得的数字地图其精度因受原图精度的影响,加上数字化过程中所产生的各种误差,因此它的精度要比原图的精度差。而且它所反映的只是白纸成图时地表上各种地物地貌,现实性不是很好。所以它仅能作为一种应急措施而非长久之计。

为了充分利用该方法得到数字地图,可通过修测、补测等方法,实测一部分地物点的精确坐标,再用这些点的坐标代替原来的坐标,通过调整,可在一定程度上提高原图的精度。而随着地图的不断更新,实测坐标的增加,地图的精度也就会相应地得到提高。

(二)航测数字成图

航测数字成图的特点是可将大量的外业测量工作移到室内完成,它具有成图速度快、精度高而均匀、成本低、不受气候及季节的限制等优点,特别适合用于城市密集地区的大面积成图。但是该方法的初期投入较大,如果一个测区较小,它的成本就显得较高。所以,现在基本上由一些较大的单位来承担。

当一个地区(或测区)很大时,就可以利用航空摄影机在空中摄取地面的影像,通过外业判读,在内业建立地面的模型,通过计算机用绘图软件在模型上量测,直接获得数字地形图。随着测绘技术的发展,数字摄影测量已在我国的某一地区取得了试验性的成功,在不久的将来将会得到推广。它是通过在空中利用数字摄影机所获得的数字影像,内业通过专门的航测软件,在计算机上对数字影像进行对像匹配,建立地面的数字模型,再通过专用的软件来获得数字地图。可以说,这将是我们今后地质数字化制图的一个重要发展方向。

(三)地面地质数字化制图

在没有合乎要求的大比例尺地图的地区或该地区的测绘经费比较充足,可直接采用地面地质数字化制图的方法,该方法也称为内外业一体化地质数字化制图,是我国目前各测绘单位用得最多的地质数字化制图方法。采用该方法所得到的数字地图的特点是精度高，只要采取一定的措施，重要地物相对于邻近控制点的精度控制在 5 cm 内是可以做到的，但它所耗费的人力、物力与财力也是比较大的。

（四）地质数字化制图的作业模式

用全站仪在测站进行数字化测图，称为地面地质数字化制图。由于用全站仪直接测定地物点和地形点的精度很高，所以地面地质数字化制图是几种地质数字化制图方法中精度最高的一种，也是城市大比例尺地形图最主要的测图方法。

若测区已有地形图，则可利用数字化仪或扫描仪将其数字化，然后，再利用地质数字化制图系统将其修测或更新，得到所需的数字地形图。

对于大面积的测图，通常可采用航测方法或数字摄影测量方法，通过解析立体测图仪或数字摄影测量系统得到数字地形图。

从实际作业来看，地质数字化制图的作业模式是多种多样的。不同软件支配不同的作业模式，一种软件可支配多种测图模式。由于用户的设备不同，要求不同，作业习惯不同，目前我国地质数字化制图作业模式大致有如下几种：

（1）全站仪 + 电子手簿测图模式。

（2）普通经纬仪 + 电子手簿测图模式。

（3）平板仪测图 + 数字化仪数字化测图模式。

（4）旧图数字化成图模式。

（5）测站电子平板测图模式。

（6）镜站遥控电子平板测图模式。

（7）航测像片量测成图模式。

单元二　野外地质数字化制图——数据采集

一、测图前的准备工作

为了顺利完成某一测区的地质数字化制图任务，就必须做好充分的准备工作。内容包括人员安排、仪器工具的选择、仪器检验、测区踏勘、已有成果资料收集，并根据工作量的大小、人员情况和仪器情况拟订作业计划，并编写地质数字化制图技术设计书来指导地质数字化制图工作，确保地质数字化制图的有序开展。

地质数字化制图是一项技术性很强的工作，不仅涉及测绘单位内部的分工协调，还涉及委托方或主管部门、测绘单位和测区千家万户的工矿企事业单位和人民群众。因此，测绘单位在做好内部分工的同时，还要做好与外部的协调、联系工作。

（一）组织协调工作

1. 工作协调

测绘单位在接受委托方的委托书或主管部门下达的测绘任务书后，要根据任务的情况安排具有丰富测绘专业知识和房地产相关专业知识、熟悉测绘和房地产相关法律法规的专业技术人员进行前期工作的协调。

协调工作包括与委托方或主管部门协商地质数字化制图工作的具体时间、测区范围大小、测绘内容、深度及作业工期要求、测图比例尺、地质数字化制图经费、如何收集资料以及其他涉及的测绘工作如何落实。

对大面积、重点工程的地质数字化制图工作，尤其是数字房产地籍测绘工作，成立以委托方政府领导为组长，由委托方、测区行政领导和测绘单位领导参加的地质数字化制图协调工作，负责地质数字化制图工作的组织、协调和最终成果的检查验收工作。

2. 组织工作队伍

地质数字化制图工作主要包括技术设计、控制测量、外业数据采集、内业编辑成图、跟踪检查与验收几个主要阶段，每个环节都有不同的侧重点，因此任务应该落实清楚，分工要明确，责任到人。

3. 成立技术指导与跟踪检查组

选派熟悉测绘管理政策法规、具有扎实测绘理论知识和丰富测绘工作经验的专业技术人员进行技术设计书的编写、审核工作，并按规定程序进行审批和任务备案。技术指导与跟踪检查组应以总工程师为组长，由具有测绘执业资格的专职检查人员和经营人员组成。从事技术指导、过程检查、成果验收全过程指导、检查质量、工期把关，以确保按期保质保量完成地质数字化制图任务。

4. 成立地质数字化制图作业组

组织技术过硬、作风优良、纪律严明的测量队伍，按经批准的技术设计和有关技术规程，进行控制测量、地质数字化制图的各项工作。地质数字化制图组人员配备必须兼顾关键岗位和辅助工作，合理搭配，职责清楚，分工明确。关键岗位必须由具有测绘执业资格的测绘技术人员承担。

（二）收集资料

地质数字化制图的前期收集资料是很关键的工作，尤其是房地产、地籍测绘。应广泛收集与测区各项有关的资料，并对资料进行综合分析和研究，作为设计时的依据和参考。资料的完整准确与否，直接关系到能否正确制订技术设计方案及其他后续工作的进展。

除收集测绘活动相关专业的政策性文件、用地规划批准文件、权属证明文件外，应重点收集与测区有关的各种比例尺地形图和其他有关图纸（如交通图）、已有控制网的成果资料（如技术总结、网图、点之记、成果表和平差资料等）。如测区附近有几个单位进行过控制测量，则应注意坐标系统和高程系统是否一致，如不一致，应收集这些不同系统间的换算关系，另外还应收集测区内的社会情况、交通运输、物资供应、风俗习惯、行政区划、气象、植被、水系、土质、建筑物、居民地以及特殊地貌等资料。

（三）测区踏勘

在踏勘前应根据测区所在的位置，按一定手续抄录控制点成果、领取埋石点点之记和测区的1∶10 000或者1∶5 000比例尺、甚至1∶25 000、1∶50 000比例尺地形图、土地利用现状图，在图上展绘已有控制点，绘出图幅线、土地权属界线、行政区划界线、标出测区范围和图幅号。

踏勘主要调查了解以下内容：

（1）交通情况：包含公路、铁路、乡村便道的分布及通行情况。

（2）水系分布情况：包含江河、湖泊、池塘、水渠的分布，以及桥梁、码头和水路交通情况。

(3)植被情况:包含森林、草原、农作物的分布及面积等。

(4)控制点分布情况:包含三角点、水准点、GPS点、导线点的等级、坐标、高程系统、点位的数量及分布情况、点位标志的保存情况。

(5)居民地分布情况:包含测区内城镇、乡村居民地的分布、食宿及供电情况。

测区踏勘的目的是了解测区的位置范围、行政区划,取得当地政府的支持;对于民族自治区还要了解测区人文风俗,宣传国家的民族政策;了解测区自然地理条件、交通运输、气象条件等情况;查看测区已有控制点实际位置和保存完好情况,以及旧有控制点的密度和分布情况,初步考虑地形控制网(图根控制网)的布设方案和采取必要的措施;了解测区一些特殊地物及其表示方法,同时还要了解地形困难类别。有了这样的第一手材料,才能正确地拟订作业计划,选择较好的作业方案,采取必要的技术、物资和人力措施。在踏勘后编写技术设计,对一些尚不明确的技术问题及时向技术负责人、主管部门、甲方提出,商讨解决问题的办法和采取的措施。

(四)仪器的准备与检校

仪器及器材:全站仪(RTK)、对讲机、备用电池、花杆、反光棱镜、皮尺或钢尺等。全站仪、对讲机应提前充电,还包括记录夹(板)、皮尺、草稿纸、测伞、木桩(进一步加密或放中桩)、地钉及铁锤、红油漆和毛笔、印制各种调查测量手簿、表格,准备必要的生活、交通和劳动用品等。

实施地质数字化制图前,应准备好仪器、器材、控制点成果和技术资料,仪器设备必须经过测绘计量单位鉴定合格后方可投入使用。全站仪是地质数字化制图的主要设备,按照相关规范规程的规定,在完成一项重要的测量任务时,必须经过省级以上技术监督部门授权的测绘计量鉴定机构鉴定合格,并出具鉴定证书,合格后方可参加作业,鉴定周期为1年,同时还要准确地测定棱镜常数。除进行法定鉴定外,测绘单位还要进行日常的检验校正工作。

(五)控制测量的方案设计

根据收集的资料及现场踏勘情况,在已有地形图上拟订控制测量的布设方案,进行必要的精度估算。满足技术方案条件下,各方案与经济核算方面比较。对地形控制网的图形、施测、点的密度和平差计算等因素进行全面的分析,并确定最后采用的方案。实地选点时,在满足技术规定的条件下不容许对方案进行局部修改。

(六)测区划分及作业计划

1. 测区划分

平板测图是把测区按标准图幅划分成若干图幅,一幅一幅地进行测绘,而数字化测图是以路、河、山脊等自然边界为界限,以自然地块为界进行分块测绘,对于地籍测量来说,一般以街坊为单位划分作业区。分区的原则是各区之间的数据(地物)尽可能地独立(不相关)。

划分测区是地质数字化制图外业前必须准备好的工作。要根据收集到的已有比例尺地形图或者其他图件资料,以路、河、山脊等自然边界为界限,同时考虑作业人员的技术水平和对测区的了解程度、仪器设备装备情况、标准地形图的分幅情况等科学、合理地划分测区。

一般情况下,若有多个作业组同时参与地质数字化制图作业,应本着首级控制先行、分片测绘、及时拼接、齐头并进、推扫前进的思路进行。这样安排的目的是便于及时接边、互相检查、及时整合成图、便于安排食宿、便于接送。

2. 作业计划

在测区划分后，要列出作业计划，主要是列出作业内容、范围和作业进度。如完成控制点的加密时间、完成图根导线测量的时间、完成图根导线网平差计算时间、完成某一范围测图的时间、内业成果整理时间、质量抽查的时间和验收的时间安排等。需要重视的是：编制作业计划时，需充分考虑到季节和气候等对测量的影响，这样安排出的计划才具有可实施性。

作业计划的主要内容：

(1)测区控制网的点位埋设、外业施测、内业处理等内容和时间安排。

(2)野外数据采集的测量范围、内容和时间安排。

(3)仪器配备、经费预算。

(七)地质数字化制图作业人员组织安排

地质数字化制图作业人员组织安排包括两个方面的内容：

(1)小组的人员配备。

(2)根据测区大小和总的测量任务确定配备小组数量。

二、地质数字化制图技术设计

(一)技术设计的意义

根据测图比例尺和测图面积以及用图单位的具体要求，结合测区自然地理条件和本单位的仪器设备、技术力量及资金等情况，灵活应用测绘理论和方法，制订技术上可行、经济上合理的技术方案、作业方法和实施计划，并将技术要求作为作业的技术依据之一。技术设计书应呈报上级主管部门或测图任务委托单位审批，并按规定向测绘主管部门备案，未经批准不得实施。在测量工作实施过程中如要求对设计书的内容做原则性变动，可由生产单位提出修改意见，报原审批单位批准后实施，未经批准的设计书不得依据实施。

(二)设计的技术依据

(1)上级下达的技术文件或合同书。

(2)有关的法规和技术标准。

(3)经上级部门批准的有关部门制定的适合本地区的一些技术规定。

(4)测绘生产定额、成本定额和装备标准等。

(三)技术设计的原则

技术设计方案应先考虑整体而后局部，且顾及发展；要满足用户的要求，重视社会效益；要从测区的实际情况出发，考虑作业单位人员素质和装备情况，选择最佳的作业方案；广泛收集、认真分析及充分利用已有的测绘成果和资料；尽量采用新技术、新方法和新工艺。当测图面积相当大，需要的时间较长，可根据用图单位规划及轻重缓急，将测区划分为几个小测区，分别进行技术设计；当测图任务较小时，技术设计的详略可视具体情况而定。

(四)技术设计的内容

1. 任务概述

说明任务名称、来源、作业区范围、地理位置、行政隶属、测图比例尺、拟采用的技术依据、要求达到的主要精度指标和质量要求、计划开工期和完成期。

2. 测区概况

测区概况包括地理特征,交通情况,居民地分布情况,水系、植被等要素的分布与主要特征,气候特点、天气状况及降水分布、冻土情况、生活条件等,综合考虑各方面因素并参照有关生产定额、确定测区困难类别等。

3. 测区已有资料的利用情况

设计书要详细说明测区已有控制资料的详细情况,包括施测单位、施测时间、控制测量等级、精度、标石保存完好情况、平差方法等,并对成果进行评估分析,拟定新网和国家控制网联测方案。

4. 技术依据

《全球定位系统(GPS)测量规范》(GB/T 18314—2009);《卫星定位城市测量技术规范》(CJJ/T 73—2010);《城市测量规范》(CJJ/T 8—2011);《国家基本比例尺地图图式 第1部分:1:500、1:1 000、1:2 000 地形图图式》(GB/T 20257.1—2007);《基础地理信息要素分类与代码》(GB/T 13923—2006);《CASS5.1 测绘软件用户手册》;《1:500、1:1 000、1:2 000 外业数字测图技术规程(GB/T 14912—2005)。

5. 设计方案

1)测图技术规范和细则

测图技术规范和细则见相关各级技术规范和细则。

2)平面控制测量设计

平面控制测量设计的内容包括测区平面控制坐标系统的确定,测量方案的选择,基本控制网的等级与加密层次,根据测区范围确定测区首级控制网的等级。根据起算数据的配置和测区情况确定次级加密方案、图形结构、点的密度、觇标及标石类型和规格,使用硬件、软件的配置及施测方法,平差法及所采用平差软件的基本情况。

各种大比例尺测图的坐标系统应尽可能采用国家统一坐标系统,长度变形值应不大于容许变形值 2.5 cm/km,否则应建立抵偿坐标系统或重新选择投影带的中央子午线,建立任意带坐标系。在工程建设中,一般面积多为几平方千米至十几平方千米,或者国家控制网相邻边长精度不能满足其始边精度要求时,可利用国家控制网一个点的坐标和一个方向。当测区没有国家控制点可利用时,可采用独立坐标系统。

如果测区面积大于 100 km^2,则应与国家控制网联测,采用国家坐标系统,控制测量成果应顾及球面与平面的差别,并规划到高斯平面上计算,采用 3°带投影时,我国大部分地区投影带边缘的长度变形约为 1/2 900,这对图根导线测量影响尚不很严重,而对等级导线测量的边长应进行距离改化。

(1)首级平面控制网的选择。

在一个测区中,最高一级的控制网称为首级控制网或基本控制网。首级控制网一般应为国家等级控制网。首级控制网的等级应根据测区面积、测图比例尺和发展远景、因地制宜、经济合理地选定。测区面积越大,首级网的边长就越长,网的等级就越高。为使控制网的图形单元数目和点数不致过多,传统方法根据测区面积大小,宜布设的首级控制网等级如表 5-1 所示。

导线测量作为首级控制时,必须布设成多边形格网,布点均匀,能保证一定的相对精度,格网中闭合环形的边数可以规定为 4 ~ 8 条边,《城市测量规范》(CJJ/T 8—2011)中也进行了规定，导线等级越高，闭合环的边数应越少。对于面积小，且无发展远景规划的测区，还可以用一、二级导线作为测区的首级控制。

表 5-1 城市导线测量的主要技术指标

等级	导线长度（km）	平均边长（km）	测角中误差（″）	测距中误差（mm）	测回数			方位角闭合差（″）	导线全长相对闭合差
					DJ1	DJ2	DJ6		
三等	15	3	±1.5	±18	8	12	—	$\pm 3\sqrt{n}$	≤1/60 000
四等	10	1.6	±2.5	±18	4	6	—	$\pm 5\sqrt{n}$	≤1/40 000
一等	3.6	0.3	±5	±15	—	2	4	$\pm 10\sqrt{n}$	≤1/14 000
二等	2.4	0.2	±8	±15	—	1	3	$\pm 16\sqrt{n}$	≤1/10 000
三等	1.5	0.12	±12	±15	—	1	2	$\pm 24\sqrt{n}$	≤1/6 000

注：n 为测站数。

（2）平面控制的加密层次。

在首级控制的基础上布设的较低等级的控制网称为加密控制网。加密控制网根据网的等级不同，可以是四等三角网，也可以是一、二级小三角或者相应的等级导线，或者 GPS 网。在 GPS 广泛应用的今天，GPS 已成为控制测量的首选方法，导线测量是其有益的补充。

直接为满足地形测图需要而加密的最低级控制网称为图根网。图根网分为两级，直接由高级点发展的图根点称为一级图根点，利用一级图根点再发展的图根点称为二级图根点。过去常采用图根三角锁（网）、图根导线以及交会定点等方法进行加密，现在一般采用 RTK 方法进行图根点的加密。

图根控制布设，是在等级控制下进行加密，精度会逐级降低，一般不超过两次附合。因此，应尽可能减少控制网加密分级的层次，条件许可时也可以越级布网。在较小的独立测区测图时，图根控制可作为首级控制。在图根控制点的布设中，应根据地形复杂、破碎程度或隐蔽情况而确定图根控制点（包括已知高级点）的个数。

图根点的精度，相对于邻近等级控制点的点位中误差，不应大于图上 0.1 mm，高程中误差不应大于测图基本等高距的 1/10。

（3）图根点的必要密度。

图根点的密度（包括已知高级点）取决于测图比例尺、地形的难易程度或隐蔽的复杂程度及通视条件，如表 5-2 所示。

表 5-2 图根点的密度

控制点个数	比例尺		
	1:2 000	1:1 000	1:500
常规测图	15 个/km²	50 个/km²	150 个/km²
地质数字化制图	4 个/km²	16 个/km²	64 个/km²

一般地区解析图根点的数量，如表5-3所示。

表5-3　图根点的数量

测图比例尺	图幅尺寸	解析图根点数量（个）		
		全站仪测图	RTK测图	平板测图
1∶500	50×50	2	1	8
1∶1 000	50×50	3	1～2	12
1∶2 000	50×50	4	2	15
1∶5 000	40×40	6	3	30

3）高程控制测量设计

高程控制测量设计的内容包括高程系统的选择，首级高程控制的等级及起算数据的选取，加密方案及网形结构，线路长度和点的密度，标石类型和埋设规格，使用的仪器和施测方法，平差计算方法，各项主要限差及应达到的精度指标。

高程系统应与国家高程系统一致，即采用"1985国家高程基准"的高程系统或1956年黄海高程系统。在远离国家水准点的新测区，或者联测工作量很大，这时可以在已有地形图上求得一个点的高程作为起算高程，或暂时建立地方高程系统，但要经上级业务主管部门批准，并争取归算到国家统一高程系统内。

首级高程控制网的布设可以和平面控制点合二为一，也可以根据情况分开布设。但图根高程控制点必须和平面控制点合二为一，可采用水准测量的方法、电磁波测距三角高程导线的方法、GPS高程测量的方法进行高程测量。目前，常采用RTK测量方法进行图根平面、高程控制测量。电磁波测距三角高程导线测量方法也是进行图根平面、高程控制测量的有效方法。

4）地质数字化制图设计

地质数字化制图设计的内容包括地形图采用的分幅和编号方法，地形图基本等高距的确定，测站点的观测方法和要求，对地形要素的表示要求，地形图的编辑要求，数据格式的转换要求，若采用新技术、新仪器、新方法测图，在设计方案中应对其先进性和成图精度进行详细的说明。

在地形测量中，等高距若选择过小，则图上等高线的数量就多而密集。虽然表示的地貌形态细致真实，但测图工作也相应繁重，另外由于等高线过密而影响图面的清晰，降低了使用效率。如果选择过大，虽然可以减轻野外测图的工作，但因图上等高线数量少而稀疏，则表示的地形形态过于粗略，满足不了用图的需要。因此，在实际工作过程中，等高距的大小应根据测图比例尺的大小、使用地形图的目的以及测区地面的高差和倾斜度的大小等因素来确定。等高距选择如表5-4所示。

6. 质量保证及安全措施

（略）

7. 工作量统计、进度计划安排、经费预算

（略）

表 5-4 地形图的基本等高距

地形类别	不同比例尺等高距		
	1∶500	1∶1 000	1∶2 000
平地，坡度在2°以下地区	0.5	0.5	0.5、1
丘陵地，坡度在2°~6°的地区	0.5	0.5、1	1
山地，坡度在6°~25°的地区	0.5、1	1	2
高山地，坡度在25°以上的地区	1	1、2	2

8. 建议和措施

（略）

9. 上交资料清单

（略）

三、地质数字化制图外业工作

（一）图根控制测量

图根控制测量主要是在测区高级控制点的密度满足不了大比例尺地质数字化制图需要时，适当加密布设而成的，主要为测图服务所进行的控制测量。它主要任务是测定图根点的平面坐标和高程。

图根控制测量按施测项目不同分为图根平面控制测量和图根高程控制测量。传统图根平面控制测量多采用导线测量、三角测量、交会测量等方法，高程控制测量采用图根水准测量和三角高程测量。近些年来，由于现代仪器的出现，特别是全站仪和 GPS 的使用，使得图根控制布设形式、测量方法和测量手段都发生了重要的变化。现阶段采用的图根控制测量主要以全站仪导线测量和 RTK 测量为主。实际工作中人们又总结了实现起来更加方便灵活的“一步测量法”和“辐射点法”。这些方法都可以直接测算出图根点的三维坐标，也就是说，这些方法将图根平面控制测量和图根高程控制测量同时完成，既可以保证图根控制测量的精度，也极大地提高了工作效率。

（二）图根点埋设

图根点布设形式（1）至（4）见相关测量教材。

（1）单一导线：附合导线、闭合导线。

（2）导线网。

（3）支导线补充。

（4）交会法。

（5）辐射法。

辐射法就是在某一通视良好的等级控制上，用极坐标测量方法，按全圆方向观测方式，依次测定周围几个图根控制点。这种方法无须平差计算，直接测出坐标。为了保证图根点的可靠性，一般要进行两次观测（另选定向点），如图 5-2 所示。

点位相对精度可控制在 1 ~3 cm 之内，该法最后测定的一个点必须与第一个点重合，以检查观测质量。该方法适合小区域地质数字化制图。

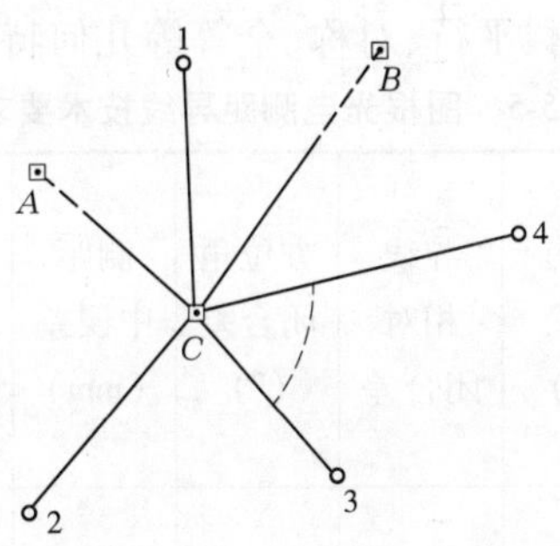

图 5-2　辐射法

(6)一步测量法。

除按传统的作业程序进行施测外,还可以采用图根导线与碎部测量同时作业的一步测量法。即在一个测站上,先测导线的数据,接着就测碎部点。如图 5-3 所示,A、B、C、D 为已知点,1,2,3,…为图根导线,1′,2′,…为碎部点。

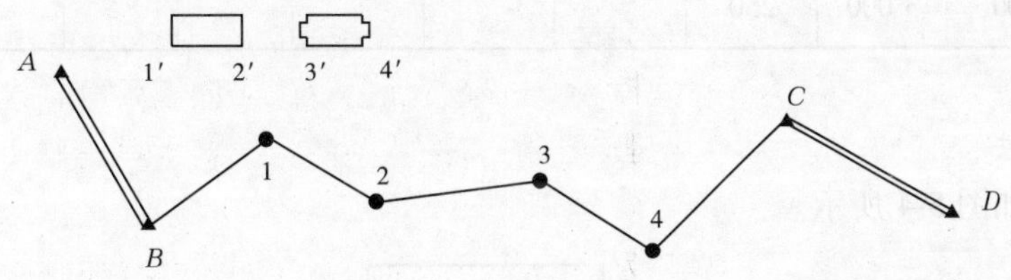

图 5-3　一步测量法

①全站仪置于 B 点,后视 A 点,照准 1 点测水平角、垂直角和距离,求得 1 点坐标。

②不搬运仪器,以后视 A 点为零方向,施测 B 站周围的碎部点 1′,2′,…。根据 B 点坐标可计算碎部点坐标(近似坐标)。

③B 站测量完,仪器搬到 1 点,后视 B 点,前视 2 点,测角、测距,得 2 点坐标,同时施测 1 点周围的碎部点,根据 1 点坐标,可得周围碎部点坐标。同理依次测得各导线点坐标和该站周围的碎部点坐标,但要注意及时标注点号、勾绘草图。

④待测至 C 点,由 B 点到 C 点的导线测量数据,计算附合导线闭合差。若超限,则找出错误重测导线;否则用计算机对导线进行重新平差处理。再利用平差后的导线坐标,重算各碎部点的坐标值。

“一步测量法”对图根控制测量少设站,少跑路,提高外业效率。但它只适合于地质数字化制图。在 EPSW 电子平板测图系统中编有“一步测量法”测量程序。在测定导线后,可自动提取各条导线测量数据,进行导线平差,而后可按新坐标对碎部点进行坐标重算。施测过程中的技术要求见表 5-5。

(三)碎部点数据采集

1. 碎部点常见测算方法

碎部点坐标“测算法”的基本思路是:在野外数据采集时,利用全站仪适当用极坐标法测定一些“基本碎部点”,方向法(只测方向)、勘丈法(只测距离)测定一部分碎部点的位置

(坐标),最后充分利用直线、直角、平行、对称、全等等几何特征推算一些碎部点。

表 5-5　图根光电测距导线技术要求

图根级别	适用比例尺	附合导线长度（m）	平均边长（m）	导线相对闭合差	方位角闭合差（″）	测距中误差（mm）	测角测回数		测距测回数（单程）	测距一测回读数次数
							DJ2	DJ6		
一	1∶500	1 500	120	1/6 000			1	2	1	2
	1∶1 000									
	1∶2 000									
二	1∶500	1 000	100	1/4 000				1	1	2
	1∶1 000	2 000	150							
	1∶2 000	3 000	250							

1）极坐标法

极坐标法如图 5-4 所示。

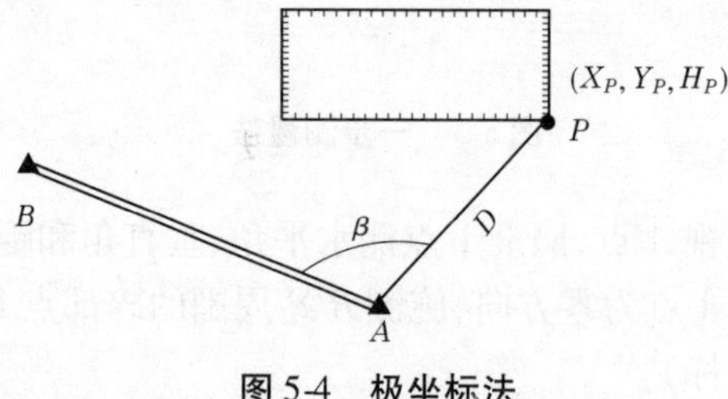

图 5-4　极坐标法

2）直角坐标法

直角坐标法是借助测线和垂直短边支距测定目标点的方法。直角坐标法使用钢尺丈量距离，配以直角棱镜作业，支距长度不得超过一个尺长，如图 5-5 所示。

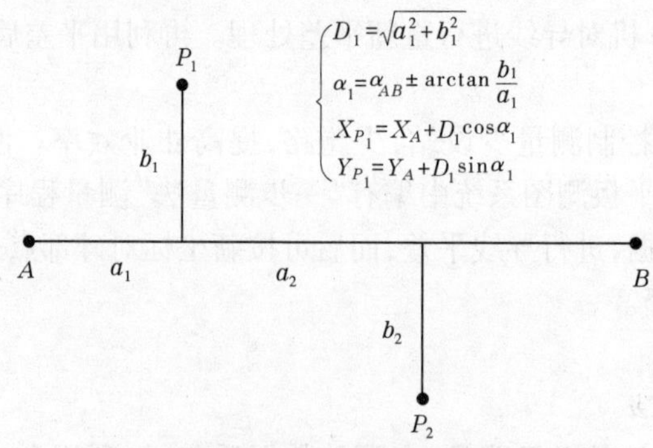

图 5-5　直角坐标法

3) 距离交会法

距离交会法如图 5-6 所示。

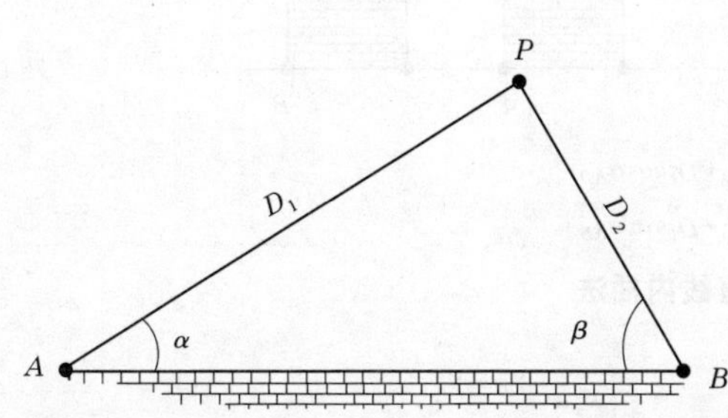

$$\begin{cases} \alpha = \arccos \dfrac{D_{AB}^2 + D_1^2 - D_2^2}{2D_{AB}D_1} \\ \beta = \arccos \dfrac{D_{AB}^2 + D_2^2 - D_1^2}{2D_{AB}D_2} \\ X_P = \dfrac{X_A \cot \beta + X_B \cot \alpha + (Y_B - Y_A)}{\cot \alpha + \cot \beta} \\ Y_P = \dfrac{Y_A \cot \beta + Y_B \cot \alpha + (X_B - X_A)}{\cot \alpha + \cot \beta} \end{cases}$$

图 5-6　距离交会法

4) 垂足计算法

垂足计算法适用于建筑群内楼道口点、转折点，如图 5-7 所示。

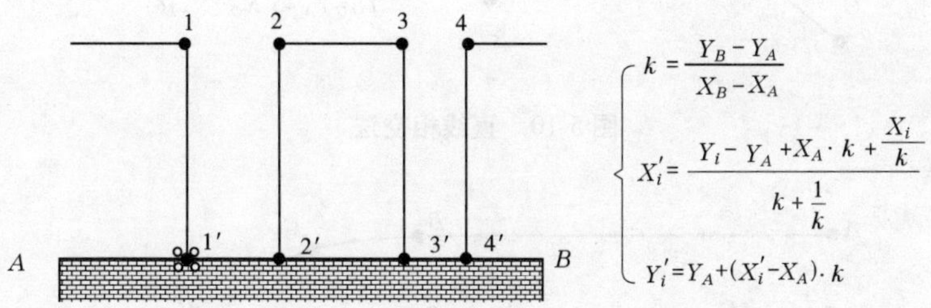

$$\begin{cases} k = \dfrac{Y_B - Y_A}{X_B - X_A} \\ X_i' = \dfrac{Y_i - Y_A + X_A \cdot k + \dfrac{X_i}{k}}{k + \dfrac{1}{k}} \\ Y_i' = Y_A + (X_i' - X_A) \cdot k \end{cases}$$

图 5-7　垂足计算法

5) 矩形计算法

矩形计算法如图 5-8 所示。

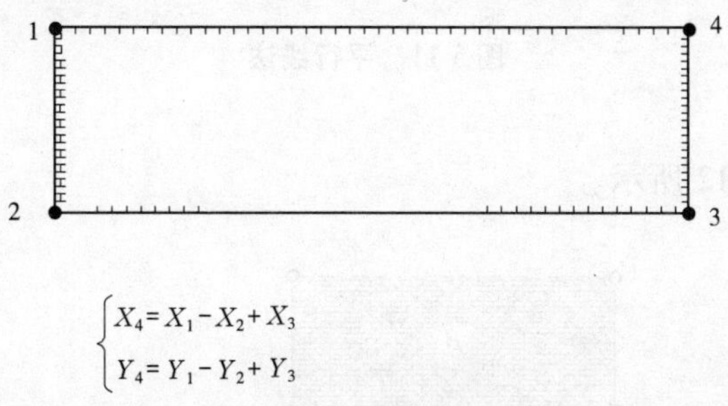

$$\begin{cases} X_4 = X_1 - X_2 + X_3 \\ Y_4 = Y_1 - Y_2 + Y_3 \end{cases}$$

图 5-8　矩形计算法

6) 直线内插法

直线内插法如图 5-9 所示。

7) 直线相交法

直线相交法如图 5-10 所示。

8) 平行线法

平行线法如图 5-11 所示。

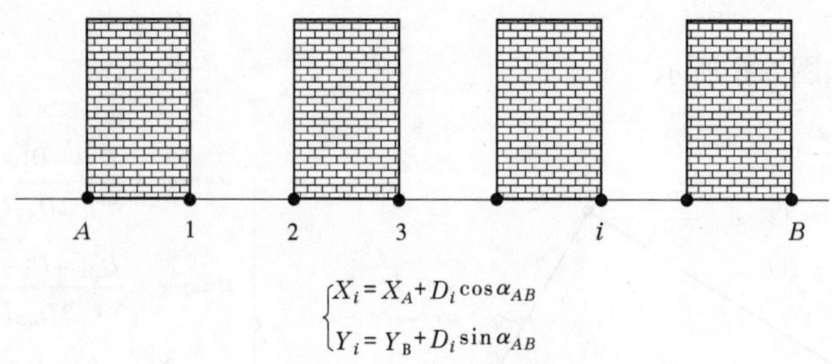

$$\begin{cases} X_i = X_A + D_i \cos\alpha_{AB} \\ Y_i = Y_B + D_i \sin\alpha_{AB} \end{cases}$$

图 5-9　直线内插法

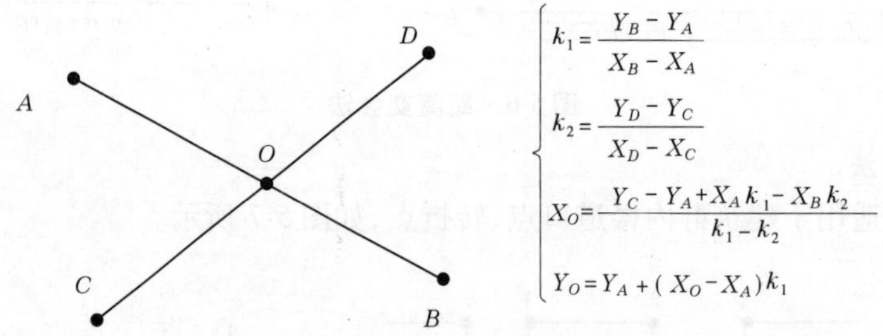

$$\begin{cases} k_1 = \dfrac{Y_B - Y_A}{X_B - X_A} \\ k_2 = \dfrac{Y_D - Y_C}{X_D - X_C} \\ X_O = \dfrac{Y_C - Y_A + X_A k_1 - X_B k_2}{k_1 - k_2} \\ Y_O = Y_A + (X_O - X_A) k_1 \end{cases}$$

图 5-10　直线相交法

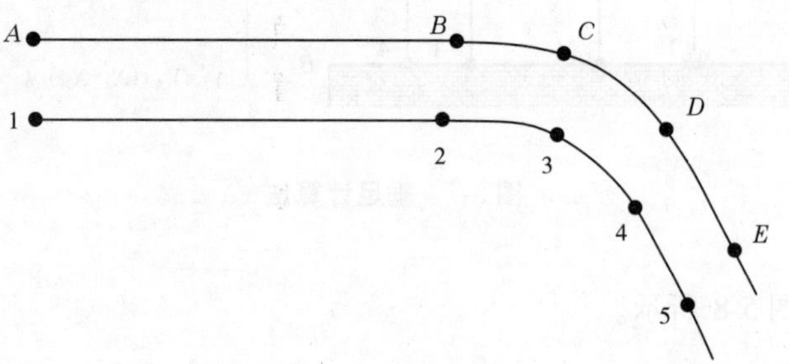

图 5-11　平行线法

9) 平移图形法

平移图形法如图 5-12 所示。

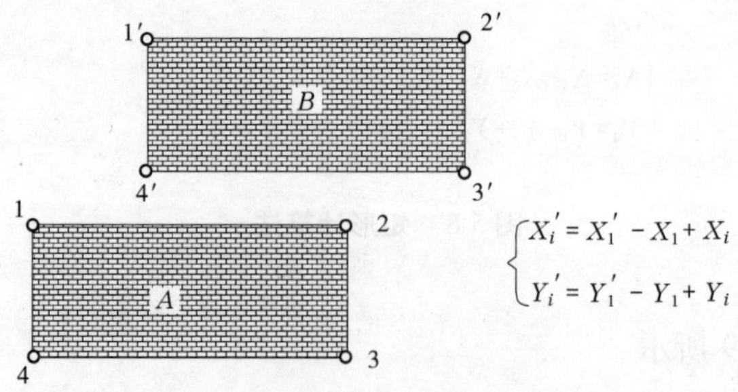

$$\begin{cases} X_i' = X_1' - X_1 + X_i \\ Y_i' = Y_1' - Y_1 + Y_i \end{cases}$$

图 5-12　平移图形法

10) 对称点法

对称点法如图 5-13 所示。

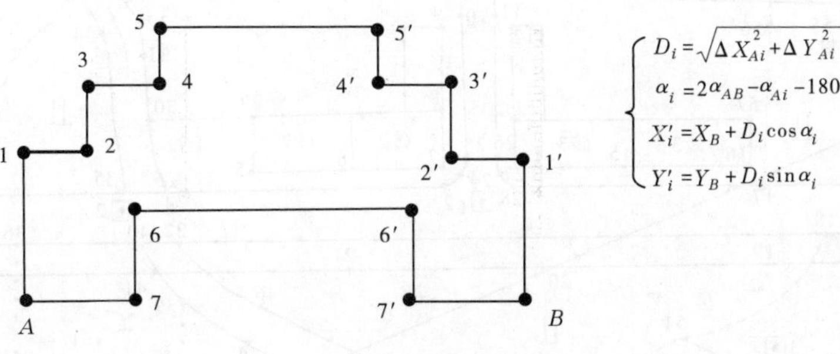

图 5-13　对称点法

2. 全站仪法数据采集

1) 数据采集准备工作

(1) 测站设置。输入或选择数据采集文件名,输入测站点、后视点数据。

(2) 参数设置。测距模式(精测模式、跟踪模式等),大气参数等。

(3) 检查内存空间。野外数据采集之前,应检查全站仪内存空间的大小,以保证采集数据的安全存储。

2) 数据采集操作步骤

(1) 进入测区后,绘草图领镜(尺)员首先对测站周围的地形、地物分布情况大概看一遍,认清方向,及时按近似比例勾绘一份含主要地物、地貌的草图(若在放大的旧图上会更准确的标明),便于观测时在草图上标明所测碎部点的位置及点号。

(2) 安置仪器。量取仪器高,进行测站数据设置,包括输入测站点的三维坐标和仪器高。

(3) 测站定向。瞄准后视点,锁定仪器水平度盘,输入定向参数,即输入后视点的坐标或定向边的方位角。

(4) 定向检核。测量某一已知点的坐标(误差小于图上 0.2 mm)。测量结果符合后,定向结束。否则,应重新定向,以满足要求为准。

(5) 碎部点测量。按成图规范要求进行碎部点采集,同时进行绘图信息的采集或者绘制草图。

(6) 结束前的定向检查。检查方法同(4),如发现定向有误,应查找原因进行改正或重新进行碎部测量。

3. 无码作业与简码作业

1) 无码作业

无码作业是用全站仪(RTK)测定碎部点的定位信息,并自动记录于电子手簿或内存储器,手工记录碎部点的属性信息与连接信息,如图 5-14 所示。

特点:外业速度快;但此法需要一个人绘制草图,且内业需人机交互编辑成图。用草图或笔记记录绘图信息。草图的绘制要遵循清晰、易读、相对位置准确、比例尽可能一致的原则。

2) 简码作业

简码作业是在测定碎部点定位信息的同时输入简编码。带简编码的数据经内业识别,自动转换为绘图程序内部码,可以实现自动绘图,如图 5-15 所示。

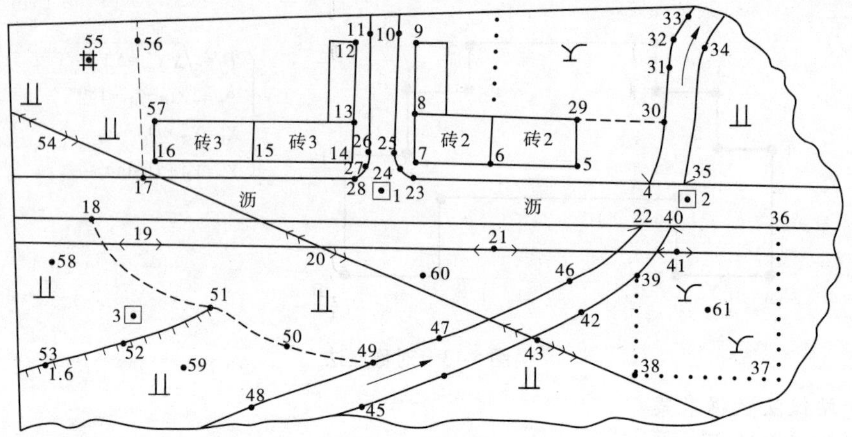

图 5-14　无码作业图

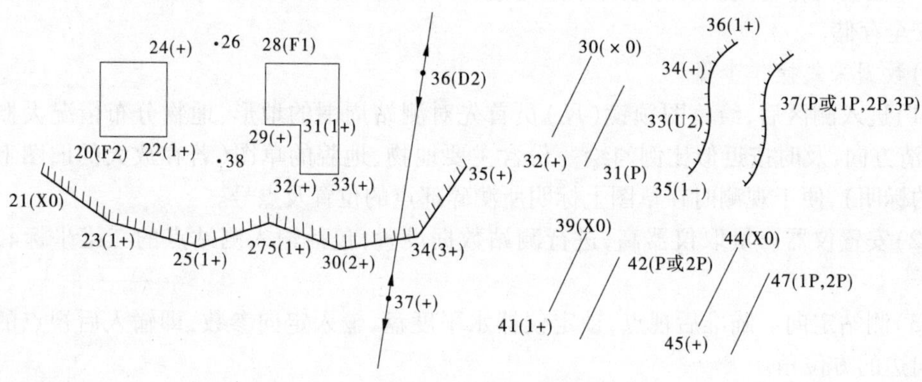

图 5-15　简码作业图

特点：不需要绘制草图，但需要及时输入地物点的属性编码和连接信息，观测较麻烦，一般适用于测区地物比较简单的情况。

简码作业要点：

(1)对于地物的第一点，操作码等于地物代码。

(2)连续观测某一地物时，操作码为“+”或“-”。

(3)交叉观测不同地物时，操作码为“$n+$”或“$n-$”。其中，n 表示该点应与以上 n 个点前面的点相连（n = 当前点号 - 连接点号 - 1，即跳点数）。还可用“+A \$”或“-A \$”标识断点，表示本点与上点或下点相连 。

(4)观测平行体时，操作码为“p”或“np”。

(5)若要对同一点赋予两类代码信息，应重测一次或重新生成一个点，分别赋予不同的代码。

在进行地貌采点时，可以用一站多镜的方法进行。一般在地性线上要有足够密度的点，特征点也要尽量测到，例如在山沟底、山坡边测点。陡坎的坎上坎下同时测点。

野外数据采集，由于测站离测点可以比较远，观测员与立镜员或领尺员之间的联系通常离不开对讲机。仪器观测员要及时将测点点号告知领图员或记录员，使草图标注的点号或记录手簿上点号与仪器观测点号一致。

单元三　野外地质数字化制图——数据传输

野外地质数字化制图的内业成图是在数据采集以后图形输出之前对采集的数据进行各种处理，得出图形数据的过程。其过程主要包括数据传输、数据预处理、数据转换、数据计算、图形生成、图形编辑与整饰、图形的信息管理与应用等方面。本节主要介绍全站仪的数据通信传输。

一、数据通信的基本概念

(一)数据通信的分类

数据通信按照数据的传输方向可分为单工通信、半双工通信与全双工通信。按照数据的传送方式分为并行通信和串行通信。

1. 并行传输

在并行传输中，至少有8个数据位同时从一个设备传到另一个设备，接收设备在收到这些数据后，不需要经过任何改变就可以直接使用。

2. 串行传输

在串行数据传输中，数据信息是按二进制位的顺序由低到高一位一位地在一条信号线上传送。计算机系统最常用的串行接口是RS－232C标准接口，如计算机主机上的COM1和COM2两个标准接口。

串行接口用于对通信速度要求不是很高的设备，如数字化仪、全站仪、GPS以及鼠标等。

(二)同步传输和异步传输

1. 同步传输

每一个数据位都是用相同的时间间隔发送，而接收时也必须以发送的相同时间间隔接收每一位信息。同步传输速度快，故而硬件较复杂。

2. 异步传输

发送任一数据串之前首先发送一位二进制数进行报警，称为起始位，起始位之值为“0”，立即发送数据串。当发送数据信息完毕后，相应地在其后加上1位或2位二进制数，用来表示数据传送结束，叫作停止位。由于GPS、全站仪传输的数据量一般不是很大，常采用串行通信中的异步传输方式。

(三)无线通信

红外线通信利用红外线来传输信号的通信方式。最长为3 m，接收角度为30°，要求通信设备的位置固定。

蓝牙通信技术是使用内制在芯片上的短程射频链接来替代电子设备上使用的电缆或连线的短距离无线数据通信技术。它能够在10 m(通过增加发射功率可达到100 m)的半径范围内实现单点对多点的无线数据和声音传输，其数据传输速率为1 MB/s。

二、全站仪的数据通信方式

(1)利用专用传输程序传输数据。

(2)利用超级终端传输数据。

(3)蓝牙无线通信技术。

(4)自编数据通信程序。

三、全站仪通信参数的设置

为了实现正常通信,全站仪与计算机两端的通信参数设置必须一致,如图 5-16 所示。

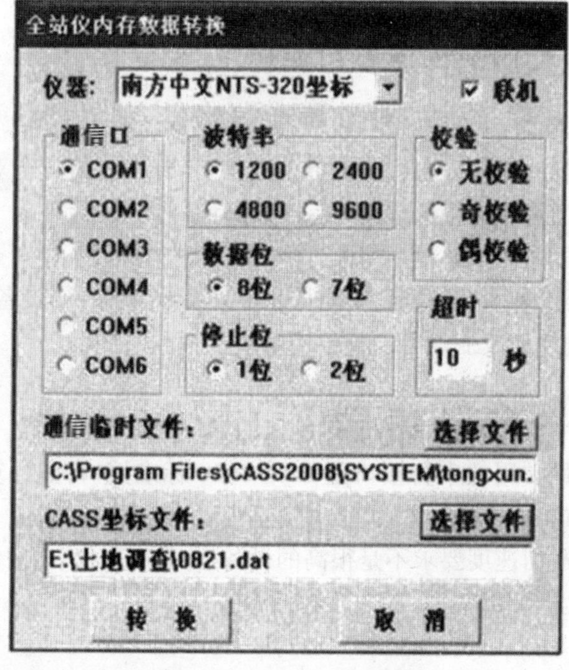

图 5-16　全站仪内存数据转换

(一)波特率

波特率表示数据传输速度的快慢,用位/秒(bit/s)表示,即每秒钟传输数据的位数。

(二)数据位

数据位是指单向传输数据的位数,数据代码通常使用 ASCII 码,一般用 7 位或 8 位。

(三)校验位

校验位,又称奇偶校验位,是指数据传输时接在每个 7 位二进制数据信息后面发送的第 8 位,即将 1 个二进制数(校验位)加到发送的二进制信息串后,让所有二进制数(包含校验位)的总和总保持是奇数或偶数,以便在接收单元检核传输的数据是否有误。

① NONE(无校验)　　② EVEN(偶校验)

③ ODD(奇校验)　　④ 停止位

在校验位之后再设置 1 位或 2 位停止位,用来表示传输字符的结束。南方 NTS－660 全站仪的标准设置值用下划线标明,见表 5-6。

表 5-6　全站仪的标准设置值

菜单	可选项目	内容
1. 波特率	1200/ 2400/ 4800/ 9600/19200/38400/57600	选择波特率
2. 校验位	无/奇/偶	选择奇偶检验位
3. 数据位	7 / 8	选择数据长度,7 位或 8 位
4. 停止位	1 / 2	选择停止位
5. 回答方式	无 / 有	设置仪器与外部设备进行数据通信时的握手协议中外部设备是否可省略去控制数据继续发送的控制字符[ACK]。 无:可省去[ACK] 有:不可省去(标准协议)

四、全站仪数据传输的基本步骤

(一)读取全站仪数据

如图 5-17 所示,进入菜单界面 2,选择“F1:存储管理”,下翻页进入存储管理界面 3,选择“F1:发送数据”,选择“F1:测量数据”,选择数据文件名,点击 F3 确认。

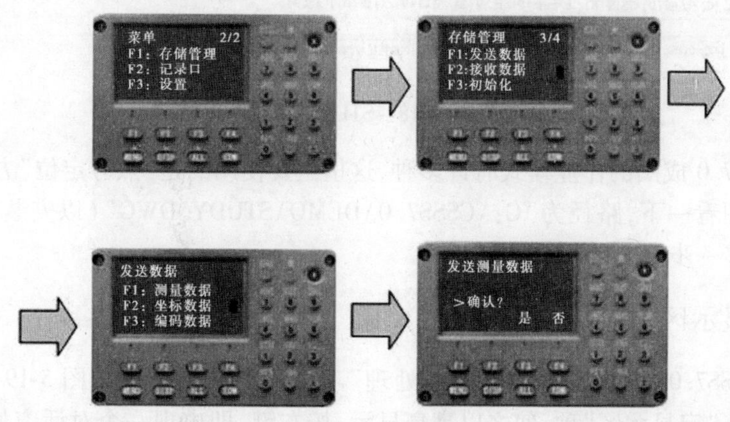

图 5-17　全站仪数据读取

(二)传输软件下载数据

设置软件通信参数与全站仪完全一致后,点击“串口”|“下载”。

(三)传输软件下载数据

点击“转换”|“下载数据转换”,选择“文件保存路径”|“数据格式类型”后,点击“转换”,完成数据传输操作。

传输后的数据文件是野外地质数字化制图软件成图时进行展点和绘图的基础,不同的

内业软件对数据文件的要求不同。例如，CASS 软件数据格式要求点号、属性、Y、X、H。CASS 软件数据格式转换最好利用 CASS 软件进行数据格式转换，如受条件限制，可利用第三方软件进行数据格式转换，再使用 Excel 进行数据格式处理。

单元四　野外地质数字化制图——数据处理

数据处理过程中还涉及数据合并、图形纠正、坐标换带、坐标转换、测站改正、批量修改外业坐标数据等内容。这一节主要讲述如何对数据进行处理生成地质地形图，如图 5-18 所示。

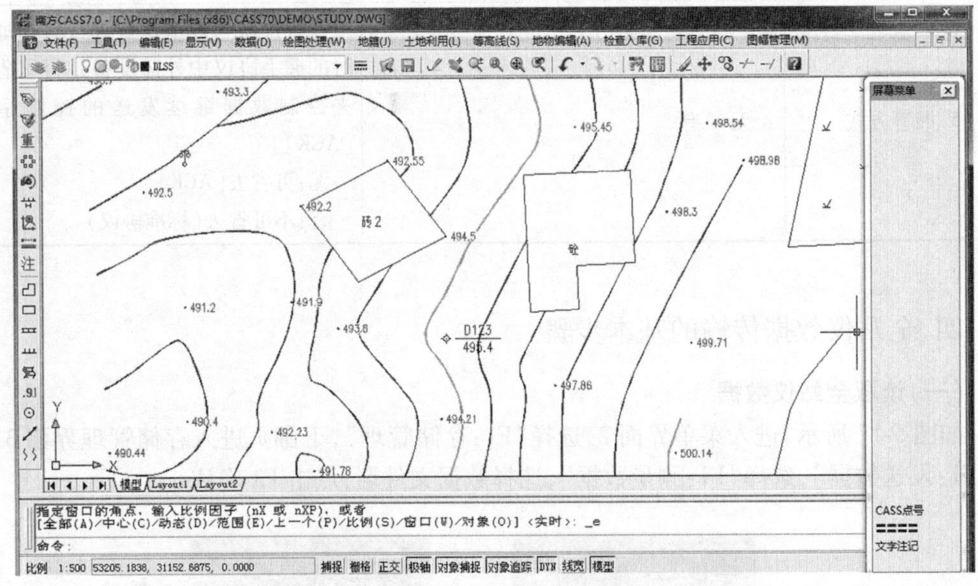

图 5-18　STUDY. DWG

用 CASS7. 0 成图的作业模式有许多种，这里主要使用的是“点号定位”方式。我们可以打开一幅例图看一下，路径为“C:\CSSS7. 0\DEMO\STUDY. DWG”(以安装在 C 盘为例)。初学者可一步一步跟着做。

一、定显示区

进入 CASS7. 0 后移动鼠标至“绘图处理”项，按左键，即出现如图 5-19 所示的下拉菜单。然后移至“定显示区”项，使之以高亮显示，按左键，即出现一个对话窗如图 5-20 所示。这时，需要输入坐标数据文件名。可参考 WINDOWS 选择打开文件的方法操作，也可直接通过键盘输入，在“文件名(N)：”(光标闪烁处)输入“C:\CASS7. 0\DEMO\STUDY. DWG”，再移动鼠标至“打开(O)”处，按左键。这时，命令区显示：

最小坐标(米)：X = 31056. 221，Y = 53097. 691

最大坐标(米)：X = 31237. 455，Y = 53286. 090

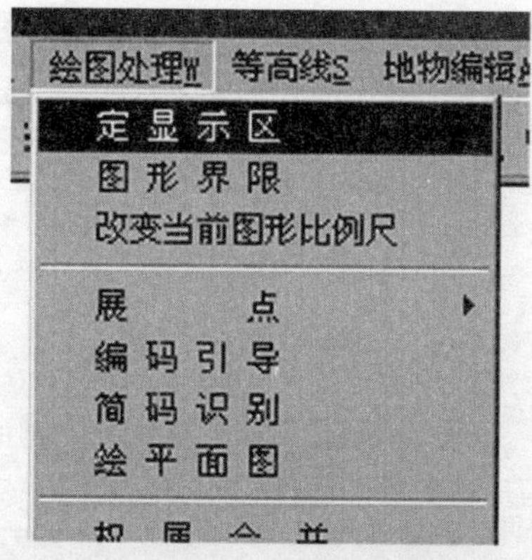

图 5-19　“定显示区”菜单

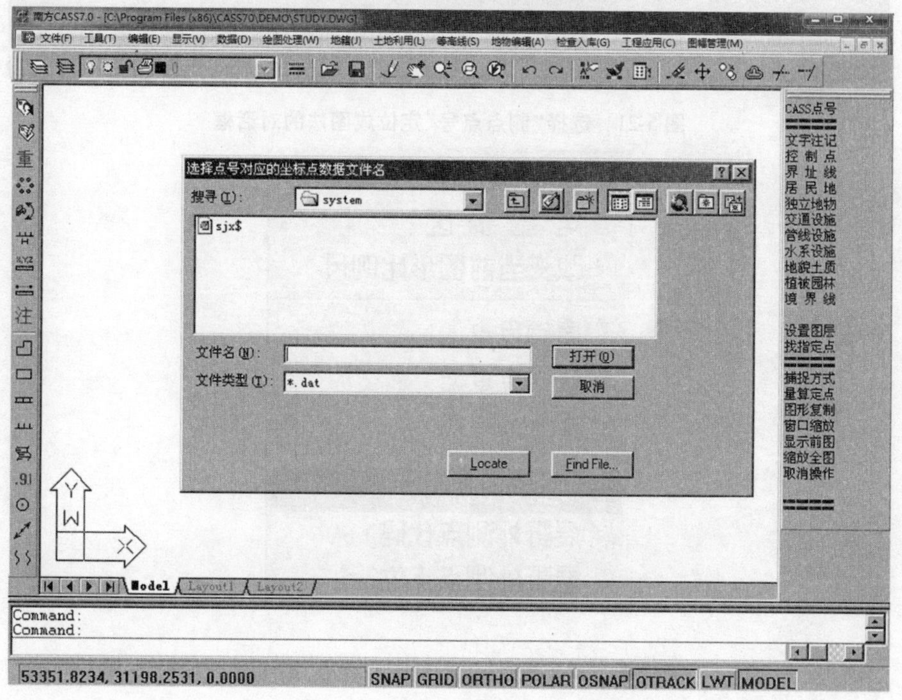

图 5-20　执行“定显示区”操作的对话框

二、选择测点点号定位成图法

移动鼠标至屏幕右侧菜单区“测点点号”项，按左键，即出现如图 5-21 所示的对话框。输入点号坐标数据文件名“C:\CASS7.0\DEMO\STUDY.DWG”后，命令区提示：

读点完成！　共读入 106 个点

三、展点

先移动鼠标至屏幕的顶部菜单“绘图处理”项按左键，这时系统弹出一个下拉菜单。再移动鼠标选择“展野外测点点号”项，如图 5-22 所示，按左键后确认。

输入对应的坐标数据文件名“C:\CASS7.0\DEMO\STUDY.DWG”后，便可在屏幕上展

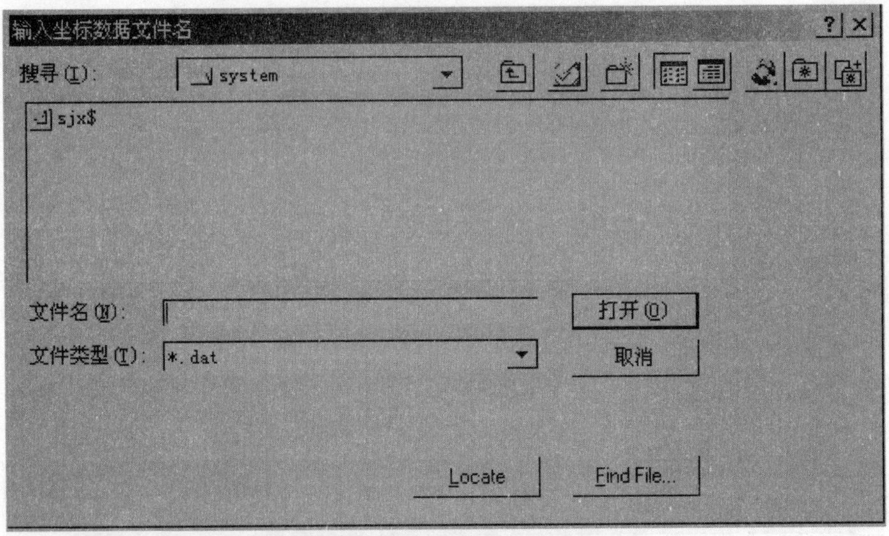

图 5-21　选择“测点点号”定位成图法的对话框

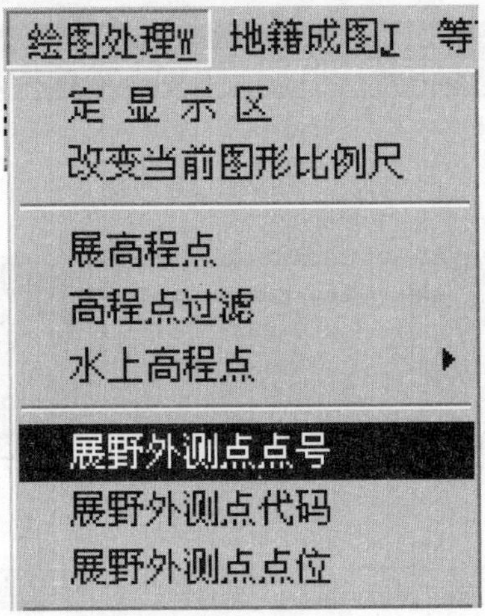

图 5-22　执行“展野外测点点号”操作

出野外测点的点号，如图 5-23 所示。

四、绘平面图

下面可以灵活使用工具栏中的缩放工具进行局部放大以方便编图（工具栏的使用方法详见《参考手册》第一章）。先把左上角放大，选择右侧屏幕菜单的“交通设施”按钮，弹出界面如图 5-24 所示。

通过“Next”按钮找到“平行的等外公路”并选中，再点击“OK”，命令区提示：

绘图比例尺 1：输入500，回车。

点 P/ <点号 >输入 92，回车。

点 P/ <点号 >输入 45，回车。

点 P/ <点号 >输入 46，回车。

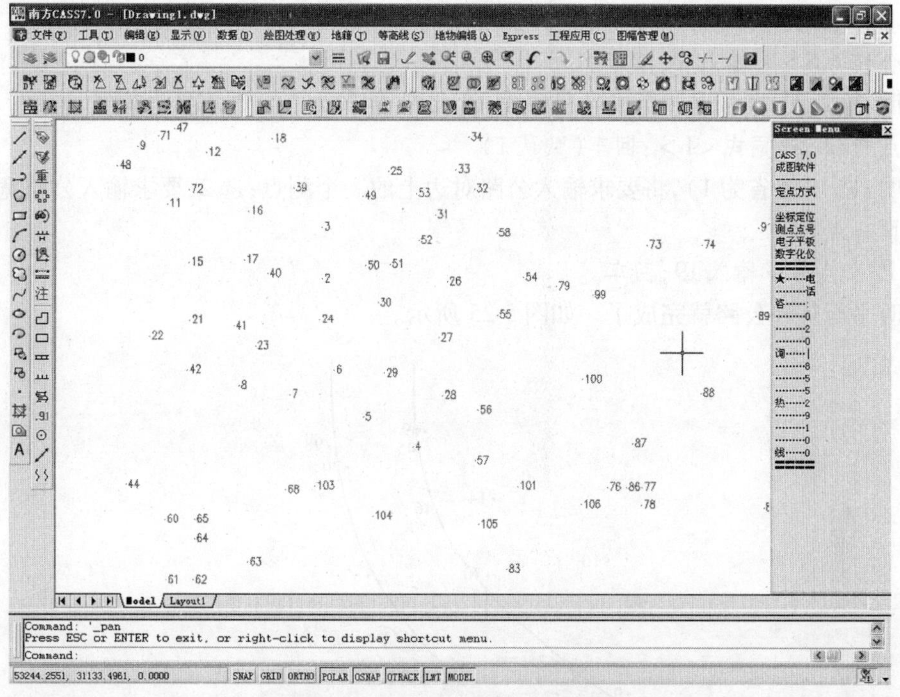

图 5-23　STUDY. DWG 展点图

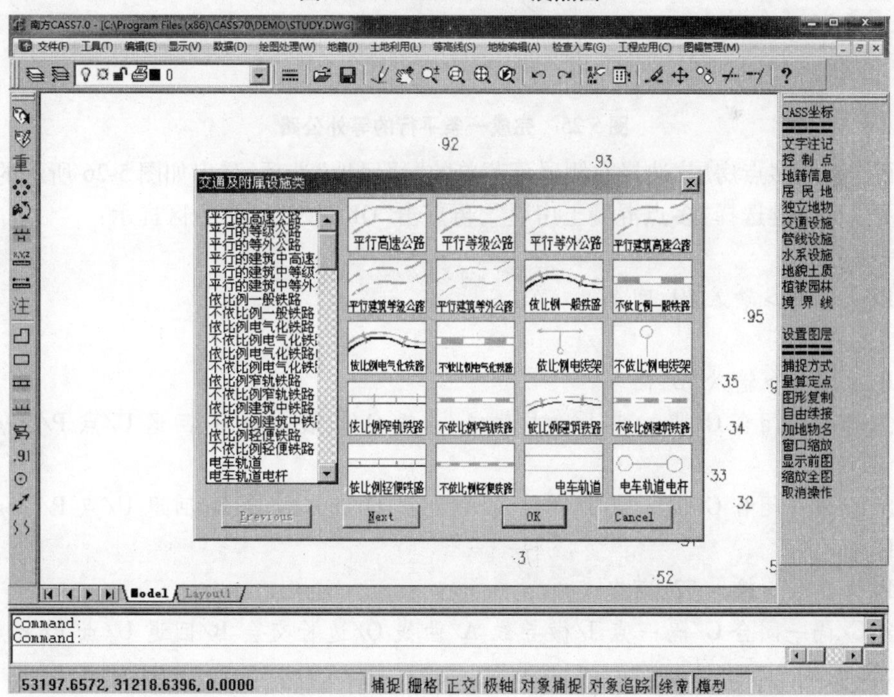

注：图中“砼”应改为“混凝土”，后同。

图 5-24　选择屏幕菜单“交通设施”

点 P/ < 点号 > 输入 13，回车。

点 P/ < 点号 > 输入 47，回车。

点 P/ < 点号 > 输入 48，回车。

点 P/ <点号>回车

拟合线<N>？输入 Y，回车。

说明：输入 Y，将该边拟合成光滑曲线；输入 N（缺省为 N），则不拟合该线。

边点式/2. 边宽式<1>：回车（默认 1）

说明：选 1（缺省为 1），将要求输入公路对边上的一个测点；选 2，要求输入公路宽度。

对面一点

点 P/ <点号>输入 19，回车。

这时平行等外公路就完成了。如图 5-25 所示。

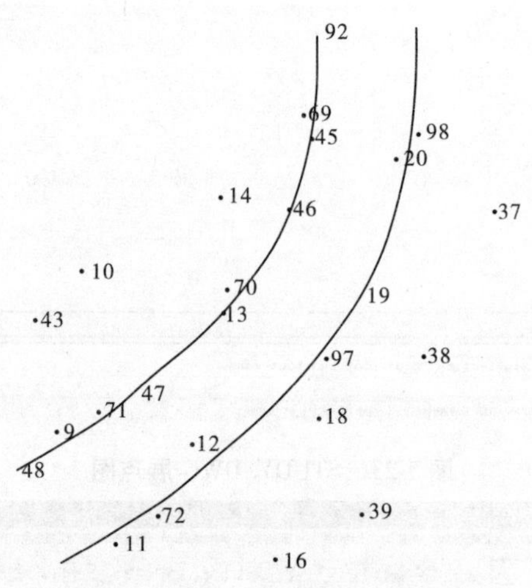

图 5-25　完成一条平行的等外公路

下面作一个多点房屋，选择右侧屏幕菜单的“居民地”选项，弹出如图 5-26 所示的界面。

先用鼠标左键选择“多点混凝土房屋”，再点击“OK”按钮。命令区提示：

第一点：

点 P/ <点号>输入 49，回车。

指定点：

点 P/ <点号>输入 50，回车。

闭合 C/隔一闭合 G/隔一点 J/微导线 A/曲线 Q/边长交会 B/回退 U/点 P/ <点号>输入 51，回车。

闭合 C/隔一闭合 G/隔一点 J/微导线 A/曲线 Q/边长交会 B/回退 U/点 P/ <点号>输入 J，回车。

点 P/ <点号>输入 52，回车。

闭合 C/隔一闭合 G/隔一点 J/微导线 A/曲线 Q/边长交会 B/回退 U/点 P/ <点号>输入 53，回车。

闭合 C/隔一闭合 G/隔一点 J/微导线 A/曲线 Q/边长交会 B/回退 U/点 P/ <点号>输入 C，回车。

输入层数：<1>回车（默认输 1 层）。

说明：选择“多点混凝土房屋”后自动读取地物编码，用户不须逐个记忆。从第三个点起弹出许多选项（具体操作见《参考手册》第一章关于屏幕菜单的介绍），这里以“隔一点”

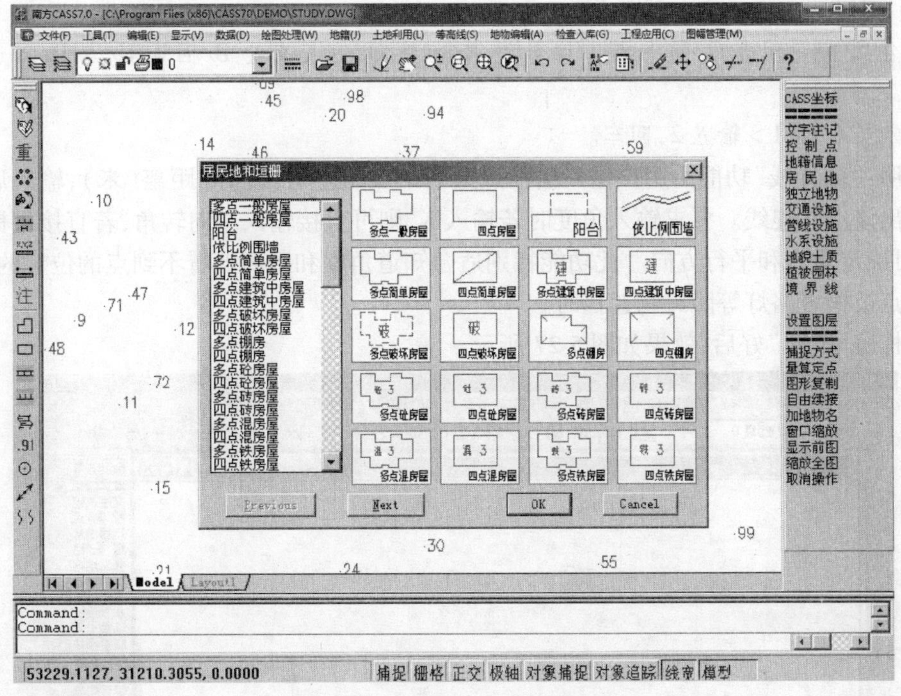

图 5-26 选择屏幕菜单“居民地”

功能为例，输入 J，输入一点后系统自动算出一点，使该点与前一点及输入点的连线构成直角。输入 C 时，表示闭合。

再作一个多点混凝土房屋，熟悉一下操作过程。命令区提示：

Command：dd

输入地物编码：<141111 >141111

第一点：点 P/ <点号>输入 60，回车。

指定点：

点 P/ <点号>输入 61，回车。

闭合 C/隔一闭合 G/隔一点 J/微导线 A/曲线 Q/边长交会 B/回退 U/点 P/ <点号>输入 62，回车。

闭合 C/隔一闭合 G/隔一点 J/微导线 A/曲线 Q/边长交会 B/回退 U/点 P/ <点号>输入 A，回车。

微导线 – 键盘输入角度(K)/ <指定方向点(只确定平行和垂直方向)>用鼠标左键在 62 点上侧一定距离处点一下。

距离 <m>：输入 4.5，回车。

闭合 C/隔一闭合 G/隔一点 J/微导线 A/曲线 Q/边长交会 B/回退 U/点 P/ <点号>输入 63，回车。

闭合 C/隔一闭合 G/隔一点 J/微导线 A/曲线 Q/边长交会 B/回退 U/点 P/ <点号>输入 J，回车。

点 P/ <点号>输入 64，回车。

闭合 C/隔一闭合 G/隔一点 J/微导线 A/曲线 Q/边长交会 B/回退 U/点 P/ <点号>

输入 65,回车。

闭合 C/隔一闭合 G/隔一点 J/微导线 A/曲线 Q/边长交会 B/回退 U/点 P/<点号>

输入 C,回车。

输入层数:<1>输入 2,回车。

说明:“微导线”功能由用户输入当前点至下一点的左角(度)和距离(米),输入后软件将计算出该点并连线。要求输入角度时若输入 K,则可直接输入左向转角,若直接用鼠标点击,只可确定垂直和平行方向。此功能特别适合知道角度和距离但看不到点的位置的情况,如房角点被树或路灯等障碍物遮挡时。

两栋房子“建”好后,效果如图 5-27 所示。

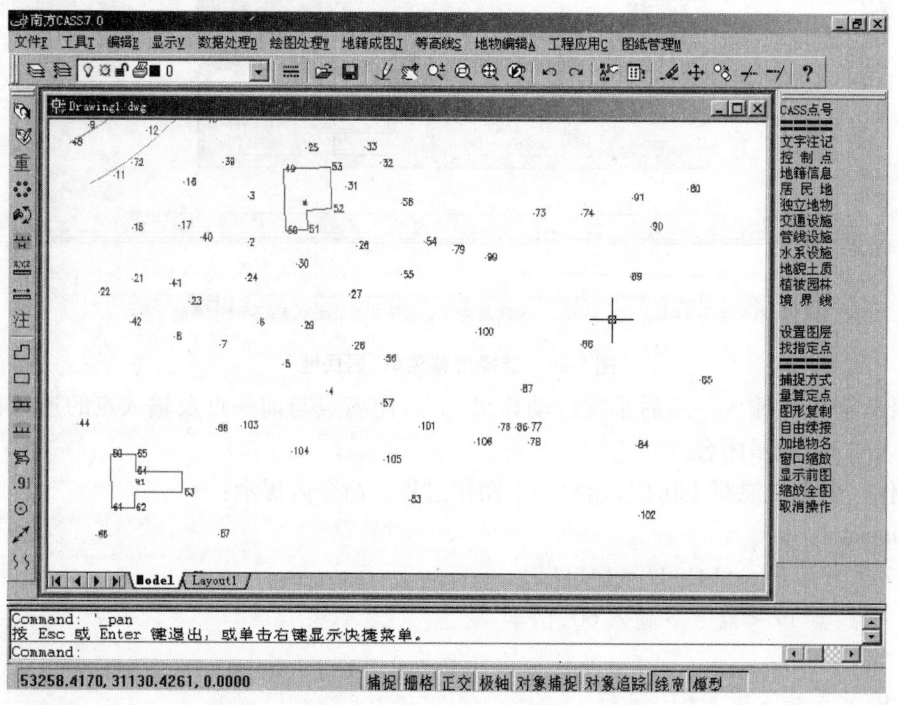

图 5-27 “建”好两栋房子

类似以上操作,分别利用右侧屏幕菜单绘制其他地物。

在“居民地”菜单中,用 3、39、16 三点完成利用三点绘制二层砖结构的四点房;用 68、67、66 绘制不拟合的依比例围墙;用 76、77、78 绘制四点棚房。

在“交通设施”菜单中,用 86、87、88、89、90、91 绘制拟合的小路;用 103、104、105、106 绘制拟合的不依比例乡村路。

在“地貌土质”菜单中,用 54、55、56、57 绘制拟合的坎高为 1 m 的陡坎;用 93、94、95、96 绘制不拟合的坎高为 1 m 的加固陡坎。

在“独立地物”菜单中,用 69、70、71、72、97、98 分别绘制路灯;用 73、74 绘制宣传橱窗;用 59 绘制不依比例肥气池。

在“水系设施”菜单中,用 79 绘制水井。

在“管线设施”菜单中,用 75、83、84、85 绘制地面上输电线。

在“植被园林”菜单中,用 99、100、101、102 分别绘制果树独立树;用 58、80、81、82 绘制菜地(第82号点之后仍要求输入点号时直接回车),要求边界不拟合,并且保留边界。

在"控制点"菜单中,用1、2、4分别生成埋石图根点,在提问"点名.等级:"时分别输入D121、D123、D135。

最后选取"编辑"|"删除"|"删除实体所在图层",鼠标符号变成了一个小方框,用左键点取任何一个点号的数字注记,所展点的注记将被删除。平面图作好后效果如图5-28所示。

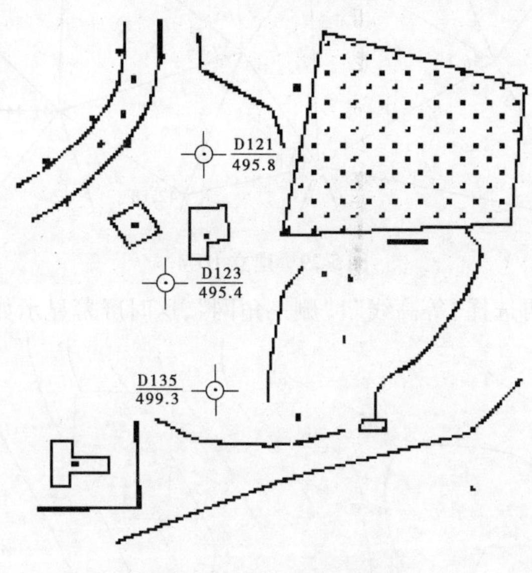

图5-28　STUDY的平面图

五、绘制等高线

展高程点。用鼠标左键点取"绘图处理"|"展高程点",将会弹出数据文件的对话框,找到"C:\CASS7.0\DEMO\STUDY.DWG",选择"OK",命令区提示:

注记高程点的距离(米):直接回车,表示不对高程点注记进行取舍,全部展出来。

建立DTM。用鼠标左键点取"等高线"|"用数据文件生成DTM",将会弹出数据文件的对话框,找到"C:\CASS7.0\DEMO\STUDY.DAT",选择"OK",命令区提示:

请选择:1. 不考虑坎高 2. 考虑坎高 <1>:回车(默认选1)。

请选择地性线:(地性线应过已测点,如不选则直接回车)

Select objects:回车(表示没有地性线)。

请选择:1. 显示建三角网结果 2. 显示建三角网过程 3. 不显示三角网 <1>:回车(默认选1)。

这样左部区域的点连接成三角网,其他点在STUDY.DAT数据文件里高程为0,故不参与建立三角网(数据文件介绍参见"三角网的编辑与使用"),如图5-29所示。

绘等高线。用鼠标左键点取"等高线"|"绘等高线",命令区提示:

最小高程为　490.400米,最大高程为　500.228米

请输入等高距<单位:米>:输入1,回车。

请选择:1. 不光滑 2. 张力样条拟合 3. 三次B样条拟合 4. SPLINE <1>:输入3,回车。

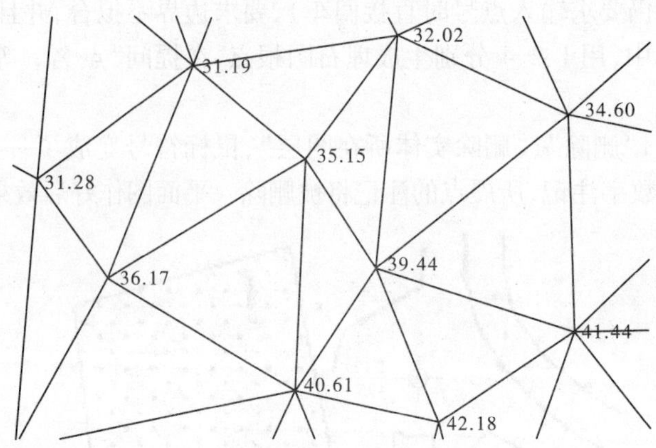

图 5-29　建立 DTM

等高线就绘好了，再选择“等高线”|“删三角网”，这时屏幕显示如图 5-30 所示。

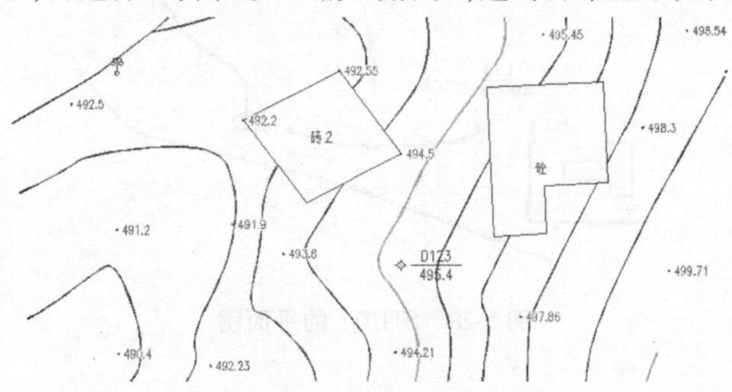

图 5-30　绘好等高线

等高线的修剪，利用“等高线”|“等高线修剪”，如图 5-31 所示。

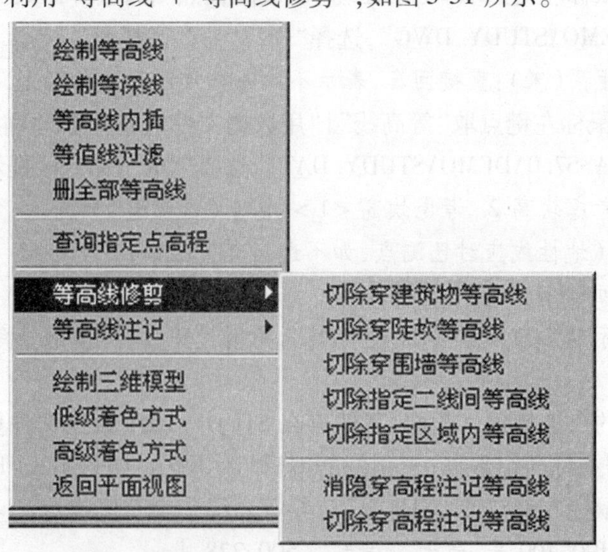

图 5-31　“等高线修剪”菜单

用鼠标左键点取“切除穿建筑物等高线”，软件将自动搜寻穿过建筑物的等高线并将其进行整饰。点取“切除指定二线间等高线”，依据提示依次用鼠标左键选取左上角的道路两边,CASS7.0 将自动切除等高线穿过道路的部分。点取“切除穿高程注记等高线”,CASS7.0 将自动搜寻,把等高线穿过注记的部分切除。

六、加注记

下面我们演示在平行等外公路上加“经纬路”三个字。用鼠标左键点取右侧屏幕菜单的“注记文字”项,弹出界面如图 5-32 所示。

图 5-32　弹出文字注记对话框

点击“注记文字”项,点取“OK”,命令区提示:

请输入图上注记大小(mm) <3.0> 回车(默认 3 mm)。

请输入注记内容:输入“经”,回车。

请输入注记位置(中心点):在平行等外公路两线之间的合适的位置点击鼠标左键。

用同样的方法在合适的位置输入“纬”“路”二字。

七、加图框

用鼠标左键点击“绘图处理”|“标准图幅(50×40)”,弹出界面如图 5-33 所示。

在“图名”栏中,输入“建设新村”;在“测量员”“绘图员”“检查员”各栏里分别输入“张三”“李四”“王五”;在“左下角坐标”的“东”“北”栏内分别输入“53073”“31050”;在“删除图框外实体”栏前打勾,并按确认,这幅图就作好了,如图 5-34 所示。

另外,可以将图框左下角的图幅信息更改为符合需要的字样,可以将图框和图章用户化,具体参见《参考手册》第六章。

八、绘图

用鼠标左键点取“文件”|“用绘图仪或打印机出图”,进行绘图,如图 5-35 所示。

图 5-33　输入图幅信息

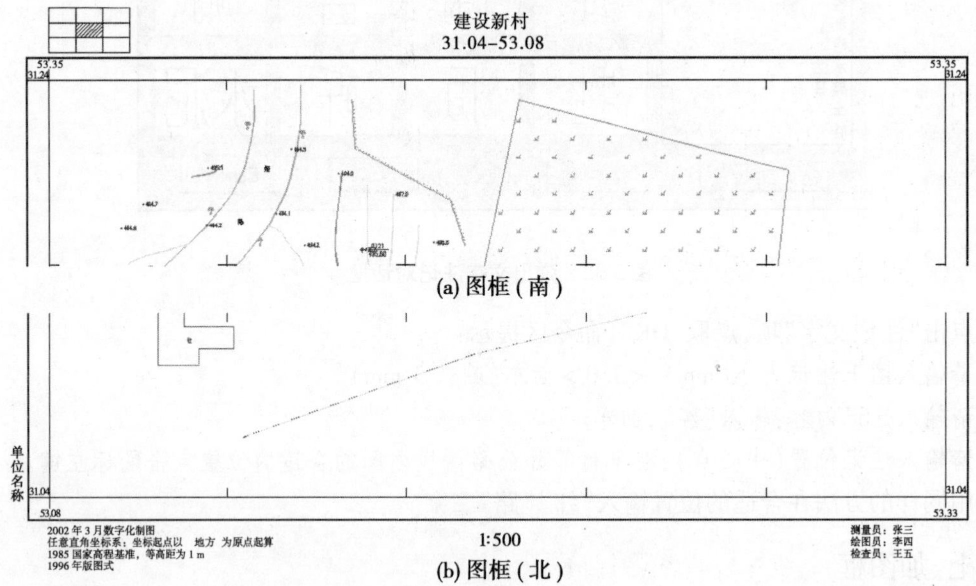

(a) 图框 (南)

(b) 图框 (北)

图 5-34　加图框

选好图纸尺寸、图纸方向之后，用鼠标左键点击“窗口”按钮，用鼠标圈定绘图范围。将“打印比例”一项选为“2∶1”(表示满足 1∶500 比例尺的打印要求)，通过“部分预览P”和“完全预览(W)”可以查看出图效果，单击“确定”按钮后即可打印。

在操作过程中要注意以下事项：

注意随时存盘(其实在操作过程中也要不断地进行存盘，以防操作不慎导致丢失)。正式工作时，最好不要把数据文件或图形保存在 CASS7.0 或其子目录下，应该创建工作目录。比如，在 C 盘根目录下创建 DATA 目录存放数据文件，在 C 盘根目录下创建 DWG 目录存放图形文件。

图 5-35　用绘图仪出图

在执行各项命令时,每一步都要注意看命令区的提示,当出现“Command:”提示时,要求输入新的命令,出现“Select objects:”提示时,要求选择对象,等等。当一个命令没执行完时最好不要执行另一个命令,若要强行终止,可按键盘左上角的“Esc”键或按“Ctrl + C”键,直到出现“Command:”提示为止。

在作图的过程中,要常常用到一些编辑功能,例如删除、移动、复制、回退等。有些命令有多种执行途径,可根据自己的喜好灵活选用快捷工具按钮、下拉菜单或在命令区输入命令。

单元五　野外地质数字化制图——成果输出

选择“文件(F)”|“绘图输出”项,进入“打印”对话框。

一、“打印设备”选项卡

(一)设置“打印机配置”

如图 5-36 所示,在“打印机配置”框中的“名称N:”一栏中选相应的打印机,然后单击“特性”按钮,进入“打印机配置编辑器”。

(1)在“端口”选项卡中选取“打印到下列端口(P)”单选按钮,并选择相应的端口,如图 5-37 所示。

(2) 打开“设备和文档设置”选项卡,如图 5-38 所示。

选择“用户定义图纸尺寸与校准”|“自定义图纸尺寸”。在下方的“自定义图纸尺寸”框中单击“添加”按钮,添加一个自定义图纸尺寸,如图 5-39 所示。

①进入“自定义图纸尺寸 - 开始”界面,点击选择“创建新图纸(S)”单选框,单击“下一步”按钮,如图 5-40 所示。

②进入“自定义图纸尺寸 - 介质边界”界面,设置单位和相应的图纸尺寸,单击“下一步”按钮。

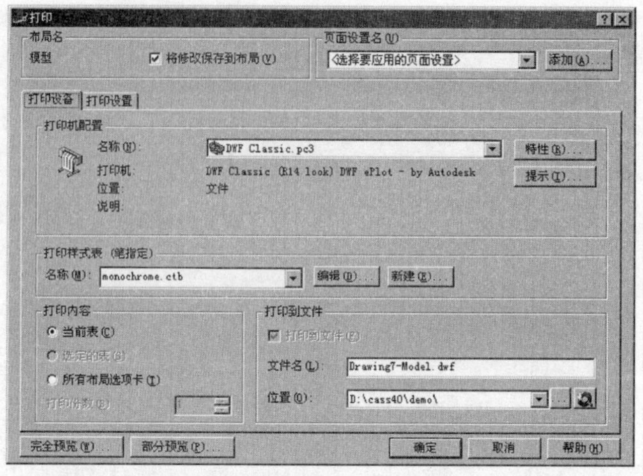

图 5-36 设置“打印机配置”

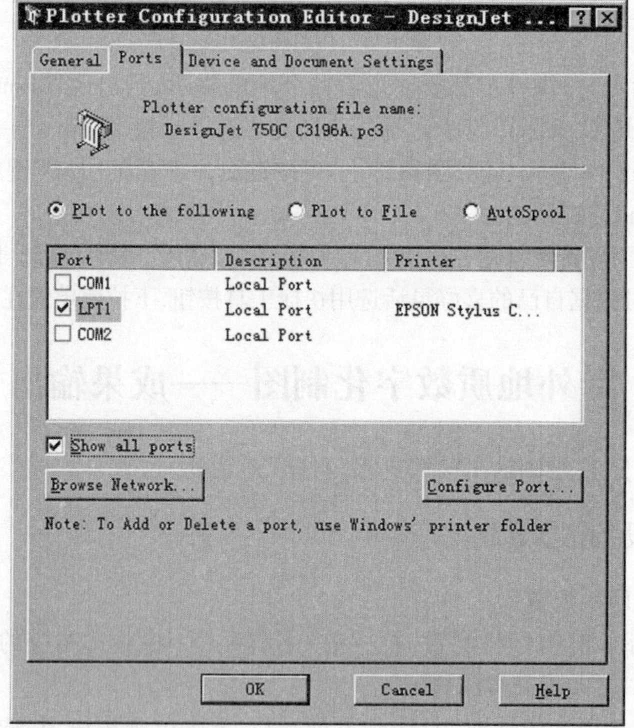

图 5-37 设置打印“端口”

③进入“自定义图纸尺寸－可打印区域”界面，设置相应的图纸边距，单击“下一步”按钮。

④进入“自定义图纸尺寸－图纸尺寸名”界面，输入一个图纸名，单击“下一步”按钮。

⑤进入“自定义图纸尺寸－完成”界面，单击“打印测试页”按钮，打印一张测试页，检查是否合格，然后单击“完成”按钮。

(3)选择“介质”分支选项下的“源和大小＜…＞”。在下方的“介质源和大小”框中的“大小(Z)”栏中选择的以定义过的图纸尺寸。

(4)选择“图形”分支选项下的“矢量图形＜…＞＜…＞”。在“分辨率和颜色深度”框

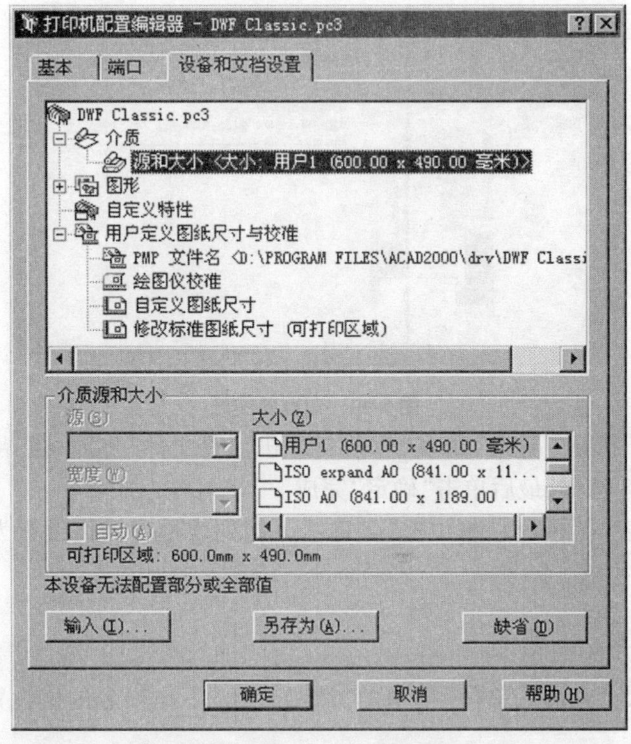

图 5-38　设置"设备和文档设置"

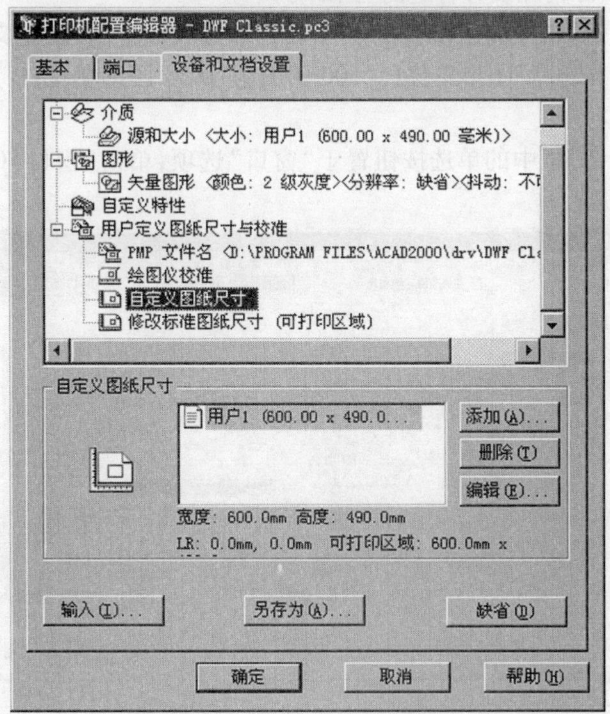

图 5-39　添加自定义图纸尺寸

中,把"颜色深度"框里的单选按钮框置为"单色(M)",然后,把下拉列表的值设置为"2 级

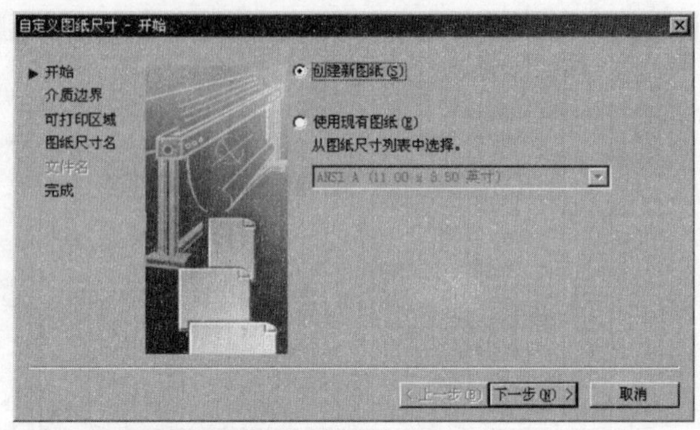

图 5-40　创建新图纸

灰度”,单击“确定”按钮。这时,出现“修改打印机配置文件”界面,在界面中选择“将修改保存到下列文件”单选框,最后单击“确定”完成。

在“打印样式表(笔指定)”框中把“名称:”下拉列表框中的值设置为“monochrom. cth”打印列表。

二、“打印设置”选项卡

(1)将“图纸尺寸和图纸单位”框中的“图纸尺寸”下拉列表的值设置为先前创建的图纸尺寸设置。

(2)根据图幅实际情况设置合适的“图纸方向”。

(3)将“打印比例”框中的“比例(S):”下拉列表选项设置为“自定义”,在“自定义:”文本框中输入“1”mm =“0. 5”图形单位(1∶500 的图为“0. 5”图形单位;1∶1 000 的图为“1”图形单位,依此类推)。

(4)将“打印设备”框中的单选按钮置于“窗口”选项,单击“窗口(O) <”按钮,并选中整幅图,如图 5-41 所示。

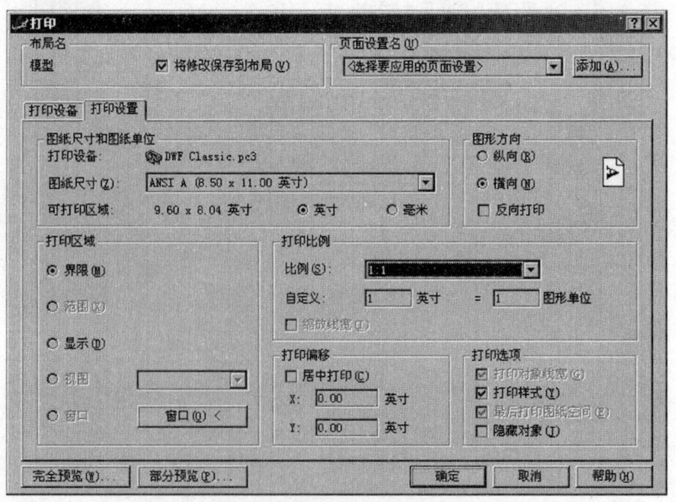

图 5-41　打印设置

(5)单击“完全预览(W)...”按钮对打印效果进行预览,单击“确定”按钮进行打印。

思考题及习题

1. 地质数字化制图系统包括哪些内容?
2. 地质数字化制图具体流程有哪些?
3. 野外地质数字化制图数据采集包含哪些内容?
4. 野外地质数字化制图如何进行数据传输?
5. 野外地质数字化制图数据处理的步骤是什么?
6. 野外地质数字化制图成果如何输出?

项目六　地质绘图数字化 MAPGIS 软件的基本操作

学习目标

掌握计算机地质绘图数据格式,理解矢量数据结构与栅格数据结构的优、缺点,熟悉计算机绘图中的坐标系,了解计算机地质绘图的基本过程。掌握 MAPGIS 系统的安装与启动。熟悉 MAPGIS 7.0 多层结构体系以及 MAPGIS 7.0 的特点。掌握 MAPGIS 软件的常用功能。

【学习导入】

在地质工作中,计算机地质绘图技术已替代传统的地质绘图技术,成为目前及今后的先进制图技术手段。计算机地质绘图实质上是将地质图转换成数字形式,用专用的软件进行处理和编辑,将其转换成计算机能存储和处理的数字图,它可以解决地质图的更新、修编问题。地质图数字化就需要大量的地质属性数据,地质属性数据主要来源于前人的资料、野外填图、钻探、物探、化探及遥感等现代化技术手段的研究结果。资料数字化已成为生产、管理、保存和社会化服务的必然。MAPGIS 是中国地质大学(武汉)开发的通用工具型地理信息系统软件。它是在地图编辑系统 MAPCAD 基础上发展起来的,可对空间数据进行采集、存储、检索、分析和图形表示的计算机系统。MAPGIS 包括了 MAPCAD 的全部基本制图功能,可以制作具有出版精度的十分复杂的地形图和地质图,同时它能对图形数据与各种专业数据进行一体化管理和空间分析查询,从而为多源地学信息的综合分析提供了一个理想的平台。MAPGIS 软件是图形矢量化及编辑软件,是一个大型工具型地理信息系统软件,可对数字、文字、地图遥感图像等多源地学数据进行有效采集、一体化管理、综合空间分析以及可视化表示。可制作具有出版精度的复杂地质图,能进行海量无缝地图数据库管理以及高效的空间分析。MAPGIS 软件常用功能体现在数据采集、数据编辑、数据存储与管理、制图输出、空间查询与空间分析和数据表达与发布六个方面。

近年来,随着微型计算机的迅速普及,计算机制图已从试验阶段进入实际应用阶段。数量众多的由微型计算机支持的制图系统相继建立,大量优秀的绘图软件得以广泛普及,并成功应用,由于在地质学领域中应用了计算机,地质学已经逐渐发展到定量阶段,利用计算机的制图功能,可以将地质成果自动、迅速、准确地用图形显示出来。用图形来表示地质研究成果是地质工作的传统和主要手段,利用计算机地质制图能减轻地质工作者的负担,让他们把更多的精力集中于地质分析和研究工作中。本项目主要内容为计算机地质绘图基础知识、MAPGIS 软件简介与安装、MAPGIS 软件常用功能介绍等。

单元一　计算机地质绘图基础知识

一、计算机地质绘图数据格式

数据结构是数据组织的形式,是适合于计算机存储、管理和处理的数据逻辑结构。目前,计算机地质绘图数据结构主要有矢量数据结构和栅格数据结构两种形式。矢量数据是基于矢量描述方法来表达和处理空间地物特征的一种数据组织方法,栅格数据是以规则的阵列来表示空间地物或现象分布的一种数据组织方法。目前这两种数据结构在计算机地质绘图中均有较广泛的应用。下面主要介绍矢量数据结构和栅格数据结构的有关概念。

(一)矢量数据结构

矢量数据结构是另一种常见的图形数据结构,它是通过记录坐标(x,y)的方式,精确定义地理实体的任意位置、长度、面积等。由于矢量数据结构直接以几何空间坐标为基础,记录取样点坐标,所以对于一个数字制图系统而言,按照这种简单的记录方式,再适当增加目标的注记名称、输出的线型和符号等,用矢量绘图仪就可以得到精美的图形。

在矢量数据结构中,通过记录空间对象的坐标及空间关系来表达空间对象的位置。

点:空间的一个坐标点(x,y);

线:多个点组成的弧段$(x_1,y_1)(x_2,y_2)\cdots(x_n,y_n)$;

面:多个弧段组成的封闭多边形,只要求首坐标与尾坐标一致。

这里,x和y可以对应于地面坐标经度和纬度,也可以对应于数字化时所建立的平面坐标x和y。

矢量数据的特点是直接以采样坐标为基础,最大限度地利用了采样点的精度。另外,矢量数据占用的存储空间一般也相对较少。

矢量数据结构的组织方法较多,常见的有实体式、索引式、双重独立式等。

在数字化制图中,矢量数据的获取一般有以下几种方式。

1. 手扶跟踪数字化

手扶跟踪数字化是利用数字化仪和相应的图形处理软件进行的,其作业的基本方法是将数字化仪与计算机正确连接,把准备数字化的工作底图放置于数字板上并固定,用手持定标设备(定标器),对地质图进行定向并确定图幅范围,然后跟踪每一个图形特征点,由数字化仪和相应数字化软件在工作底图上进行数据采集,将经过图纸定位后被数字化仪采集并由相关软件转换后的属于地质图坐标系的图形坐标数据(矢量数据)发送给计算机,经软件编辑后获得最终的矢量化数据。

2. 扫描屏幕数字化

扫描屏幕数字化也称扫描矢量化,其作业过程实质上是一个解释光栅图像并用矢量元素替代的过程。首先使用具有适当分辨率、消蓝功能和一定扫描幅面的扫描仪及相关扫描图像处理软件,把底图转化为栅格图像,生成光栅文件,光栅数据的内容被表示成黑点和白点(二值模式)或彩色点组成的一个矩阵(点阵),单个的点被排列在地形图纸的x、y方向上。点与点之间彼此没有任何逻辑上的关系,这些点以镶嵌的形式在计算机屏幕上显示。对光栅图像而言,图像的放大或缩小,会使图像信息产生失真,尤其是放大时图像目标的边

界会发生阶梯效应。因此,需要用专业扫描图像处理软件进行诸如点处理、区处理、帧处理、几何处理等,通过处理提高影像的质量;然后利用软件矢量化功能,采用交互矢量化或自动矢量化的方式,对地形图的各类图形要素进行矢量化,并对矢量化结果进行编辑整理,存储在计算机中,最终获得矢量化数据。

3. 由外业测量获得数据

可利用测量仪器自动记录测量成果(常称为电子手簿),然后转到地理数据库中。

(二)栅格数据结构

栅格数据是最简单、最直观的一种数据结构,它将地面划分为均匀的网格。栅格结构是将地理空间划分成若干行、若干列,称为一个像元陈列,其最小单元称为像元或像素。每个像元的位置由行列号确定,其属性则以代码表示。以栅格数据结构表示的地理空间关系称为图像。

在地质制图系统中,扫描图形、遥感数据、数字照相机拍摄的照片等都是栅格数据。在栅格数据结构中,点用一个像元来表示,线状地物用沿线走向的一组相邻像元来表示,面状地物或区域则用具有相同属性的相邻像元集合表示。

在数字化地质制图中,栅格数据通常可通过以下几种途径获取。

1. 格网法

在输入图上均匀地划分网格(也可将一张透明格网纸叠置于某图件上),然后逐个网格决定其属性代码,形成栅格数据文件,这类方法也称为手工栅格数据编码法。所选格网尺寸应使栅格数据能反映实体的特征。这种人工栅格数据的获取,适用于区域范围不大或栅格单元尺寸较大的情况。当区域范围较大或要求栅格单元尺寸较小时,工作量大到使人难以承受。例如,一幅 10 km×10 km 区域图要以 10 m 的间隔取数,有约 100 万个数据需读取。

2. 类型转换法

这种方法是将矢量结构数据通过适当的算法,用软件直接转成栅格数据。例如从专题图上获取的矢量数据结构的地块图,积温度或降雨量分布图,用软件方法将其转成栅格结构数据图,并对其进行叠置分析。

3. 遥感影像数据

遥感是利用航空、航天技术获取地球资源和环境信息的重要途径。由于它能周期性、动态地获取丰富的信息,并可以直接以数字方式记录和传送,因此在地质制图系统中是重要的信息来源之一。

4. 图像扫描法

扫描是一种数据转换方式,它将存储在纸张、胶片等物理介质上的信息转换成计算机文件,然后进行从光栅到矢量格式的转换、编辑、存档或进行其他操作。目前扫描仪已成为获取栅格数据的主要设备,它可以高精度、快速获取栅格数据,其数据格式已经标准化。

5. 用摄像机获取数据

用摄像机可直接获取各种景物的视频数据。当物体被摄入镜头后,摄像机输出按行扫描的视频信号,然后在场行同步信号的控制下,对视频信号作高速采样,通过 A/D 转换器转换后,形成以行为单位的数据阵列,送入计算机。从摄像机数字化输入的栅格元素数是相对固定的,例如 512×512、1 024×1 024 等。

（三）矢量数据结构与栅格数据结构的比较

从图形质量出发，最初研究和发展的是矢量数据处理技术。原因很简单，矢量数据结构是人们最熟悉的图形表达形式。但到了20世纪70年代后期，许多实际工作者都认为在许多情况下，栅格方案更有效。例如多边形周长、面积、总和、平均值的计算，从一点出发的半径等，在栅格数据中都简化为简单的计数操作。又因为栅格坐标是规则的，删除和提取数据都可按位置确定窗口来实现，比矢量数据结构方便得多。另外，相互连接的线网络和多边形网络则仍需应用矢量数据结构模式。因为矢量结构更有利于网络分析（交通运输网、给排水网等）和制图应用。但是矢量表示的多边形网络、线网络数据结构中包括了大量拓扑信息即关系数据等冗余数据，也使矢量结构的数据库容量大幅度增加。

由此可知，矢量结构和栅格结构都有各自的优点和不足，相互之间还具有互补性。两种数据结构的优、缺点如表6-1所示。

表6-1 矢量数据结构和栅格数据结构的比较

优、缺点	矢量数据结构	栅格数据结构
优点	1. 数据结构紧凑，冗余度小，数据量小； 2. 便于网络分析； 3. 图形输出质量好，精度高，且便于制图； 4. 便于面向对象的数字表示； 5. 图形和属性数据的恢复、更新和综合都能有效地实现	1. 数据结构与处理算法均较简单； 2. 各类空间分析、地理现象的模拟均较为容易； 3. 空间数据的叠置和组合容易； 4. 易与遥感数据结合； 5. 输出方法快速简便，成本低廉
缺点	1. 数据结构与处理算法均较复杂； 2. 叠置分析与栅格图像组合比较难； 3. 数学模拟比较困难； 4. 对软、硬件的技术要求较高； 5. 显示与绘图成本较高	1. 图形数据量大； 2. 图形投影转换较困难； 3. 不易表示空间的拓扑关系； 4. 图形输出的质量低，精度不够； 5. 难以建立网络连接关系

二、计算机绘图中的坐标系

（一）坐标系

坐标系包含两方面的内容：一是在把大地水准面上的测量成果换算到椭球体表面上的计算工作中，所采用的椭球的大小；二是椭球体与大地水准面的相关位置不同，对同一点的地理坐标所计算的结果将有不同的值。因此，选定了一个一定大小的椭球体，并确定了它与大地水准面的相关位置，就确定了一个坐标系。

1. 地理坐标

地球除绕太阳公转外，还绕着自己的轴线自转，地球自转轴线与地球椭球体的短轴相重合，并与地面相交于两点，这两点就是地球的两极，称为北极和南极。垂直于地轴，并通过地心的平面叫赤道平面，赤道平面与地球表面相交的大圆圈（交线）叫赤道。平行于赤道的各个圆圈叫纬圈（纬线），显然赤道是最大的一个纬圈。

通过地轴垂直于赤道面的平面叫作经面或子午面，子午面与地表相交得到的圆圈，称为

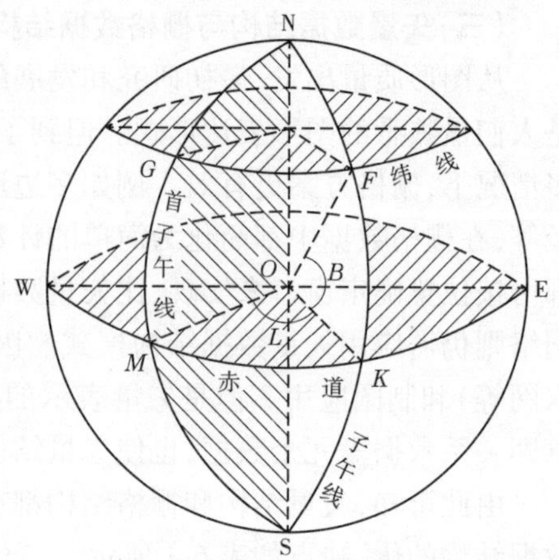

图 6-1 地球的经线和纬线

子午圈(经线),所有的子午圈长度彼此都相等,如图 6-1 所示。

(1)纬度。设椭球面上有一点 F,通过 F 点作椭球面的垂线,称之为过 F 点的法线。法线与赤道面的交角,叫作 F 点的地理纬度(简称纬度),通常以字母 B 表示。纬度从赤道起算,在赤道上纬度为 0°,纬线离赤道愈远,纬度愈大,至极点纬度为 90°。赤道以北叫北纬、以南叫南纬。

(2)经度。过 F 点的子午面与通过英国格林尼治天文台的子午面所夹的二面角,叫作 F 点的地理经度(简称经度),通常用字母 L 表示。

国际上规定通过英国格林尼治天文台的子午线为本初子午线(或叫首子午线),作为计算经度的起点,该线的经度为 0°,向东 0° ~180°叫东经,向西 0° ~180°叫西经。

(3)地面上点位的确定。地面上任一点的位置,通常用经度和纬度来确定。经线和纬线是地球表面上两组正交(相交为 90°)的曲线,这两组正交的曲线构成的坐标,称为地理坐标。例如,北京在地球上的位置可由北纬 39°56′和东经 116°24′来确定。

地球表面某两点经度值之差称为经差,某两点纬度值之差称为纬差。

2. 平面坐标

地理坐标是一种球面坐标。由于地球表面是不可展开的曲面,也就是说,曲面上的各点不能直接表示在平面上,因此必须运用地图投影的方法,建立地球表面和平面上点的函数关系,使地球表面上任一由地理坐标(B,L)确定的点,在平面上必有一个与它相对应的点。

平面上任一点的位置可以用极坐标或直角坐标表示。

(1)平面直角坐标系。在平面上选一点 O 为直角坐标原点,过该点 O 作相互垂直的两轴 $x'Ox$ 和 $y'Oy$ 而建立平面直角坐标系,如图 6-2(a)所示。

直角坐标系中,规定 Ox、Oy 方向为正值,Ox'、Oy'方向为负值,在坐标系中的一个已知点 P,它的位置可由该点对 Ox 与 Oy 轴的垂线长度唯一地确定,即 $x = AP$,$y = BP$,通常记为 $P(x,y)$。

(2)平面极坐标系。如图 6-2(b)所示,设 O'为极坐标原点,$O'O$ 为极轴,P 是坐标系中的一个点,则 $O'P$ 称为极距,用符号 ρ 表示,即 $\rho = O'P$。$\angle OO'P$ 为极角,用符号 δ 表示,则 $\angle OO'P = \delta$。极角 δ 由极轴起算,逆时针方向为正,顺时针方向为负。

极坐标与平面直角坐标之间可建立一定的关系式。由图 6-2(b)可知,直角坐标的 x 轴与极轴重合,两坐标系原点间距离 OO'用 Q 表示,则有:

$$\left.\begin{aligned} x &= Q - \rho\cos\delta \\ y &= \rho\sin\delta \end{aligned}\right\} \qquad (6\text{-}1)$$

(3)直角坐标系的平移和旋转。

①坐标系平移。如图 6-3 所示,坐标系 xOy 与坐标系 $x'O'y'$相应的坐标轴彼此平行,并且具有相同的正向。坐标系 $x'O'y'$是由坐标系 xOy 平行移动而得到的。设 P 点在坐标系 xOy 中的坐标为(x,y),在 $x'O'y'$中坐标为(x',y'),而(a,b)是 O'在坐标系 xOy 中的坐标,

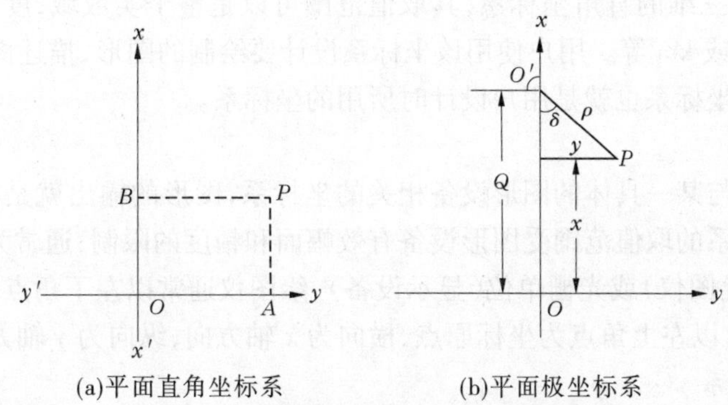

(a)平面直角坐标系 (b)平面极坐标系

图6-2 平面直角坐标系和平面极坐标系

则：

$$\left.\begin{aligned} x &= x' + a \\ y &= y' + b \end{aligned}\right\} \quad (6\text{-}2)$$

式(6-2)即一点在坐标系平移前、后之坐标关系。

②坐标系旋转。如图6-4所示，坐标系xOy与坐标系$x'O'y'$原点重合，且对应的两坐标轴夹角为θ，坐标系$x'O'y'$是由坐标系xoy以O为中心逆时针旋转θ角后得到的。

$$\left.\begin{aligned} x &= x'\cos\theta + y'\sin\theta \\ y &= y'\cos\theta - x'\sin\theta \end{aligned}\right\} \quad (6\text{-}3)$$

式(6-3)即为经过旋转θ角后的两直角坐标系中某一点坐标的关系。

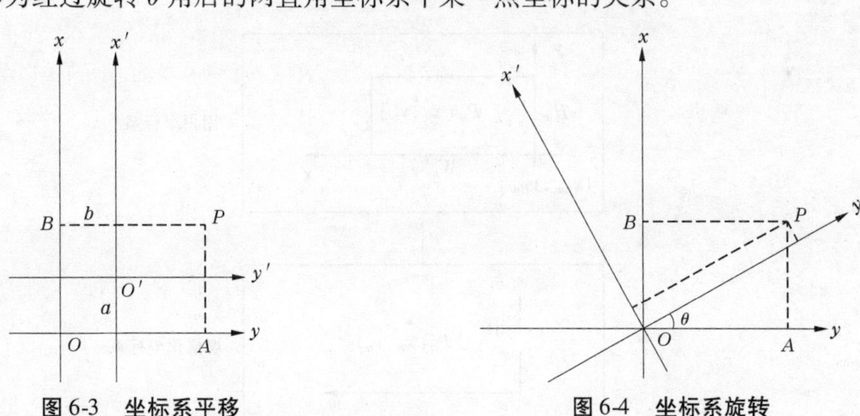

图6-3 坐标系平移

图6-4 坐标系旋转

(二)计算机绘图中的几种坐标系及其关系

在数学中有很多种坐标系，为使各种运算方便，可以使用笛卡儿坐标系、极坐标系、球坐标系等来描述任一直线或曲线。在计算机绘图中为了适应各种设备的要求，又开发了规格化坐标系和设备坐标系。

在计算机绘图中，对图形对象的描述及图形的输入、输出都是在一定的坐标系中进行的，一般常用的坐标系有用户坐标系、设备坐标系及规格化坐标系等，不同的坐标系有不同的坐标原点、坐标刻度及取值范围。

1.用户坐标系

用户坐标系也称世界坐标系，是用户处理自己的图形时所采用的原始坐标系，通常是二

维的直角坐标系或三维的直角坐标系,其取值范围可以是整个实数域,度量单位由用户确定,可以是 mm、cm 或 km 等。用户使用该坐标系设计要绘制的图形,描述图形数据,并将其送入计算机。用户坐标系也就是用户设计时所用的坐标系。

2. 设备坐标系

设备坐标系是与某一具体的图形设备相关的坐标系,图形的输出就是在这一坐标系下进行的。设备坐标系的取值范围受图形设备有效幅面和精度的限制,通常为某一实数域,其度量单位是步长(绘图仪)或光栅单位(显示设备),绘图仪通常以左下角点或中心为坐标原点,而显示设备通常以左上角点为坐标原点,横向为 x 轴方向,纵向为 y 轴方向。

3. 规格化坐标系

规格化坐标系也称为归一化坐标系,规格化坐标系是机器内部进行运算时使用的坐标系,这种坐标系与设备无关,其最大值为 1,最小值为 0,即 $x,y\in[0,1]$,其最大优点是不受图形设备有效幅面的限制,运算时仅取单位长度为有效空间,经转换可适用于任何图形设备,从而保证了图形系统的独立性。

4. 三种坐标系间的相互关系

三种坐标系之间存在着一定的转换关系。当用户以用户坐标系下的一点 $P_w(x_w,y_w)$ 输入到计算机图形系统后,图形系统将 P_w 转化为规格化坐标 $P_n(x_n,y_n)$。当图形系统要显示或绘出这一点时,它又根据不同的设备转化为不同的设备坐标 $P_e(x_e,y_e)$,然后输出到输出设备的有效幅面上。任何一点从输入到输出都要经历这样一个过程。

图 6-5 表示了几种坐标系之间的关系。

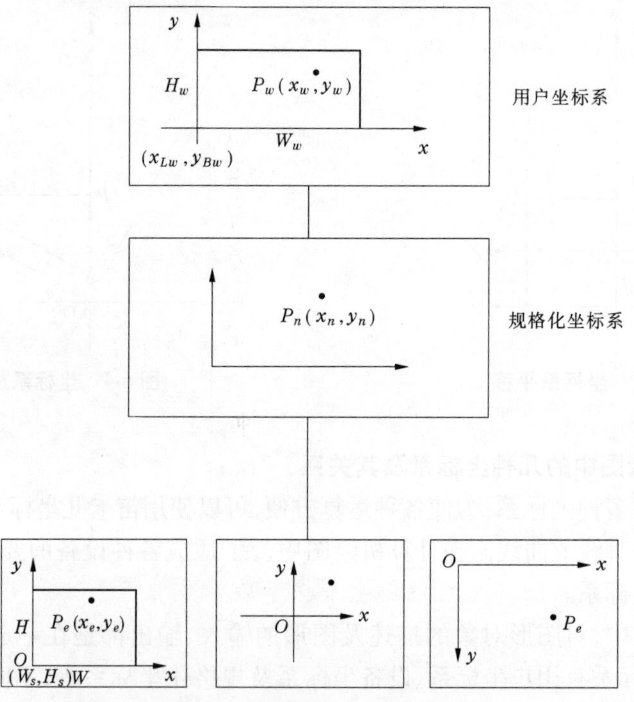

图 6-5 几种坐标系之间的关系

如图 6-5 所示,用户坐标系中的一点 $P_w(x_w,y_w)$ 到规格化坐标系中一点 $P_n(x_n,y_n)$ 的转

换表达式为

$$\left.\begin{aligned} x_n &= (x_w - x_{Lw})/W_w \\ y_w &= (y_w - y_{Bw})H_w \end{aligned}\right\} \tag{6-4}$$

而由 $P_n(x_n, y_n)$ 变到具体某一设备坐标系中的一点 $P_e(x_e, y_e)$，则由设备坐标系的类型而定，对第一类而言，转换表达式为

$$\left.\begin{aligned} x_e &= x_e W + W_s \\ y_e &= y_e H + H_s \end{aligned}\right\} \tag{6-5}$$

三、计算机地质绘图的基本过程

计算机地质制图，其过程与使用的硬件和软件、数据源，以及图形输出的目的、要求有关。但不论制作什么类型的地质图，只要是使用计算机进行地质制图，就必然包括数据准备、数据处理和图形输出与保存三个基本阶段。

（一）数据准备阶段

这一阶段与常规的手工地质制图有相似之处。如根据编图要求收集和分析整理野外、井下资料，规定投影方式和比例尺，确定图形内容和表示方法等。此外，由于机助制图本身的特点而有一系列特殊要求，如确定原图资料的数字化方法，进行数字化前的准备工作，包括将原图资料复制在变形小的材料上制成数字化底图、标绘数字化的内容、确定数字化的控制点、设计图形内容的数字编码系统、研究数据处理和图形绘制的程序设计和自动绘图工艺等。

图形数字化，是实现从图形或图像到数字的转化过程。图形数字化的目的是提供便于计算机存储、识别和处理的数据文件。其数据的表示方式有用跟踪数字化方法所采集的矢量方式和用扫描数字化方法采集的栅格方式两种。

在对图形内容各要素进行数字化的同时，为便于计算机识别、检索、处理，必须对不同要素的符号加以编码。因此，在数字化前，必须首先根据原图内容建立不同制图目标的特征编码表。通常地物特征码同地物的平面直角坐标一起存储。

由于计算机自动制图系统的功能和编图资料的差异，编辑准备工作也不尽一致。

（二）数据处理阶段

此阶段是指从获取图形数据之后到图形输出之前的阶段，即将数字文件变成绘图文件的整个加工过程。

机助制图数据的处理内容和处理方法，因制图种类、要求和数据的组织形式、设备特性及使用软件等不同而不同。

数据处理的主要内容包括对数据的预处理（对数字化后的数据进行检查、纠正，统一坐标原点，进行比例尺转换、不同资料的归类合并等，使其规格化，并重新生成“净化”文件）和为了实现图形输出而进行的计算机处理（包括图形数学基础的建立、不同投影转换、数据的选取和概括、各种符号的绘制、注记等）两个方面。

（三）图形输出与保存阶段

此阶段是指将计算机处理后的数据转换成图形形式的过程。图形的输出方式，可以根据数据的不同来源、格式，不同的图形特点和使用要求，分别采用矢量绘图机绘图、栅格绘图机绘图、高分辨率的大屏幕显示或照相复制、计算机输出缩微胶片等形式，最后将图形以文

件方式存盘。

单元二　MAPGIS 软件简介与安装

一、MAPGIS 软件简介

MAPGIS 是中国地质大学信息工程学院武汉中地信息工程有限公司自行研制开发的地理信息系统,是国产优秀的桌面 GIS 软件,是地理信息系统的成功典范,它属于矢量数据结构 GIS 平台。

MAPGIS 地理信息系统适用于地质、测绘、矿产、地理、水利、石油、煤炭、铁道、交通、城建、规划及土地管理专业。MAPGIS 是完全自主开发并运行在 PC－486 以上微机平台,这套系统的推广使用,使更多的用户能够使用地理信息系统。

随着人们对空间信息认识的逐步深入,以及相关需求的迅速增长,GIS 的应用不论是在深度上还是广度上都以迅猛的势头发展。与此同时,GIS 技术的研究和开发也有了长足的进步。但是,当前的 GIS 软件与日益提高的社会需求相比,还存在着明显的差距。在数据组织与处理模式方面,仍然沿袭地图处理模式,而不是面向真实的地理实体;不同尺度不同来源的空间对象之间缺乏互动关系;对三维空间数据和时序数据还缺乏有效的处理手段;在网络和分布式系统组成方面,还没有实现真正意义上的 RPC 和“对等”的工作模式;GIS 功能共享和互操作问题尚未解决,以系统为中心的问题没有得到根本的克服。

针对当前 GIS 软件的局限,武汉中地公司经过多年研究,在原有版本的基础上,致力于开发“第四代 GIS 技术”为特征的新一代超大型 GIS 基础软件平台。其设计面向“纵向多层、横向网格”的分布式体系,“面向服务”的最新思想,适应广域网络环境下空间数据的分布式计算,达到海量 TB 级空间数据的管理,支持 Unix/Linux 大型服务器,以满足国家空间基础设施建设的需要。

MAPGIS 7.0 是武汉中地数码科技有限公司开发的新一代面向网络超大型分布式地理信息系统基础软件平台。系统采用面向服务的设计思想、多层体系结构,实现了面向空间实体及其关系的数据组织、高效海量空间数据的存储与索引、大尺度多维动态空间信息数据库、三维实体建模和分析,具有 TB 级空间数据处理能力、可以支持局域和广域网络环境下空间数据的分布式计算、支持分布式空间信息分发与共享、网络化空间信息服务,能够支持海量、分布式的国家空间基础设施建设。

二、MAPGIS 系统的安装与启动

MAPGIS 硬件环境:PC－486(推荐奔腾Ⅲ)以上微机,内存 8 MB(推荐 512 MB)以上,硬盘 420 MB(推荐 40 GB)以上,1 024×768×256 色的彩显设备。

MAPGIS 软件环境:中文 Windows95、Windows98、Windows2000 以及 NT4.0、Windows XP(推荐)。

MAPGIS 目前最高版本是 7.0,包括加速卡或软件狗一块、系统光盘一张、使用手册一本。

首先将加速卡安装到计算机的空闲的 ISA 扩展槽中或将软件狗插到打印口上,将其固

定好。开机进入 Windows 后,找到 MAPGIS 软件所在的目录,执行安装程序 SETUP. EXE,按照屏幕上的提示进行安装。注意:MAPGIS 的安全关键字是 060087483128,一般选择典型安装即可,这样可把全部内容安装到计算机上。桌面上会自动建立一个"MAPGIS 主菜单"的图标,在该图标上双击鼠标左键即可进入 MAPGIS 主菜单,然后运行各子系统。亦可从开始菜单进入程序,找到 MAPGIS 直接运行各子系统。

在运行各子系统前,最好先进行系统设置,即设置好工作目录、矢量字库目录、系统库目录和系统临时目录。

三、MAPGIS 7.0 的系统架构

新一代 MAPGIS 总体架构按照分布式多层体系结构的思想建立,分为表示层、Web 服务层、应用逻辑层和数据服务层,如图 6-6 所示。

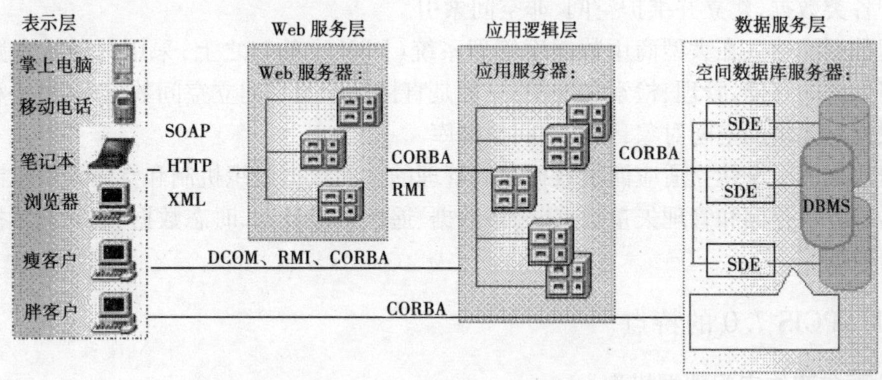

图 6-6　MAPGIS 7.0 多层结构体系

多层结构提供了灵活的系统伸缩性,在数据服务层、Web 服务层、应用逻辑层以及表示层之间建立符合国际标准的访问接口,在实际应用部署时,可根据需求扩展系统的某个层面。Web 服务器可以调用多个应用服务器提供的功能;应用服务器可以是针对某个专题的专用服务器,也可以是针对主题或领域的集成服务器;应用服务器与不同的专题数据库服务器连接,根据应用逻辑获取、更新专题数据库中的数据,并完成相应的功能。

(一)表示层

表示层直接面向客户,提供空间数据表示和信息可视化功能,运行于 Windows 系列操作系统。客户端可以通过 SOAP、HTTP、XML、HTML 等协议与 Web 服务层建立连接,发送请求,接收后者提供的 Web 服务,这种模式下,系统是一种多层的结构体系。客户端还可以通过 DCOM、RMI、CORBA 等协议或规范连接到应用逻辑层,通过远程过程调用(RPC)使用应用逻辑层上的远程服务,应用逻辑层再与数据服务层连接,获取或更新数据库中的数据,构成三层结构。

(二)Web 服务层

Web 服务层提供空间信息 Web Services,基于 . NET 或 J2EE 构架,在 Internet 网络上实现空间信息服务的远程过程调用(RPC)以及空间信息共享和发布。系统采用分布式组件技术和高效空间数据压缩还原技术解决服务器负载均衡并减少信息传输量,支持构建 B/S 业务应用和大用户量并发访问。系统同时支持栅格和矢量的信息发布模式,适应不同的应用

需求。

Web 服务层采用 ASP、PHP 或 WSDL 提供 Web 服务接口。提供空间元数据发布、空间数据获取、空间分析、空间定位(如手机定位服务、最短路径、最佳路径等)等方面的 Web 服务功能。

（三）应用逻辑层

应用逻辑层包括数据驱动层、数据管理层、核心功能层、概念层、接口层等二级层次。应用逻辑层主要实现四个方面的功能:①提供空间数据的管理与一致性维护;②实现多源数据集成;③建立不同类型数据之间的关联关系,如空间元数据和空间数据之间的关系;④提供各种分析处理功能。

（四）数据服务层

数据服务层由空间数据库引擎和大型商用数据库构成,用于建立空间数据库,存储、管理和维护各类数据,建立并维护空间、非空间索引。

空间数据库建立在大型商用数据库管理系统(DBMS)基础之上,采用两种技术路线实现对空间数据的存储、管理、检索和维护:一种是直接基于关系建立空间数据库;另一种是利用某些数据库提供的空间对象,建立空间数据库。

空间数据库引擎建立适应海量数据存储管理的空间数据组织机制和空间索引机制。

数据服务层存储和管理矢量数据、栅格数据、遥感影像数据、时态数据、空间元数据等类型的空间数据。

四、MAPGIS 7.0 的特点

（一）面向实体空间数据模型

数据模型是数据集的模式、行为和完整性规则。空间数据模型经过粗略的划分可划分为两个层次:第一层是空间数据抽象模型或者空间数据概念模型,其目的在于提取地理世界的主要特征,不考虑在计算机中的具体实现;第二层是空间数据组织模型,是空间数据概念模型在计算机中的具体实现。

MAPGIS 7.0 改变以往按照“点、线、区、表、网”来划分和组织图形及要素,采用面向地理实体空间数据模型。通过描述实体的特性和实体间的关系,建立观察范围内的地理世界的视图,模拟人类理解地理世界的语义环境。通过地理数据库、数据集、类、几何元素、几何实体、坐标点不同层次表示实体及其关系。既便于地理世界物体的表达,也便于空间数据制图、分析及可视化。

（二）地理数据库存储

MAPGIS 7.0 改变以往按照“点、线、区、表、网”文件的存储方式,统一采用地理数据库存储和管理空间数据。地理数据库采取基于文件和基于商业数据库两种存储策略。应用规模小的用户可选择基于文件的存储策略,以节省昂贵的商业数据库费用;大型、超大型应用可选择基于商业数据库的存储策略。这两种存储策略支持相同的空间数据模型,具有共同的平台,因此在文件和数据库之间能够实现无损的平滑的数据迁移;上层软件不需要因为数据迁移而改变。这样给用户提供了多种最佳的性价比和最大的投资收益率选择方案。

（三）层次化空间数据组织

MAPGIS 7.0 按照“地理数据库—数据集—类”这几个层次组织数据,以满足不同应用领域对不同专题数据的组织和管理需要。

1. 地理数据库

地理数据库是面向实体空间数据模型的全局视图,完整地、一致地表达了被描述区域的地理模型。一个地理数据库包括 1 个全局的空间参照系、1 个域集、1 个规则集、多个数据集、多数据包和各种对象类。

2. 数据集

数据集是地理数据库中若干不同对象类的集合,通过命名数据集提供了一种数据分类视图,便于数据组织、管理和授权。根据不同的用途,数据集分为要素数据集、栅格目录、栅格数据集、TIN 数据集、地图数据集。

3. 类

地理数据库中最基础的数据组织形式是类,包括要素类、对象类、关系类、注记类、修饰类、动态类、几何网络和视图。从用户的观点看,类是可命名的对象集合,具有内在的完整性和一致性,以目录项为表现形式。

(四)面向“服务”分布式空间数据管理

MAPGIS 7.0 的分布式数据管理体系是采取跨平台的“纵向多级、横向网格” 的组网方案,在级与级之间,节点与节点之间的连接是采用一种“松耦合”方式。分布式数据的存取操作采取面向“服务”方式进行,就是把“进行数据存取操作”变为“请求数据存取服务”,谁管数据谁提供服务,从而解决网格节点之间、负节点与子节点之间、不同平台不同系统之间数据不通的问题。

由于采用面向“服务”设计思想和面向“地理实体”的数据模型相结合,克服了传统分布式数据库面向“记录”的增量式订阅和发布只能用于“同构数据库”的缺点,可实现不同操作系统、不同数据库平台、不同数据大小而产生的“异构数据库”增量更新与同步。通过分布式空间数据管理、版本管理、时空数据管理,可以进行长事务处理、历史数据追踪、多用户编辑等。

(五)空间数据可视一体化

提供一种交互式视角展现地理信息。

1. 数据组织可视化

MAPGIS 7.0 改变以往数据文件组织不可见的缺陷,通过企业管理器以图示化的方式使用户能直观的阅读、了解空间数据集和要素类的信息,以多种连接方式管理本地、企业局域网内以及远程数据库服务器,并通过不同窗口显示空间数据。企业管理器窗口主要包括目录树、内容视窗、关系视窗、安全视窗、日志视窗、地图显示视图、文档管理视图、符号化管理视图,如图 6-7 所示。

2. 不同坐标参照一体化

系统采用动态投影方式,支持不同空间参照系的数据在同一数据集中应用,通过设置空间参照系,可以使不同空间参照(不同坐标系)存储的数据显示在同一参照系视图中,可支持不同空间参照系之间的查询、浏览、分析、输出等操作。

3. 不同格式数据可视一体化

在地图编辑器中可以实现数字高程模型、遥感影像与专题地图的叠加显示,即实现“三库”(高程库、影像库和矢量库合一)统一显示;多种要素的空间立体叠置显示,以展示各层

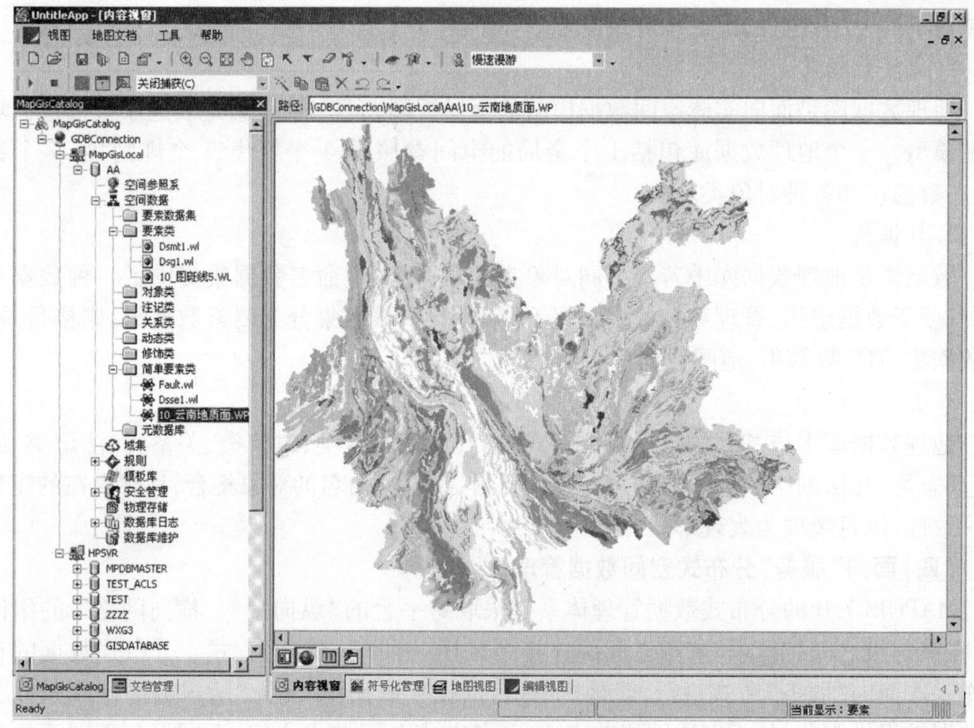

图 6-7　MAPGIS 7.0 企业管理器

要素在空间位置上的变化情况。

(六)软件系统集成化

1. 功能模块集成

改变功能模块自成子系统，模块间相互独立，不能共享数据和操作的弊端，MAPGIS 7.0 设计了一个全新的应用开发框架模型，采用当前非常流行的平台 + 插件组成框架，可实现动态挂接符合 MAPGIS 7.0 接口标准的功能模块。

各个模块功能作为插件，生成自己的菜单、工具条等。用户通过配置工具，选择加载所需插件，添加或删除菜单、工具条和自定义工具，生成满足个人需要的应用框架。如图 6-8、图 6-9 所示。

这种全新开发框架模型无须模块切换，具有很大程度的灵活性，用户可自定义界面，自定义窗口、菜单、工具条等界面元素。同时具有很好的可扩展性，用户开发和自定义的工具也可作为插件插入系统中，成为系统的有机组成部分。这样用户完全可以根据自己的不同需求和使用习惯定制不同的应用环境，使得整个系统的操作更专业、更高效、更符合使用习惯。

2. 文档管理集成

改变工程文件概念，通过“文档—地图—图层”来组织空间数据。地图文档是地图的一种数据的综合表现和管理形式，存储了组成地图的各种制图元素，包括标题、指北针、图例、比例尺、布局、数据窗体、图层等，但图层只是作为地理数据的一种引用，指向位于本地或者网络数据库中的地理数据集，并不存储地理数据。通过文档树、文档视图和地图视图进行显示和管理。

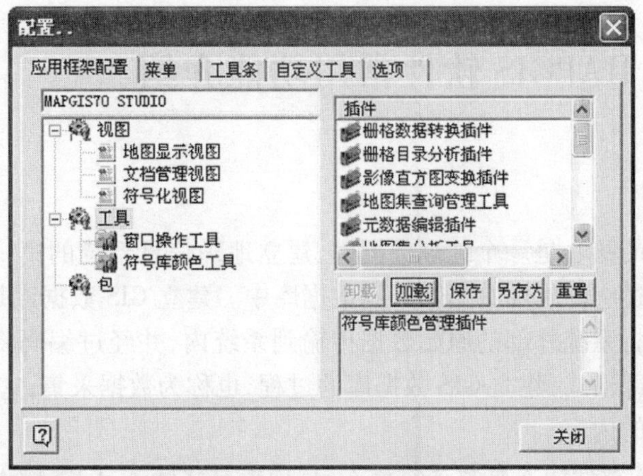

图 6-8　配置应用框架

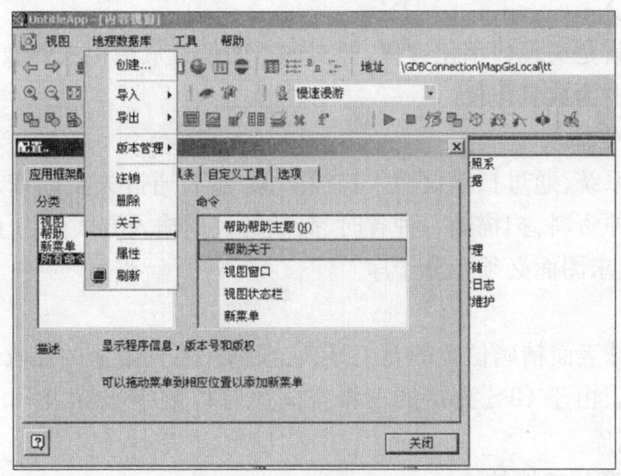

图 6-9　移动工具

3. 数据操作集成

改变以往功能分散，模块独立的方式，通过地图编辑器进行图形制作、编辑、输出等操作。通过综合分析器对地理数据的属性结构和属性进行编辑、查询、修改等操作。通过拓扑编辑将地理要素间的空间拓扑关系加进数据结构之中，从而对地理的空间相关分析、地图数据采集和编辑等带来极大的方便。

4. GSQL 查询分析器

通过 GSQL 查询分析器实现数据提取、分析等语句编程操作。

（七）二次开发组件化

MAPGIS 7.0 采用了全组件化的开发形式，由于结合 MAPGIS 本身的特性，给 MAPGIS 带来使用组件的传统优势以外，同时使系统的二次开发发生了很大的变化。MAPGIS 7.0 定义了丰富的 GIS 的功能组件接口标准，采用标准的 COM 接口，具有与开发工具和语言无关的特点。用户在 MAPGIS 7.0 上进行二次开发时，可以使用各种开发语言（VB、Dephi、VC 等），甚至在一个系统中不同的功能插件采用不同的语言开发。系统设计了一个全新的应用开发框架模型，在系统框架中通过简单的定制将它们整合成一个有机的整体。

单元三 MAPGIS 软件常用功能介绍

一、数据采集

地理信息系统的核心是一个地理数据库，建立地理信息系统的第一步就是将地面上的实体图形数据和描述它的属性数据输入到数据库中。建立 GIS 数据库是一项重要且复杂的任务。数据输入是将系统外部的原始数据传输到系统内，并经过编码将其由外部格式转换为计算机可读的内部格式，建立 GIS 数据库的过程，也称为数据采集，它包括数字化、规范化和数据编码三方面的内容。

MAPGIS 提供的数据输入有数字化输入、扫描矢量化输入、GPS 输入和其他数据源的直接转换。

（一）数字化输入

数字化输入也就是实现数字化过程，即实现空间信息从模拟式到数字式的转换，一般数字化输入常用的仪器为数字化仪。

（二）扫描矢量化输入

扫描矢量化子系统，通过扫描仪输入扫描图像，然后通过矢量追踪，确定实体的空间位置。对于高质量的原资料，扫描是一种省时、高效的数据输入方式。为了防止因原图上污渍引起的错误，常常要求图面必须十分干净。

（三）GPS 输入

GPS 是确定地球表面精确位置的新工具，它根据一系列卫星的接收信号，快速地计算地球表面特征的位置。由于 GPS 测定的三维空间位置以数字坐标表示，因此不需作任何转换，可直接输入数据库。

（四）其他数据源的直接转换

MAPGIS 升级子系统可接收低版本数据，实现各版本数据的相互转换，即数据可升可降，供 MAPGIS 使用。MAPGIS 还可以接收 AutoCAD、ARC/INFO、MAPINFO 等软件的公开格式文件。同时提供了外业测量数据直接成图功能，从而实现了数据采集、录入、成图一体化，大大提高了数据精度和作业流程。

二、数据编辑

输入计算机后的数据及分析、统计等生成的数据在入库、输出的过程中常常要进行数据校正、编辑、图形整饰、误差消除、坐标变换等工作。MAPGIS 通过图形编辑子系统及投影变换、误差校正、镶嵌配准、符号库编辑等系统来完成，下面分别进行介绍。

（一）图形编辑

该系统用来编辑、修改矢量结构的点、线、区域的空间位置及其图形属性，增加或删除点、线、区域边界，并适时自动校正拓扑关系。图形编辑子系统是对图形数据库中的图形进行编辑、修改、检索、造区等，从而使输入的图形更准确、更丰富、更漂亮。

（二）投影变换

地图投影的基本问题是如何将地球表面（椭球面或圆球面）表示在地图平面上。这种表示方法有多种,而不同的投影方法实现不同图件的需要,因此在进行图形数据处理时很可能要从一个地图投影坐标系统转换到另一个投影坐标系统,该系统就是为实现这一功能服务的,本系统共提供了20种不同投影间的相互转换及经纬网生成功能。通过图框生成功能可自动生成不同比例尺的标准图框。

(三)误差校正

在图件数字化输入过程中,通常的输入法有扫描矢量化、数字化仪跟踪数字化、标准数据输入法等。通常由于图纸变形等因素,使输入后的图形与实际图形在位置上出现偏差,个别图元经编辑、修改后可满足精度要求,但有些图元由于发生偏移,经编辑很难达到实际要求的精度,说明图形经扫描输入或数字化输入后,存在着变形或畸变。出现变形的图形,必须经过数据校正,消除输入图形的变形,才能使之满足实际要求,该系统就是为这一目的服务的。通过该系统即可实现图形的校正,达到实际需求。

(四)镶嵌配准

图像镶嵌配准系统是一个32位专业图像处理软件,本系统以MSI图像为处理对象。本系统提供了强大的控制点编辑环境,以完成MSI图像的几何控制点的编辑处理;当图像具有足够的控制点时,MSI图像的显示引擎就能实时完成MSI图像的几何变换、重采样和灰度变换,从而实时完成图像之间的配准、图像与图形的配准、图像的镶嵌、图像几何校正、几何变换、灰度变换等功能。

(五)符号库编辑

系统库编辑子系统是为图形编辑服务的。它将图形中的文字、图形符号、注记、填充花纹及各种线型等抽取出来,单独处理。经过编辑、修改,生成子图库、线型库、填充图案库和矢量字库,自动存放到系统数据库中,供用户编辑图形时使用。应用而建立专用的系统库,如地质符号库、旅游图符号库等。

三、数据存储与管理

地理对象通过数据采集与编辑后,送到计算机的存储设备上,如硬盘、光盘、磁带等。对庞大的地理数据,需要数据管理系统来管理。MAPGIS数据库管理分为网络数据库管理、地图库管理、属性库管理和影像库管理四个子系统。

(一)地图库管理

图形数据库管理子系统是地理信息系统的重要组成部分。在数据获取过程中,它用于存储和管理地图信息;在数据处理过程中,它既是资料的提供者,也可以是处理结果的归宿处;在检索和输出过程中,它是形成绘图文件或各类地理数据的数据源。图形数据库中的数据经拓扑处理,可形成拓扑数据库,用于各种空间分析。MAPGIS的图形数据库管理系统可同时管理数千幅地理底图,数据容量可达数十千兆,主要用于创建、维护地图库,在图幅进库前建立拓扑结构,对输入的地图数据进行正确性检查,根据用户的要求及图幅的质量,实现图幅配准、图幅校正和图幅接边。

(二)属性库管理

GIS系统应用领域非常广,各领域的专业属性差异很大,不能用已知属性集描述概括所有的应用专业属性。因此,建立动态属性库是非常必要的。动态就是根据用户的要求能随时扩充和精简属性库的字段(属性项),修改字段的名称及类型。具备动态库及动态检索的

GIS 软件,就可以利用同一软件管理不同的专业属性,也就可以生成不同应用领域的 GIS 软件。如管网系统,可定义成“自来水管网系统”“通信管网系统”“煤气管网系统”等。该系统能根据用户的需要,方便地建立一动态属性库,从而成为一个有力的数据库管理工具。

(三)影像库管理

该系统支持海量影像数据库的管理、显示、浏览及打印,支持栅格数据与矢量数据的叠加显示,支持影像库的有损压缩和无损压缩。

四、制图输出

GIS 具有极强的数字制图功能,它可以输出各种地图、图表、图像、数据报表或文字报告。MAPGIS 的数据输出可通过输出子系统、电子表定义输出系统来实现文本、图形、图像、报表等的输出。

(一)输出子系统

MAPGIS 输出子系统可将编排好的图形显示到屏幕上或在指定的设备上输出。根据用户需要分层提供专题图,如行政区划图、土地利用现状图、城市规划图、道路交通图、地籍图、矿产分布图、等高线图等;通过分析还可以得到各类分析用图,如坡度图、剖面图、透视图等。还可以及时更新,对数字地图进行整饰,添加符号、颜色和注记,图廓整饰等。然后通过绘图机输出,得到一张精美的彩色(或单色)地图。

(二)电子表定义输出系统

电子表定义输出系统是一个强有力的多用途报表应用程序。应用该系统可以方便地构建各种类型的表格与报表,并在表格内随意地编排各种文字信息,并根据需要打印出来。它可以实现动态数据连结,接收由其他应用程序输出的属性数据,并将这些数据以规定的报表格式打印出来。

(三)数据转换

数据文件交换子系统功能为 MAPGIS 系统与其他 CAD、CAM 软件系统间架设了一道桥梁,实现了不同系统间所用数据文件的交换,从而达到数据共享的目的。输入输出交换接口提供 AutoCAD 的 DXF 文件、ARC/INFO 文件的公开格式、标准格式、E00 格式、DLG 文件与本系统内部矢量文件结构相互转换的能力。

五、空间查询与空间分析

空间数据间存在着复杂的空间关系,如连通性、邻接性、相邻性、相交性、包含性、相对位置、高度差等。

利用这些关系可从一幅地图中衍生出其他有用的信息,如决定废物填埋的合适地点,寻找消防站到失火点的最佳路径,查找从一个特定位置可看到哪些区域等。

空间分析是分析结果依赖于所分析对象的位置信息的技术。空间分析由以下几部分内容组成。

(一)空间量测

空间量测包括质心测量(目标的中心点位置)、几何测量(坐标、距离、方向、面积、体积、周长、表面积等)、形状测量(形状系数计算)。

(二)空间变换

空间变换指经过一系列的逻辑或代数运算,将原始地理图层及其属性转换成新的具有特殊意义的地理图层及其属性。因空间数据的复杂性,空间变换的操作也十分复杂,但合理有序的空间变换却是有效的空间分析的前提。一般,空间变换在同等属性间进行,如在土地评价中,必须将土地类型、土地湿度、土地结构、土地地貌等多层因素转换成土地适宜性后,才能运用数学运算方法进行土地分析。

(三)空间内插

空间内插即用数学拟合方法在已有观测点的区域内估计未观测点的特征值,包括整体趋势面拟合与局部拟合两大类。

(四)空间依赖

空间依赖包括拓扑空间查询、缓冲区分析、叠加分析等。

(五)空间查询

空间查询包括基于空间关系特征的查询、基于属性特征的查询以及基于空间关系和属性特征的查询三种方式。

(六)空间决策支持

空间决策支持指通过应用空间分析的各种手段对空间数据进行处理变换,提取隐含于空间数据中的某些事实和内在关系,并以图形和文字形式直观地表达,为实际应用目标提供科学、合理的支持。空间决策支持过程包括确定目标、建立定量分析模型、寻求空间分析手段、结果的合理性与可靠性评价四个阶段,常用于诸如最佳路径、选址、定位分析、资源分配等经常与空间数据发生关系的领域以及由这些领域所延伸的其他某些社会部门和经济部门。

空间分析具有很强的目的性,是一种面向应用的空间数据分析处理方法,许多复杂的空间查询和空间决策都采用缓冲区建立、图层叠置、特征信息的提取和合并、数学分析模型的建立等方法来解决,空间分析在 GIS 中占有重要位置,是地理信息系统的核心功能。

六、数据表达与发布

随着计算机技术的发展,特别是 Internet 技术的迅速发展,GIS 正在向客户—服务器(Client/Server)、浏览器—服务器(Brower/Server)模式发展,空间数据将实现合理的共享,用户可以查询和使用集中在服务器终端的大量空间数据,因此空间数据必须具有标准的定义、表达和发布形式。元数据(Metadata)作为描述数据的数据,是对数据的质量、表达形式和内容等进行具体描述的数据。GIS 的空间数据发布功能是利用元数据把空间数据向用户描述的过程,从而使用户合理、有效地使用空间数据。

思考题及习题

1. 矢量数据和栅格数据有什么区别?
2. 在数字化地质制图中,栅格数据可通过哪些途径获取?
3. 简述计算机地质绘图的基本过程。
4. 简述手扶跟踪数字化和扫描屏幕数字化的作业过程,并说明它们各有何优、缺点。
5. MAPGIS 7.0 的特点主要有哪些?
6. MAPGIS 软件常用功能有哪些?

项目七　地质平面图

学习目标

掌握地质平面图的分类及不同类地质平面图存在的意义，学习组成地质平面图的各种要素，掌握运用计算机绘制地质平面图的基本方法。

【学习导入】

地质平面图又称为主图，是地质图的主体部分，主要包括：①地理概况。指图区所在的地理位置（经纬度、坐标线）、主要居民点（城镇、乡村所在地）、地形、地貌特征等。②一般地质现象。指地层、岩性、产状、断层等。③特殊地质现象。指崩塌、滑坡、泥石流、喀斯特、泉及主要蚀变现象。

单元一　地质图

一、地质图的概念

地质图是指用规定的符号、色谱和花纹将地壳某部分各种地质体和地质现象（如各时代地层、岩体、地质构造、矿床等的产状、时代、分布和相互关系），按一定比例概括地投影到地形图（平面图）上的一种图件。

一定精度的地质图是布置找矿勘探工作的基础，也是各种勘探方法、手段所获成果的集中体现。这些成果既是地质图内容的进一步丰富，又是绘制更准确的地质图件的原始资料。

广义的地质图包括为特定目的编制的各种专门地质图，如矿产分布图、构造纲要图、水文地质图、工程地质图、第四纪地质图等。

地质图所表示的内容繁简程度与图件的比例尺有关。一般比例尺越小，所表示的内容越概括，以突出总体规律或提供背景材料为主；比例尺越大，所表示的内容越详细。

按照比例尺的大小，可将地质图分为：

(1)小比例尺地图。比例尺小于1∶50万，为全球、乃至各国等区域范围较大的地质图。

(2)中比例尺地质图。比例尺为1∶25万～1∶10万，中国以1∶20万之间的国际分幅作为基本地质图件。

(3)大比例尺地质图。比例尺大于1∶5万，包括按国际分幅填绘的1∶5万地质图、矿山地质图和大型工程地质图等。

二、地质图的用途

地质图可按用途分为以下四类：

(1)专门性地质图。指比例尺大于1∶2.5万(1∶1万、1∶5 000或1∶1 000及1∶500)的地质图。通常用于矿点及异常点的检查、评价以及勘察工作，其目的是研究矿床的成矿规律，追索于圈定矿体。

(2)详细地质图。比例尺为1∶5万～1∶2.5万。用于详查、详测地质构造和矿产情况，如矿产的储量、质量、储存条件等。

(3)区域地质图。比例尺为1∶20万～1∶10万。在找矿工作中，1∶20万比例尺的区测用来查明区域地质构造情况以及区域成矿规律，指出各种矿产的概略远景区，以及成矿地质条件良好、找矿标志(包括物化探)明显的地区。

1∶10万与1∶20万属于同一级别，前者用于地质构造条件复杂的地区。

(4)概略地质图。比例尺为1∶50万～1∶10万。一般是根据中比例尺图件或参考卫星图片资料编绘而成的。主要用于研究区域地质特征和大区域找矿工作的总体部署或初步了解区域内的地质情况和矿产远景。

三、煤田地质图的精度要求

煤炭资源勘察共划分为预查(找煤)、普查、详查和勘探(精查)四个阶段。

找煤是在煤田预测区域地质调查基础上进行的，其主要任务是寻找煤炭资源，并对工作区有无进一步工作价值做出评价。

普查是在找煤基础上进行的，其主要任务是为矿区建设开发总体设计提供地质材料，其成果要保证矿区规模，井田划分不因地质情况发生地质变化，并要对影响矿区开发的水文地质条件和其他开采技术条件做出评价。该阶段需要绘制1∶2.5万、1∶1万或1∶5 000的煤田地质图。

精查一般是在矿区建设开发总体设计的基础上进行的，其中有任务是为矿区初步设计提供地质材料，其成果要满足选择井筒、水平运输大巷、总回风巷的位置和划分初期采区的需要，保证井田边界和矿井设计能力不因地质情况而发生重大变化，保证不致因煤质资料影响煤的既定工业用途。该阶段需要绘制1∶1万或1∶5 000的煤田地质图。

四、地质图的内容

地质图的编制要求做到内容真实可靠、图面结构合理、线条清楚、岩性色调和符号协调正规、字体美观，并附有图切地质剖面的综合地层柱状图等，且图示规格符合规定。

地质图的主要内容包括图外与图内两大部分。具体有：

(1)一般正规的地质图应有图名、比例尺、图例和责任表。

(2)地理要素，包括主要地物地貌、水系、道路及简化的地形等高线等。

(3)地质界线，包括地质界线、断层线、岩边界线等。

(4)表示各种地质体的代号、花纹和颜色。

(5)代表性的地质体产状，重要的坑探工程，水纹点位置。

(6)图切剖面线位置及编号。

(7)综合地层柱状图和1~2条切过图区主要地层、构造和岩石单元的地质剖面。

五、地质图的成图方法

地质图的成图方法有实测法和编绘法两种。实地填绘的图件是地质原图，根据实测图及其他资料，可以用内业法编制成各式各样的地质图。编制地质图不是机械的缩小地质原图的图形，而是从掌握的资料和技术设备条件出发，严格按照图的用途、比例尺、制图原理、图式规范和编图设计书，正确地表现制图区域的地质现象。下面通过地质填图介绍编绘地质图的基本工作方法。

(一)原始资料的获得

地质图原始资料主要是通过野外地质填图获得的。所谓野外地质填图，就是地质人员在工作区内沿预先设计好的观察路线，对各种地质体和地质现象进行全面系统的观测与编录，并将各种地质界线和地质体标绘在地形底图上，完成野外地质填图的全部工作。这是编制地质图的基础工作。

填绘地质图包括填图前准备、地质观测路线和观测点布置、野外地质观察与记录、野外手图的使用、野外填图阶段的室内整理等几个阶段。

现在主要介绍地质观测路线和观测点的布置。

选择一定的路线和控制点进行野外观测，是地质填图的基本方法。它的作用一方面使地质现象进行全面系统的观测和编录，另一方面可以通过点和线的密度来控制地质和其他地质现象在平面上的展布，以满足相应比例尺地质填图的精度要求。

1. 观测线的布置

观测线是进行地质填图的野外工作路线，又称填图线。一定图幅内观测线的间距、长短布置方法主要取决于填图比例尺的大小。此外，工作区的地质、矿产复杂程度、前人测量幅度、航(卫)片的解释程度、基岩出露情况和自然地理条件等也是考虑的因素。观测线的布置方法有三种。

1)路线穿越法

观测线以一定的间距大致垂直于岩层或构造线走向布置称为路线穿越法，简称穿越法。穿越法的优点是能在较短的线路上观察到较多的地质内容，连续有效地查明工作区内出露的全部地层及其厚度；有利于查明地层在纵向上的变化规律，如地层间的解除关系及沉积相剖面结构；有利于对地质构造基本形态的认识和走向断层的控制。缺点是两条观测线之间的地段研究程度低，有可能遗漏某些小型地质体，如小型矿体、矿脉、小岩体和横向断层等；对地层厚度、岩性和岩相在横向上的变化了解较少；观测线之间的地质界线一般根据地层走向和“V”字形法则填绘，填绘出的地质界线可能与实际有出入。因此，穿越法一般适用于露头、构造简单、地层或岩性横向变化小的沟谷、水系垂直地层走向的地区和中小比例尺的地质填图。

2)走向追索法

观测线沿地质体、地质界线或构造线方向布置，称走向追索法，简称追索法。追索法主要用来追踪地质界线、标志层、煤层及其他有用矿层的露头、断层线及褶皱轴迹等。其优点是填绘出来的地质测量线准确，能有效地查明岩层在横向上的变化，有利于确定地层的接触关系和横断层。缺点是工作量大，对地层的纵向变化了解较差，有时会遗漏一些走向断层，甚至因地形的影响而中断追索。因此,追索法一般适用于露头较差、构造复杂、断层发育、岩性及厚度沿走向变化较大的沟谷、水系平行地层走向的地区和大比例尺的地质填图。

3)露头圈定法

露头圈定法又称全面踏勘法。这种方法一般没有严格规定的路线,常常是在填图过程中根据实际情况,或穿越或追索,较为灵活。其优点是填绘出的地质界线精度高,缺点是野外工作量大,且费时费力。露头圈定法主要适用于大比例尺地质填图,或用于圈定侵入体与围岩的界线、不规则矿体的界线及构造复杂的地区。

以上三种观测路线的布置方法都有各自优、缺点和一定的适用范围,实际工作中,常常需要互相配合使用,以一种方法为主,另一种方法为辅进行,使之既能获得较多的地质资料和数据,又能减少工作强度,提高工作效率。

2.观测点的布置

观测点是控制地质界线、矿层或矿体,以及其他地质要素的空间位置,在野外进行重点观察、描述和编录所布设的点。

野外填绘地质图时,为了控制基本构造形态和地质界线而布置的观测点称为基本观测点。基本观测点一般布置在填图单位的分界线、标志层、矿层或矿体的露头线、断层线、褶皱轴线、侵入岩体与围岩的接触线,以及泉水的出露点等位置上。在实测地质图时,为了进一步控制构造形态和地质界线,在基本观测点之间,常沿地质界线或观测加密布置的观测点,称为加密观测点或辅助观测点。

按照观测点的性质和重点观测内容,可将观测点分为地层分界点、构造点、水文点、地貌点、矿层或矿体点、岩性控制点类型。不同性质的观测点,应使用不同的符号表示在野外手图和记录本上。

在野外填图时,布置的每一个观测点都必须有明确的目的,同时尽可能提高观测点的利用率,做到一点多用,不要机械地等间距布点,确保对重要地质现象的有效控制。

3.观测线和观测点的精度要求

观测线的布置方法、单位面积内观测线的长度和观测点的数量等是衡量地质填图质量和精度的标准之一。在进行地质填图时,应严格按规范要求,根据填图比例尺、构造复杂程度,结合填图区内基岩出露情况、交通条件、航(卫)片解译和前人工作程度综合确定。

(二)地质图的成图方法与步骤

(1)根据各种原始资料再次对地质填图进行校正与补充。

(2)简化地形图。由于野外地质填图的比例尺一般都会比正式提交的地质图大,所以比例尺的缩小有可能造成图面的内容太多。因此,在清绘定稿时,可删去一部分地形等高线、次要的地名与地物,但精减时不要把反映地质特征的地形线精减掉,也不要因精减而歪曲了地形地貌,使其既能减轻图面负担,又能突出地质内容,保证图件的质量和精度。

(3)转绘地质资料。把经过检查、校正的地质内容精确地转绘到简化后的相同比例尺地形图上,以能清晰地反映地层分布、地质构造特征为原则,选择岩层或岩体有代表性的产状转绘,对于标志层、含矿层等在图上不足 1 mm 宽的可扩大到 1 mm 表示,有特殊意义的小块地层、小岩体可放大到直径 2 mm 表示,然后审查上墨。

(4)附图例、图切地质剖面和地层综合性状图、责任表等,并进行图面整饰。

(5)图件清绘、复制及复制后的地形地质图应按规定色谱着色。

图件清绘时应重点注意以下三个问题：

①地质界线有实测与推测两种，分别用实线与虚线表示。

②绘制的地质界线应当粗细一致、弯曲自然、点线整齐。要注意新老地层的接触关系、先后次序；注意不同时代岩体的互相接触关系，先绘不整合线，再由新到老清绘岩层或岩体界线。

③断层线清绘时，应注意断层与断层之间、断层与其他地质体之间的相互关系。断层与断层相交，应依地质体与断层的生成关系而定，注意被切割的断层，应该先绘老的；断层线与地质界线相交，应依地质体与断层的生成关系而定。注意被切割的两盘地层所产生的位移现象。断层线全部绘完之后，再标上产状符号与注记。

如果野外填绘的地质图与正式提交的地形地质图比例尺一致，甚至野外清图的内容完全正确、质量较高，也可以作为正式地形地质图提交。

单元二　地形地质图

根据地形要素在地质图上的表现形式，地质图可分为两种：一种是用地形等高线表示图区范围之内地形特征的地质图，主要为大比例尺地质图；另一种是没有地形等高线，但根据图区内水系和山顶的标高可大致分析出地形基本特征的地质图，主要为中、小比例尺地质图。这两种地质图除在地形表面方式差别外，其他没有任何差别。

单元三　基岩地质图

基岩地质图指在掩盖或半掩盖区，用来反映松散覆盖层下基岩地质情况而编绘的图件。它根据少量的天然露头，结合槽探、坑探、井探、钻探与物探等方面的资料，参考邻区地质情况编绘而成。

在石油与煤田等地质工作中，为了表示覆盖层下的地质构造特征，常需要编绘这种图件。有时，还可根据不同的要求，“揭去”某一时代的覆盖层（如第四系、新近系、古近系、侏罗系或白垩系等），突出表示其覆盖层以下的地层、岩石、构造等地质情况。主要编图方法如前所述，在此不再赘述。

单元四　矿产分布图、构造纲要图、工程地质图和第四纪地质图

一、矿产分布图

矿产分布图是表现一个地区已知矿产资源分布状况及其与一定地质构造关系的地质图件，简称矿产图，是总结整理矿床和矿化资料的最重要手段，是研究成矿规律的最基本、最重要的资料之一，是制订国民经济发展规划和确定工农业生产布局的重要基础资料和决策依据。我国第一张矿产分布图是邝荣光 1910 年正式发表的直隶省矿产分布图。到 20 世纪 80 年代末，我国全境已完成 1∶50 万～1∶100 万矿产分布图的编制工作。

矿产分布图一般可按矿产类型和矿产成因进行分类。按矿产类型分为黑色冶金及辅助原料矿产图、贵金属及稀有金属矿产图和放射性元素矿产因素矿产图等;按矿产成因可分为内生矿产图、外生矿产图、变质矿产图和多种成因叠加的复式成因矿产图等。

(一)矿产图的内容与资料准备

(1)矿产图是以浅色地质图为底图,在图上准确地表示出区内已知的全部矿床、矿点、矿化点和各类异常区(点)。因此,矿产图的编制应在地质图、重砂成果图、金属量成果图、水化学找矿成果图及各种地球物理探矿(航磁、地磁、重力、电法等)成果图等已经编制完成的基础上进行。

(2)绘制矿产图最主要的资料是区内各个矿床、矿点与矿化点的资料。因此,在编图之初,即应将它们进行很好的整理与综合。整理与综合的方法主要是将经野外实地调查后编制的矿产登记卡片,以及所有的普查、勘探、科研和开采资料等进一步予以修改、补充和落实,务必使每一个矿床、矿点、矿化点均有一份尽可能正确、详尽的卡片。卡片中的产地、矿种、规模、成因、时代等项内容对于编制矿产图来说特别重要,必须齐备且具体。矿产的产出地理位置与地质部位一般均应经实地校核,在野外工作图上标注其准确点位,以便据以转绘。工业矿床的实际规模,应按其资源储量大小确定。对某些宝石原料,特别是非金属及建筑材料等矿产,不按储量划分大、中、小类型,仅以矿点符号表示其产出位置。

(二)编图步骤与方法

(1)根据统一规定的图形符号、颜色和大小,将区内所有矿种及其规模、成因、时代、异常及其种类和级别,按规范所列的统一顺序拟编出矿产图例。

(2)将矿床(点)按图例逐一地从野外工作图转绘到作为矿产图底图的浅色地质图上,当伴生有用元素时,用元素符号加括号注在矿产符号的右上角,转绘的位置应准确,符号的中心应是矿产的实际产出地点,符号的竖轴应垂直于纬线。

(3)如矿床位置相距很近,矿产符号相互重叠,当只是部分重叠时,应将较重要的矿产符号全部露出,其余矿产符号则可被掩盖一部分。如全部重叠,则可在矿床位置上注以1 mm大小的黑色圆点,在其附近空旷部位绘上矿产符号,其间以引线相连。

(4)沿走向延伸长度较大的矿床(如沉积矿床),除以各类矿床的相应符号表示外,还应以该矿种颜色的实线和虚线表示工业矿段及矿层延伸情况。

(5)从重砂成果图、金属量成果图、水化学找矿成果图及各种地球物理探矿成果图上,依次将异常区的种类、范围、级别的编号按图例转绘到矿产图的底图上。如果矿床(点)与各类异常编绘在同一张图上而使图面负担太大,则可只绘主要异常,剔除次要异常,而编一张异常总图表示全部异常。

(6)按照图例将各矿床(点)与各类异常区(点)涂以规定的色彩。颜色应采用色调鲜艳和不透明者,如广告颜料,以使其能压盖地质图的颜色,并使矿产符号突出、醒目。

(7)将图幅内全部矿床、矿点与矿化点,按其所处坐标位置,不分矿种,由西向东,自北向南进行统一连续编号。

(8)完成上述各项工作均全面检查核对全部矿床(点)、异常及其编号无误后,即可进行着墨。

(9)将各矿床(点)和异常的编号及坐标位置注在矿产卡片登记表的相应栏内。

(10)矿产图应附有矿产图例与地质图例。它们可以表贴在一起或是保持其分离状态。

表贴时西图廓外置以矿产图例，东图廓外置以地质图例。然后，按图式进行图面装饰。

(11)关于矿产图的着色、着墨、图廓外的整饰等技术方法可参照地质图作图方法的有关部分。

二、构造纲要图

(一)构造纲要图的编制内容

为了表现和突出各种构造现象，在分析地质图的基础上，通常编制反映全区的图切构造(或地层)剖面图1~2幅、构造纲要图1幅。

构造纲要图是以地质图为基础，以不同的线条、符号和色调表示一个地区地质构造的一种图件，用以阐明图区内主要构造的分布及基体相互关系、构造总体特征和构造发展历史。构造纲要图的内容如下：

(1)构造层。将划分各构造层的角度不整合界线画在图上，以划分出各构造层。构造层以地层时代代号表示。构造层没有统一规定的色谱，一般时代越老色调越深，时代越新色调越浅。

(2)断层。各类断层用规定符号表示，并注明断层名称和编号。如果区域范围很大，断层发育，同时代的断层可用不同颜色的符号表示。

(3)褶皱。褶皱用轴迹线表示，轴迹线的宽窄反映褶皱核部宽度的变化。褶皱的倾伏应用枢纽产状表示。

(4)岩体。绘出岩体界线和内部岩(相)带界面，注明岩石代号及其时代，并标出原生构造产状。

(5)标出有代表性的产状以及节理、面理、线理产状、矿体地面露头线、主要标高点、地物、水系等。

(6)完成图的图式规格要求，如图名、比例尺、图例等。

(二)构造纲要图的编制方法

将透明纸蒙在地形地质图上，用规定的符号、图例及线条依次描绘构造纲要图所要求的内容。对构造复杂区，如图面内容过多，可以对地质构造编号在图外另作说明或标注；对第四纪盖层特别是范围较小时，一般应剥掉，使基岩构造特征能完整清晰地反映出来。

在编制构造纲要图时，应注意区分主要褶皱与次要褶皱，其表示方法主要是通过褶皱轴迹的宽度和规模加以反映，因此在编图时要考虑其比例关系。对于褶皱、断层、岩体之间的关系等则应明确。如一个仅发育在较老构造层中的褶皱、断层不应穿过相对较新构造层等。

三、工程地质图

工程地质图是地质图的一种类型，它综合表示了对土地利用、土木工程和采矿工程的规划、设计、施工和维护有意义的所有环境地质要素。

工程地质研究和编图的主要目的是了解地质环境和工程环境的关系、一些单一地质要素的性质及其相互关系、地球动力地质作用和预测目前正在发生的变化可能引起的作用，为土地利用规划和土木建筑工程规划、设计、施工和维护提供基础资料。这些资料，对评价所推荐的土地利用或工程项目的可行性及用来选择土木工程最适宜的类型和施工方法、确保天然地基沉降时结构物的稳定性及用来维护工程的正常运营都是必需的。

工程地质图很好地反映了地质环境，其中包括工程地质条件的种类与特征、各种条件的单一要素以及它们的相互关系。但是，工程地质图只是一些真实情况的简化模型，不可能全面反映错综复杂的动力地质要素，其简化程度主要取决于工程目的和图件比例尺、特殊工程地质因素及其相互关系的重要程度、资料的精度及所采用的表示方法等。

工程地质图应满足如下要求：

(1)应描绘和评价与区域规划、场地选择、工程施工以及采矿有关的工程地质特征所必需的客观资料。

(2)应尽可能地预测所推荐的计划可能引起的地质环境变化，并提出必要的防护措施。

(3)图上反映资料所用的方法，应易于被非地质专业的使用者所理解。

工程地质图必须以地质图、水文地质图和地貌图为基础。但是，对这些图上所提供的基本要素必须用工程地质术语进行说明与评价。

(一)工程地质图的内容

工程地质图上表示的地质内容主要有：

(1)岩石和土的特征。包括它们的分布、地层和构造展布、时代、成因、岩性、物理状态，以及它们的物理力学性质。

(2)水文地质条件。包括含水的岩石与土的分布、开放的和不连续的饱水带、地下水位埋深及其变化幅度、承压水及水位、储水系数和地下水流向；泉、河流、湖泊以及洪水的周期与范围；pH、矿化度及侵蚀性。

(3)地貌条件。包括地势与地貌景观的主要单元。

(4)动力地质现象。包括侵蚀作用与沉积作用、风化现象、永久冻土、斜坡运动、岩溶的形态组合、侵蚀、塌陷、土体积的变化、地震资料(包括活断层、现代区域构造运动和火山活动)。

工程地质图应包括有关的横剖图、说明书与图例，也应包括为编图所收集到的文献资料。为表达所有这些资料可能需要编制必幅图。

(二)工程地质图的分类

工程地质图可以根据编图的目的、内容和比例尺进行分类。

1. 根据目的划分

(1)专门工程地质图：该图提供的资料反映了工程地质的一个专门方面，或为一个专门目的服务。

(2)综合工程地质图：该图提供的资料涉及与各种规划或工程目的有关的工程地质的多方面的内容。

2. 根据内容划分

(1)分析图：提供地质环境的详细情况或对地质环境的某一方面做出评价。它的内容通常由图名反映出来，如风化工程图、节理图、地震灾害图等。

(2)综合图：有两种类型。一是描述工程地质环境所有主要要素的工程地质条件图；二是工程地质分区图，根据工程地质条件的均一程度，评价和划分单个地区单元。在小比例尺图上，这两种类型可能合并在一起。

(3)辅助图：这类图表示实际材料，如实际资料图、构造等值线图及等厚线图等。

(4)附加图：这类图包括地质图、构造图、地貌图、土壤图、地球物理图与水文地质图。

它们都是基础资料图，有时它们在工程地质图系里。

3. 根据比例尺划分

(1)大比例尺图：比例尺大于等于1∶10 000。

(2)中比例尺图：比例尺大于等于1∶100 000～1∶10 000。

(3)小比例尺图：比例尺大于等于1∶100 000。

(三)工程地质图编制的专门技术方法

1. 航测地质学

对在区域进行初次评价，航片解译是一种快速、经济和准确的技术方法。采用的比例尺通常是1∶10 000～1∶30 000。航片解译有助于土壤制图、斜坡稳定、疏干和建材调查、地下水研究、道路选线、水库及坝址选择等工程地质研究。

2. 地球物理方法

在工程地质编图中，专门使用的物探方法是电阻率法与地震法，两者都可用于地面与钻孔中。一般提供以下两类资料：

(1)岩石与土的某些物理性质指标和它们在整个图幅上的变化。如岩石与土的风化程度或节理发育程度等。

(2)确定具有不同物理性质的岩石和土的深度界线、水位埋深、断层及岩石类型的垂向界线。

地球物理方法的重要性在于，它们提供了间接快捷的测量方法，在原状结构没破坏的条件下进行评价。

3. 钻探和取样的技术方法

为了提供扰动的或不扰动的岩石和土的样品，开展钻孔现场试验，可采用钻探技术。各种钻探方法都可使用，包括螺旋钻、冲击钻与岩心回转站。

4. 实验室及现场试验

(1)实验室试验：岩石与土的基本性质可以通过标准的实验室试验来确定。在工程地质编图中，为了用统计的方法确定每一个工程地质岩土类型的性质，一般需要25～30个样品。

(2)现场试验：先进的测试技术可以在钻孔内进行原位测试，诸如岩石和土的变形特征、土的抗剪强度、天然放射性活度、电阻率、自然电位和侧向压力等。

5. 资料的分析与解译

在进行区域工程地质调查时，可能已经收集了许多有关工程地质方面的资料，这些资料可能已经直接表示在野外手图上或记录在野外记录本上，如钻探记录表、试验研究成果表等。资料分析就是对所取得的全部资料进行选择和分组，筛选出有用的资料，并对资料的可靠性进行评价。资料的分类整理可按地质、工程地质等各种不同的用途进行分类，最后对反映工程地质条件的每个要素进行归纳，以便确定和定义每个分区单元。

四、第四纪地质图

第四纪地质图是表示不同成因类型或不同时代的第四系沉积物在地表分布的图件，这种图对工程地质与水文地质勘察、寻找砂矿以及农林规划建设等都有实际意义。

对第四系沉积广泛发育地区或砂矿普查勘探地区，应编制第四纪地质图，其主要任务是对第四系沉积物的种类、成因类型、沉积时期、沉积物的分布与产状、厚度、接触关系以及与地貌的关系等加以综合研究。

编制第四纪地质图的要求是：

(1)第四纪地质图采用与地质图同比例尺的地形图为底图。

(2)主要表示三方面内容：岩性、成因类型及时代。

(3)用不同符号表示其他有关资料，如冰川地形、冰川流向线、冰川末端线、古海岩线、古湖岸线及第四纪以来海湖盆地的变化、古生物采集地点、古代人类活动和文化遗迹、火山口及岩流方向、古河道、砂矿、古湖沼泥炭、第四纪矿产及工程位置等。

(4)探矿工程或物探方法确定的第四系厚度情况。

(5)应附有第四纪综合地层剖面图及实测第四纪地质剖面 1~2 条。前者全面反映第四纪沉积的层位、层序、厚度、岩相及其变化、接触关系、空间分布规律等，后者主要充分反映区内第四纪沉积的特征和空间分布关系。垂直比例尺可放大表示。

单元五　MAPGIS 绘制地质平面图的应用

一、资料准备和预处理

本步骤包括以下两个子步骤：在 Photoshop 中对图片进行预处理；用 MAPGIS 标准图框对图片配准。现将操作步骤分述如下。

(一)在 Photoshop 中对图片进行预处理

预处理包括图像拼接、图像模式转换、色彩增强、格式转换等内容，可根据实际情况选做。

当图件的原始资料在采集时为分块收集，建议利用 Photoshop 软件对图像进行拼接，如果是一整张图件，则不需要此步骤。假如有两张，则需要拼接图片。

(二)用 MAPGIS 标准图框对图片配准

步骤如下：

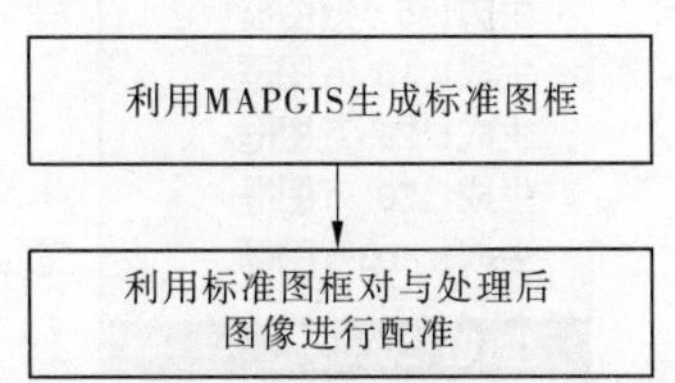

利用 MAPGIS 生成标准图框：打开 MAPGIS“投影变换”子模块——“系列标准图框”——“生成 1∶2 000 图框”，设置相应起始千米(图中“公里”应为“千米”，下同)值，选择矩形分幅方法坐标系，输入带号等参数，生成相应图件的标准图框，如图 7-1 ~ 图 7-4 所示。

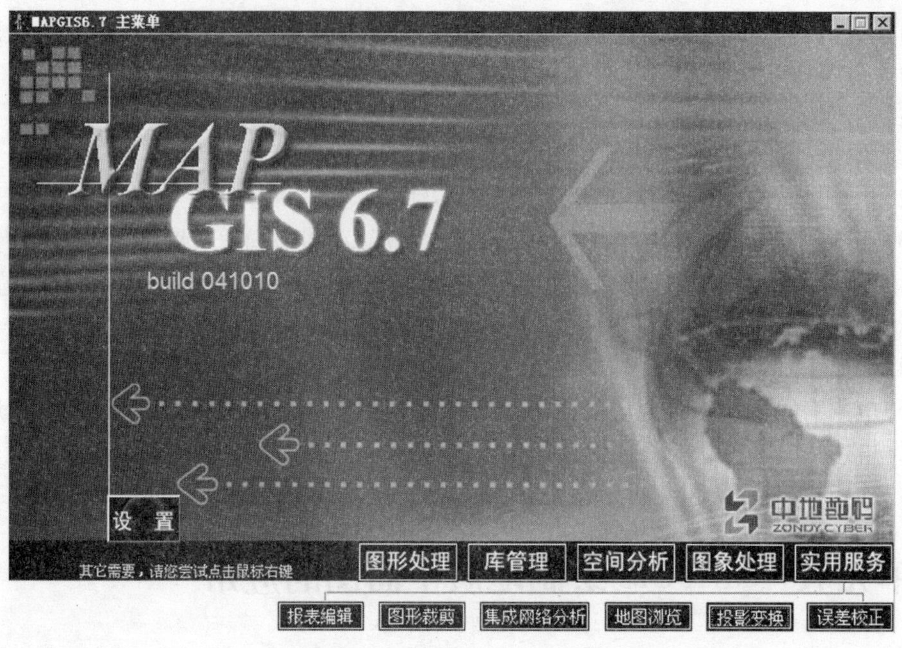

注:图中“象”应为“像”,“其它”应为“其他”,下同。

图 7-1　打开“投影变换”子模块

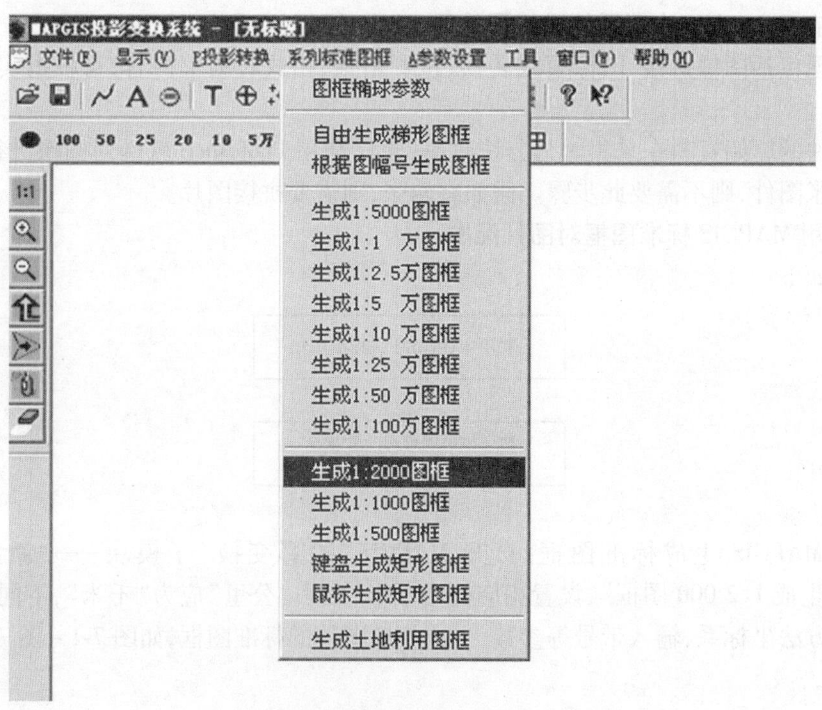

图 7-2　生成 1:2 000 图框

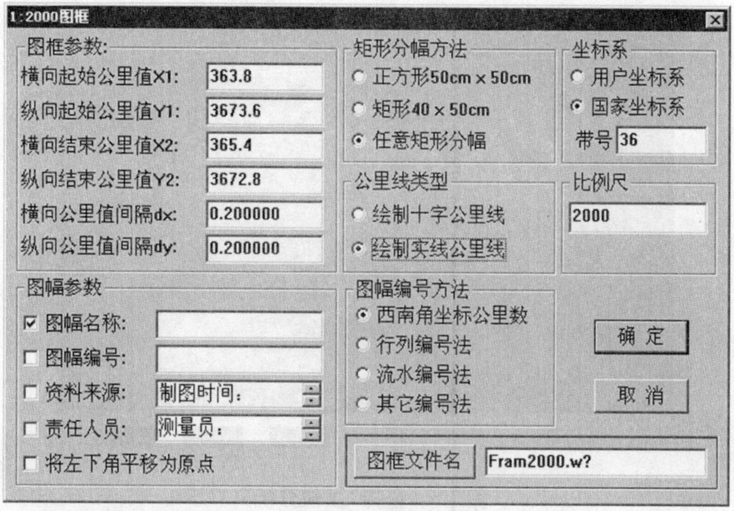

1:2000图框

图框参数:
横向起始公里值X1: 363.8
纵向起始公里值Y1: 3673.6
横向结束公里值X2: 365.4
纵向结束公里值Y2: 3672.8
横向公里值间隔dx: 0.200000
纵向公里值间隔dy: 0.200000

矩形分幅方法
正方形50cm×50cm
矩形40×50cm
任意矩形分幅

坐标系
用户坐标系
国家坐标系
带号 36

公里线类型
绘制十字公里线
绘制实线公里线

比例尺
2000

图幅参数
图幅名称:
图幅编号:
资料来源: 制图时间:
责任人员: 测量员:
将左下角平移为原点

图幅编号方法
西南角坐标公里数
行列编号法
流水编号法
其它编号法

确 定
取 消

图框文件名 Fram2000.w?

图 7-3　参数设置

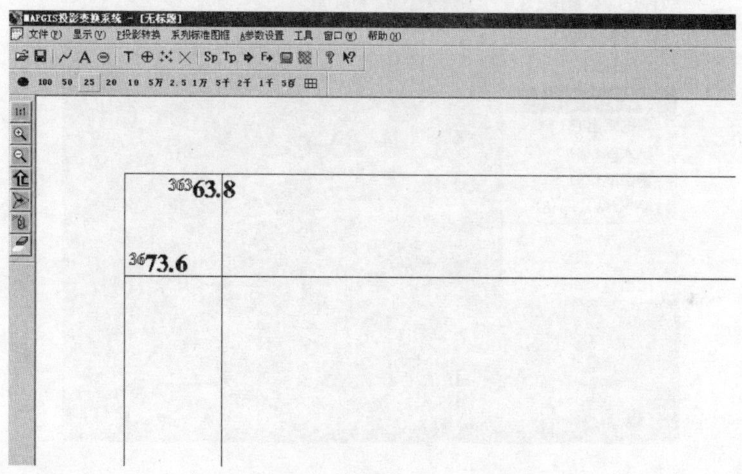

图 7-4　生成 1:2 000 标准图框

二、地质图数字化

(一)文件格式转换

打开 MAPGIS“图像分析”子模块,单击“文件”—“数据输入”,输入相应参数,完成转换,如图 7-5 ~ 图 7-7 所示。

(二)图像校正

打开 MAPGIS—“图像分析”子模块,打开待校正的 msi 格式图像和生成的标准图框,如图 7-8 所示。

镶嵌融合—添加控制点:分别在左侧图和右侧图添加若干控制点(控制点一般分布在经纬网交界处),如图 7-9 所示。

镶嵌融合—影像几何校正—校正参数:设置校正参数,如图 7-10 所示。

镶嵌融合—影像几何校正—几何校正:完成图像配准,如图 7-11 所示。

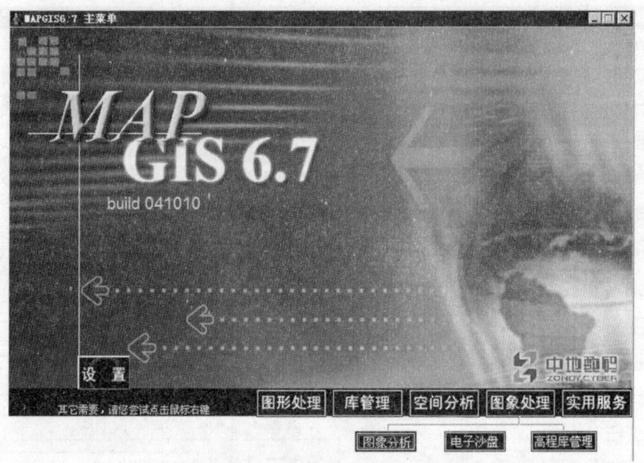

图 7-5　选择“图像分析”

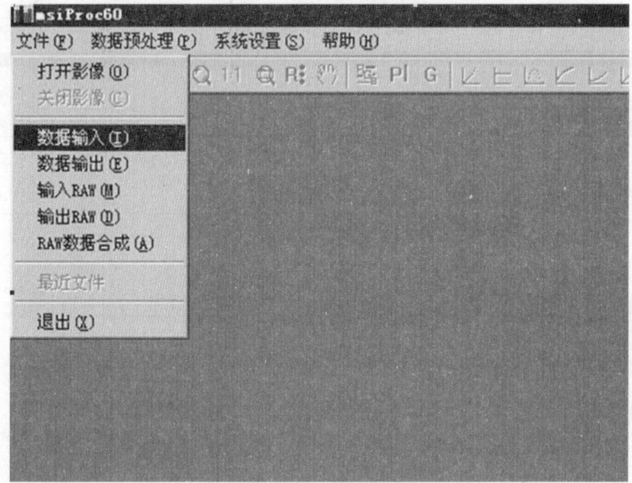

图 7-6　选择“数据输入”

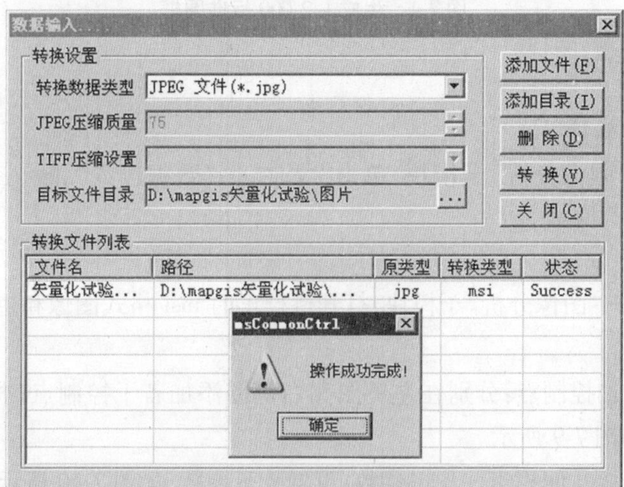

图 7-7　生成 msi 格式图件

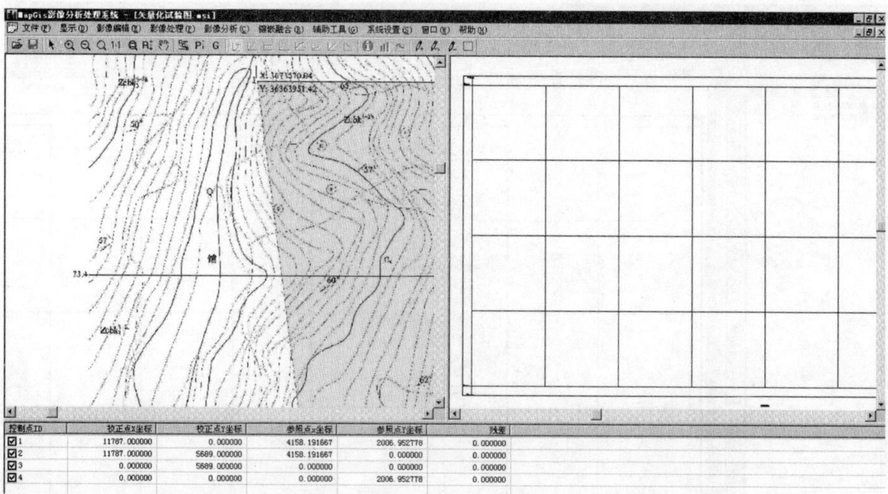

图 7-8　打开待校正的 msi 格式图像和生成的标准图框

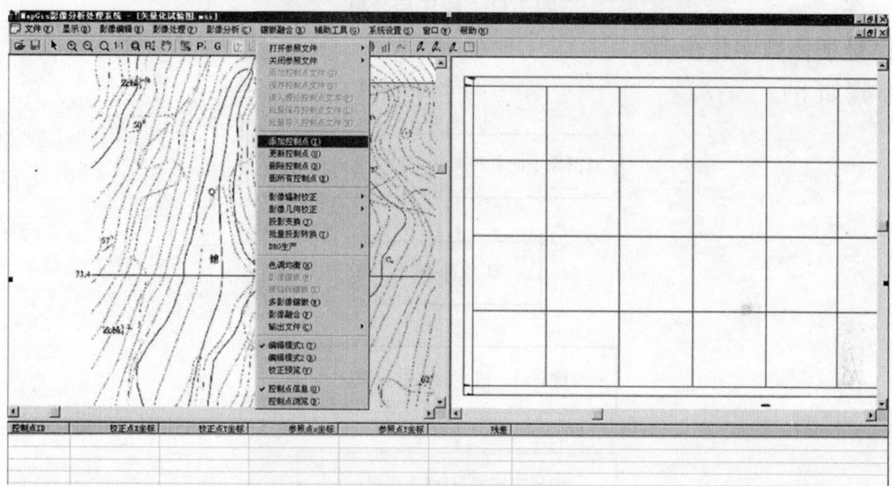

图 7-9　添加控制点

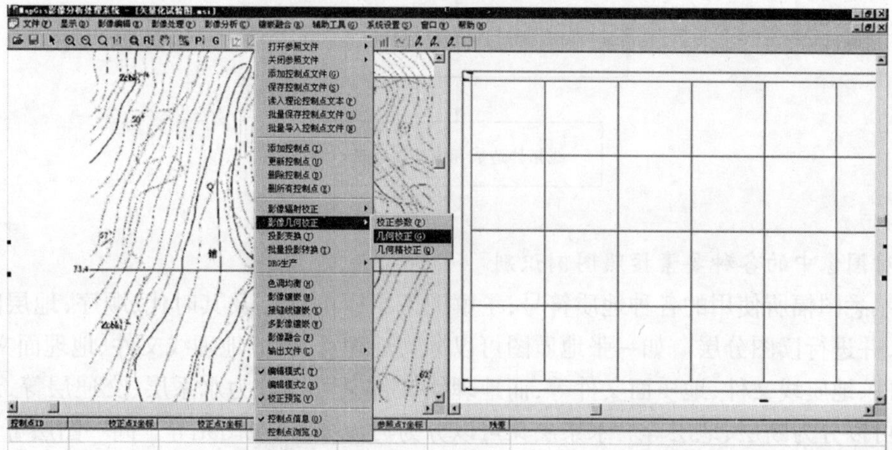

图 7-10　几何校正

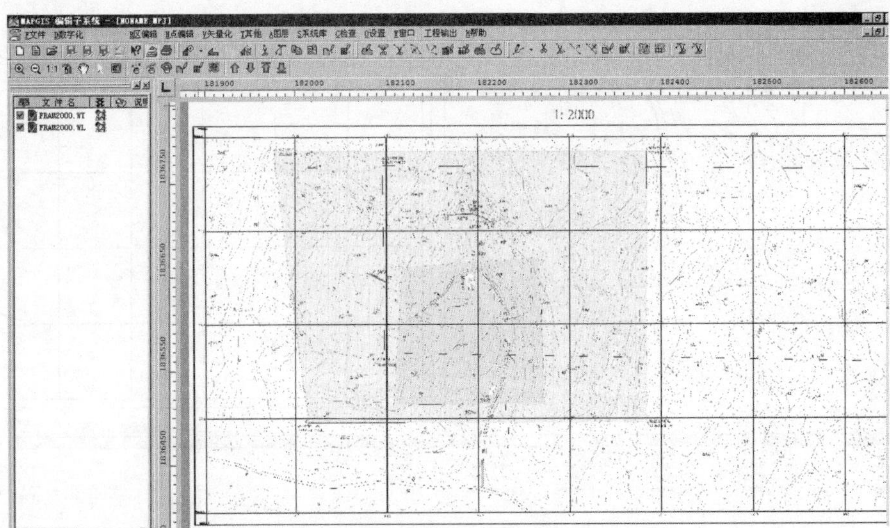

图 7-11　校正后效果

(三)地质图数字化步骤

其步骤如下：

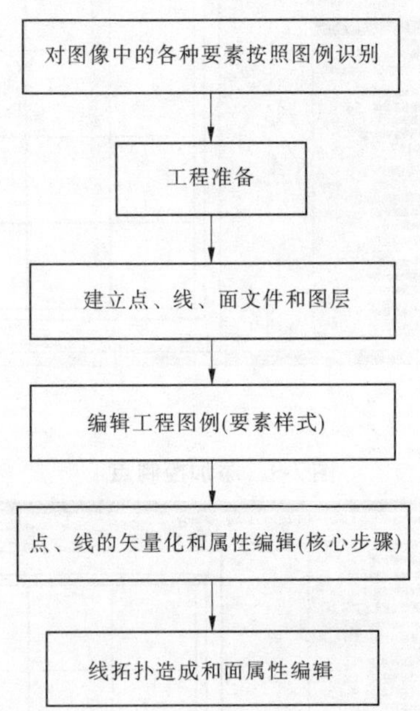

1. 对图像中的各种要素按照图例识别

要熟悉图幅所使用的各种地质符号；了解图区出露的地层及其时代、顺序，地层间有无间断等，并进行读图分层。如一张地质图可以分为地理点文件、地理线文件、地理面文件、地质点文件、地质线文件、地质面文件等，而地理线文件又可以分为水系层、交通层等，地质线文件又可以分为断层、地层等。水系层又可以分为河流图元、泉图元等。同一图层可以统一设置样式，也可按图元设置样式。

2. 工程准备

本步骤包括建立工作文件夹、设置工作目录、新建工程三个内容。

1）建立工作文件夹

以便储存项目有关数据（此文件夹仅用于储存 MAPGIS 处理数据，不可放其他文档等资料）。

2）设置工作目录

在启动 MAPGIS 6.7 后的工作界面（见图 7-12）中，单击“设置”，打开“MAPGIS 环境设置”对话框（见图 7-13），依次设置工作目录（设置为 1）中建立的文件夹路径、矢量字库目录（可以为默认）、系统库目录（可以为默认）、系统临时目录（选择一个剩余空间较多的磁盘，否则运行过程中会出错）。

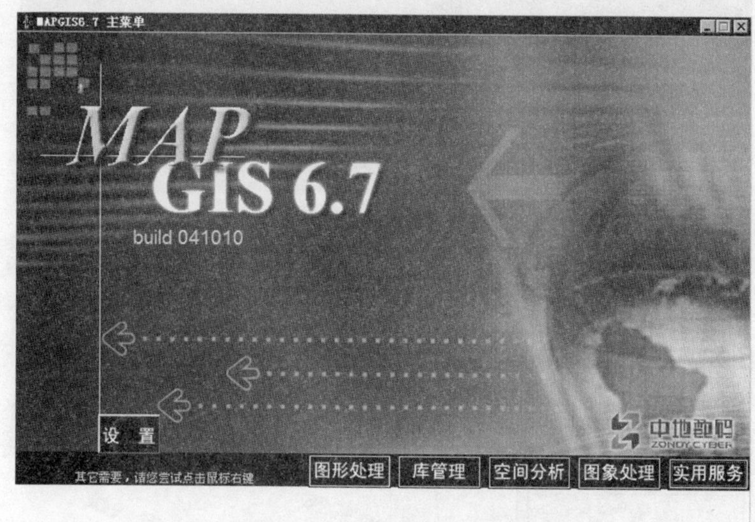

图 7-12　MAPGIS 工作界面

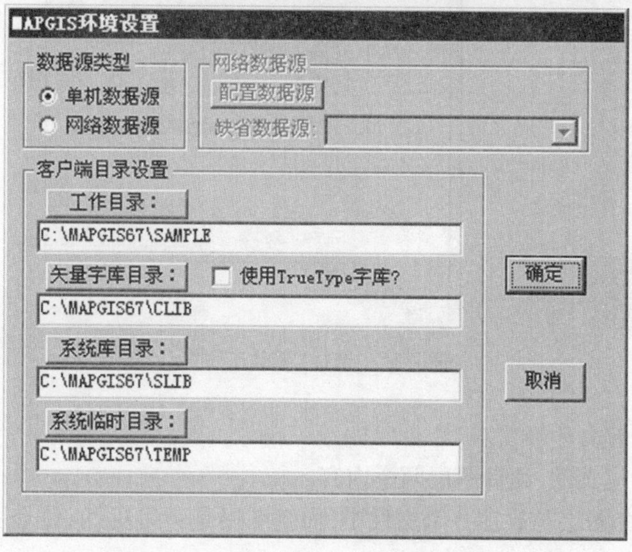

图 7-13　“MAPGIS 环境设置”对话框

3）新建工程

打开 MAPGIS 主菜单—图形处理—输入编辑—新建工程，设置坐标系、比例尺、图幅范围等参数，完成新建工程，如图 7-14 ~ 图 7-16 所示。

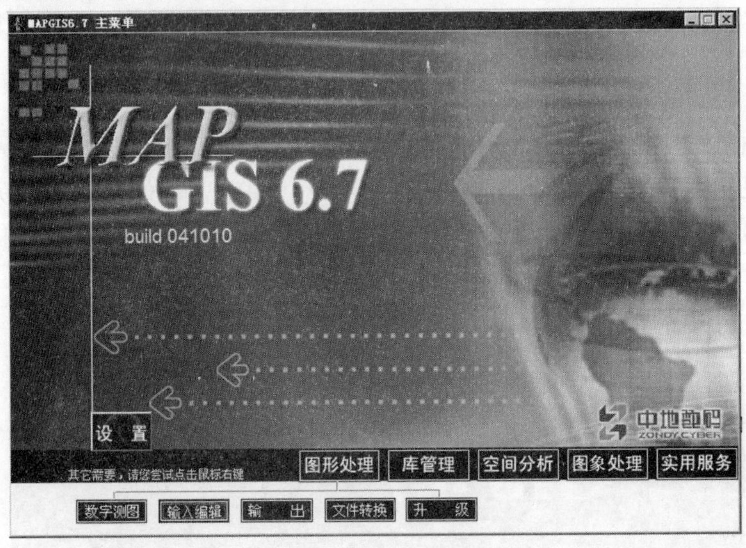

图 7-14　选择“输入编辑”

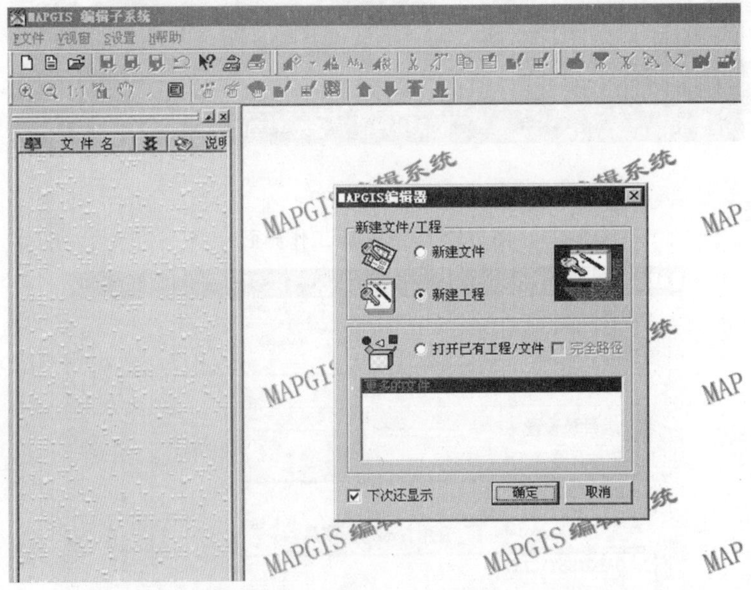

图 7-15　选择“新建工程”

3. 建立点、线、面文件和图层

本步骤包括新建文件、编辑图层两个内容。

MAPGIS 中多个图层是放在一个文件中，而且图层是不可见的，每个图层给以相应的编号分辨。

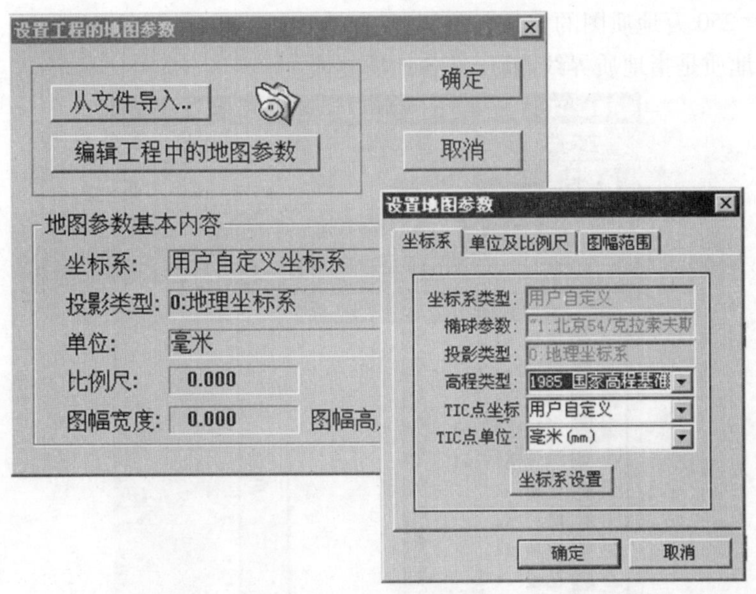

图 7-16　设置地图参数

1）新建文件

在新建的工程窗口中的左侧空白处，单击鼠标右键，新建点、线、区、网文件，如图 7-17 所示。

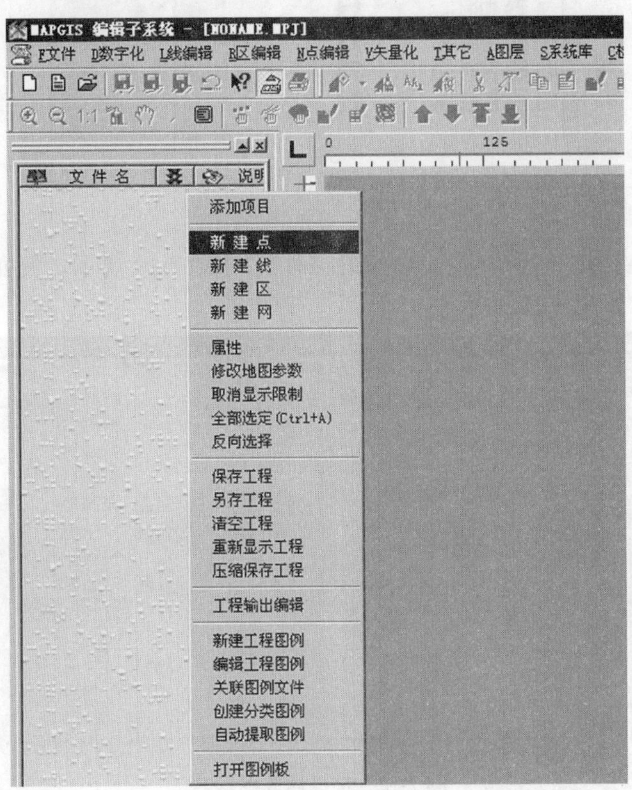

图 7-17　新建点、线、区、网文件

下面是 1∶250 万地质图的文件名范例（见图 7-18）。其中，地理是指河流、居民地、道路等地理要素，地质是指地质界线、断层等各地质要素。

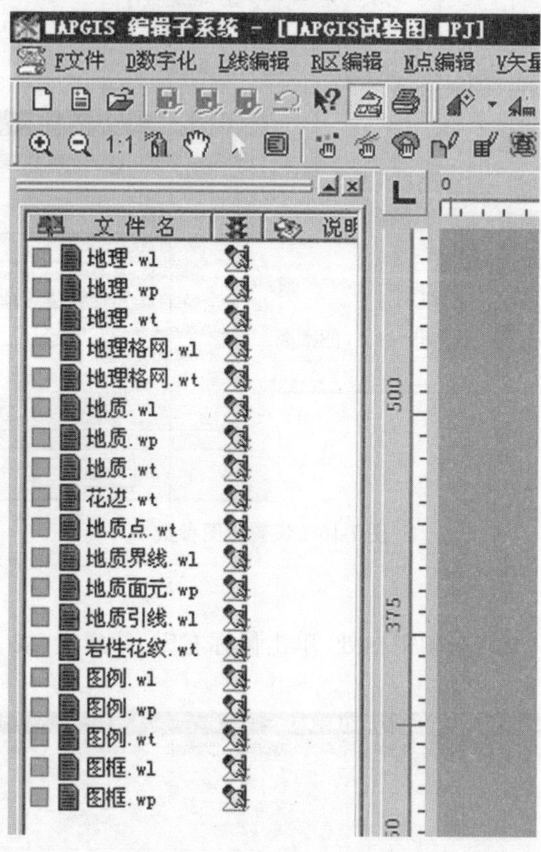

图 7-18　地质图文件名范例

2）编辑图层

（1）新建图层：图层—修改层名，给各图层命名，如图 7-19 所示。例如：图层 0 为地质界线，图层 1 为水表，如图 7-20 所示。

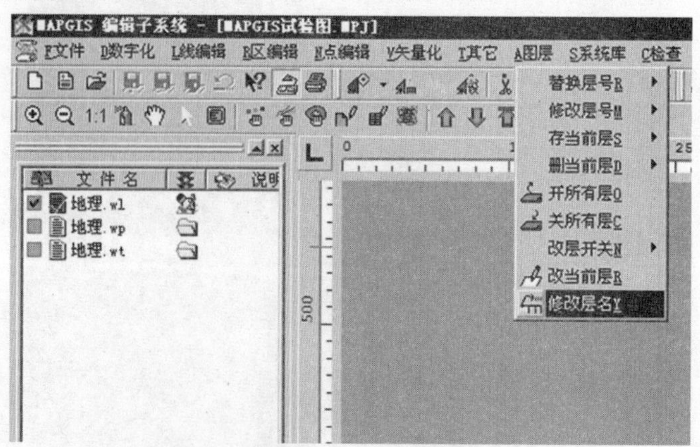

图 7-19　选择修改图层名

（2）编辑图层信息（确定图层样式）。

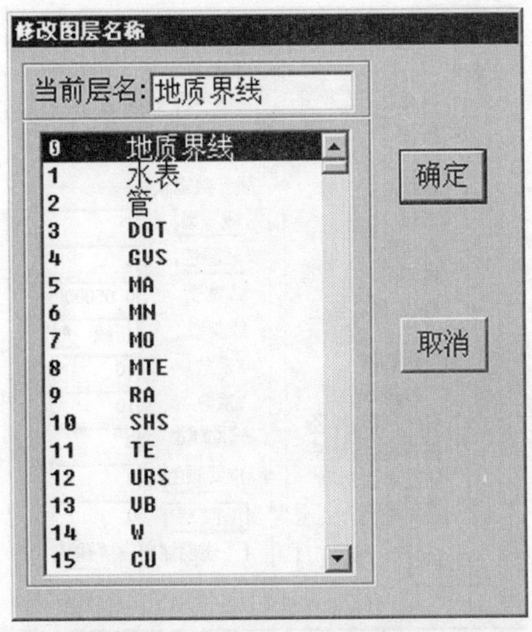

图 7-20　“修改图层名称”对话框

本步骤仅适合一个图层设一种样式；如果一个图层内要设多种样式，则不适用此步骤，用“编辑工程图例”实现。

如要编辑“地质界线”图层，操作步骤如下：

线编辑—输入线—输入线E，如图 7-21 所示，在“造线信息”对话框中单击”图层”（见图 7-22），选择“地质界线”图层（见图 7-23），然后编辑该图层中的线形和线参数等各种信息（见图 7-24）。

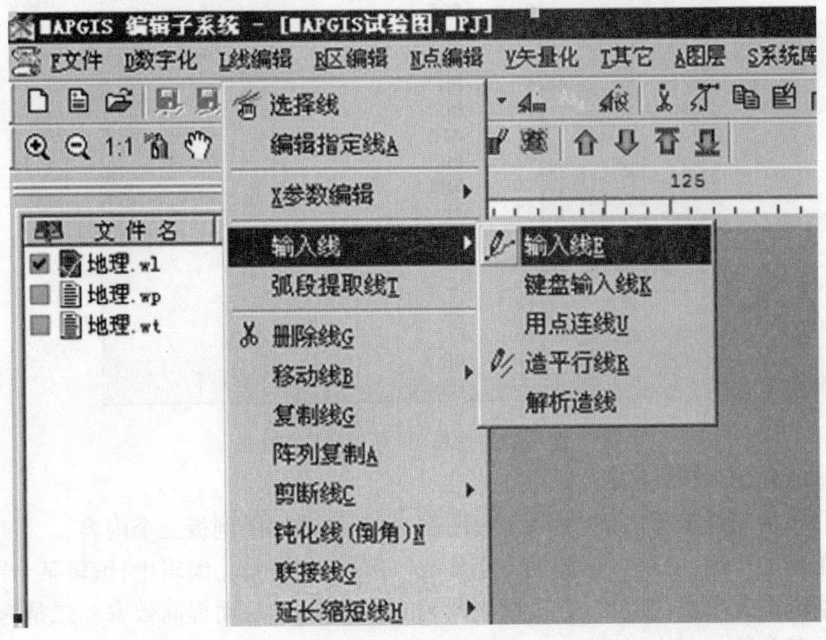

图 7-21　输入线

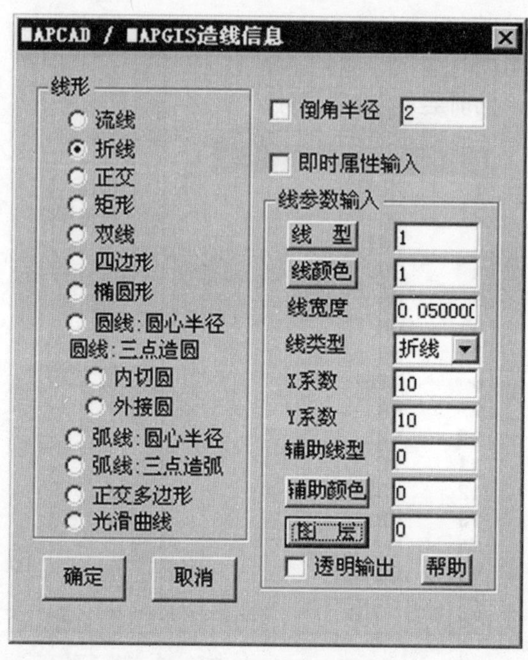

图 7-22　选择“图层”

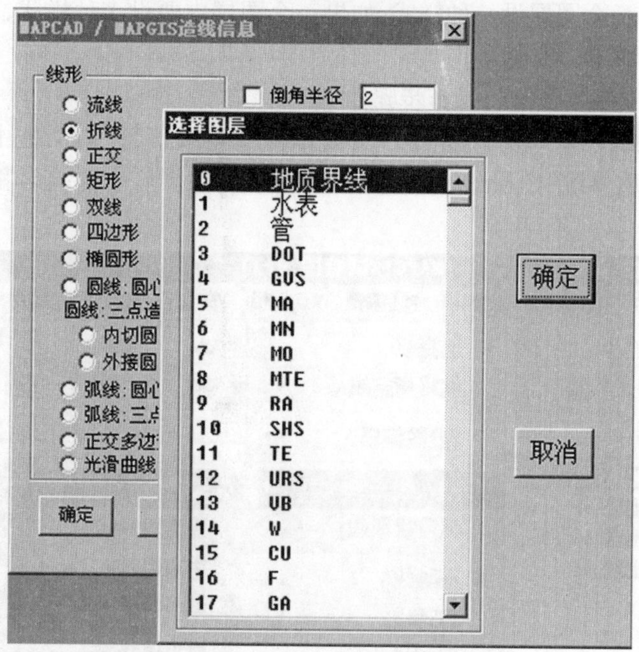

图 7-23　选择“地质界线”图层

4. 编辑工程图例(要素样式)

本部分包括新建工程图例、关联工程图例、打开和使用图例板三个内容。

工程图例的作用:一是方便提供固定参数。例如,在矢量化编辑中,编辑某个图元时,在图例板中拾取图元参数,则可以直接用该图元的所有样式,从而提高效率。二是为制作图例提供图元及其参数。

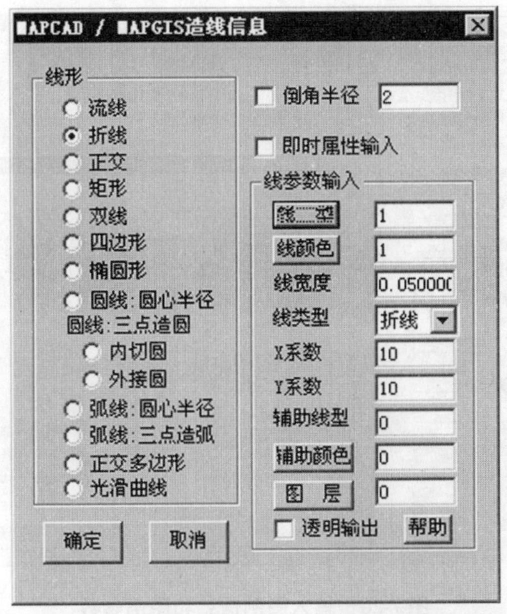

图 7-24 编辑该图层中的线形和线参数等各种信息

1)新建工程图例

在工程管理窗口中空白处的右键菜单中选择“新建工程图例”工具(见图 7-25),并在对话框“工程图例编辑器”中,分别对点、线、区类型的图例进行编辑和保存。要输入图例信息和图例参数(见图 7-26)。多个图例可属于同一图层。图例对应的对象叫作图元。

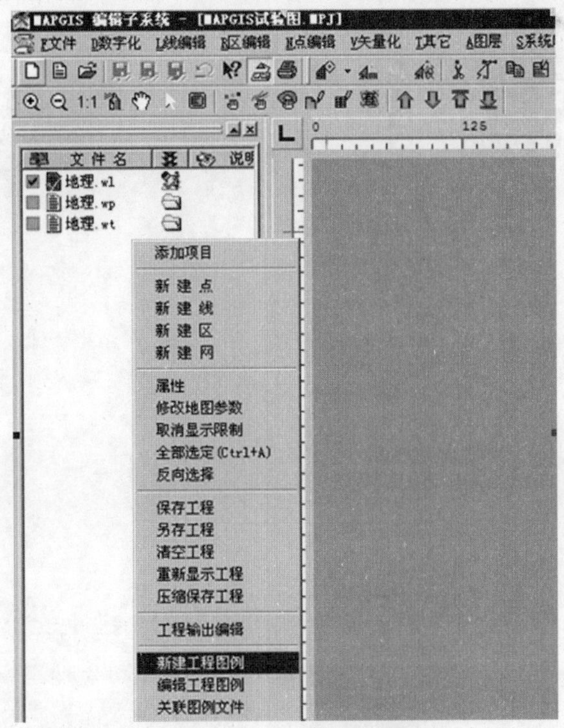

图 7-25 新建工程图例

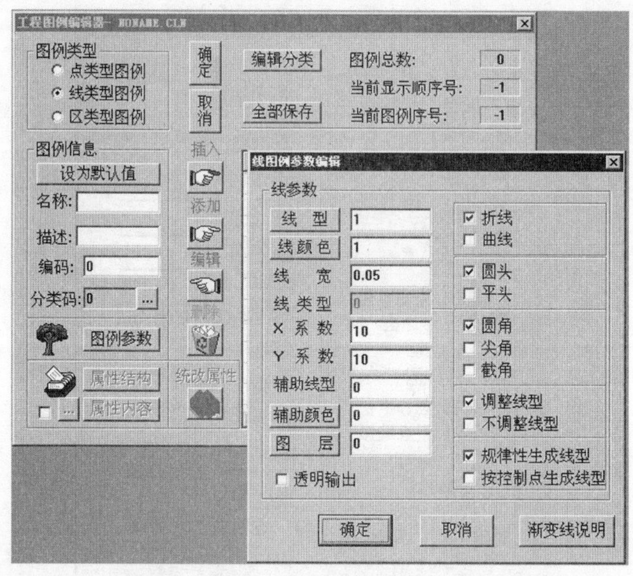

图 7-26　输入图例信息和图例参数

2)关联工程图例

只有将工程与图例进行关联,才能在图形编辑中使用图例板中的内容。

步骤如下:

右键单击左面工程编辑窗口中的空白处,选择“关联图例文件”(见图 7-27)—打开“工程图例文件修改”对话框—单击“修改图例文件”—选择刚才所做“图例板”或者已有图例板

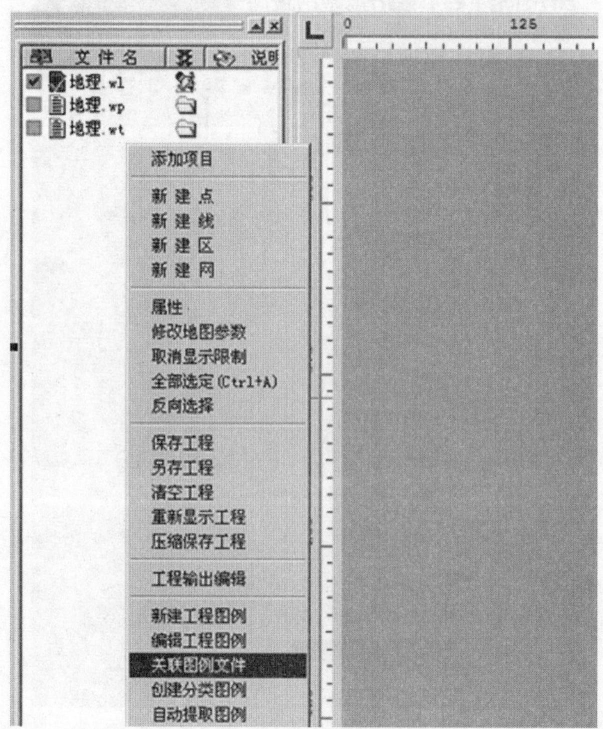

图 7-27　关联图例文件

文件—单击“确定”,见图 7-28。

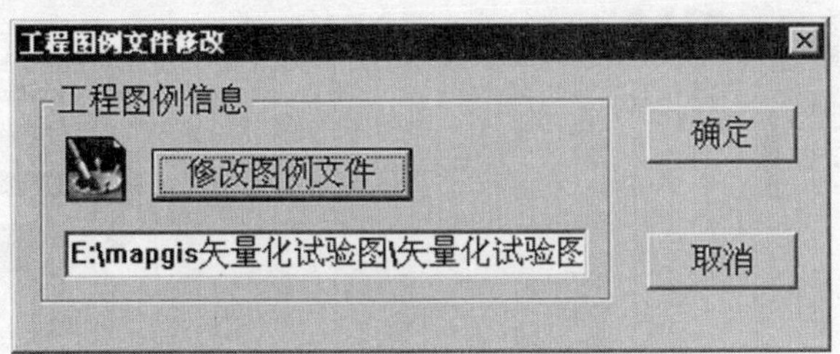

图 7-28　“工程图例文件修改”对话框

3)打开和使用图例板

右键单击左面工程编辑窗口中的空白处,选择“打开图例板”,即可打开,如图 7-29、图 7-30所示。

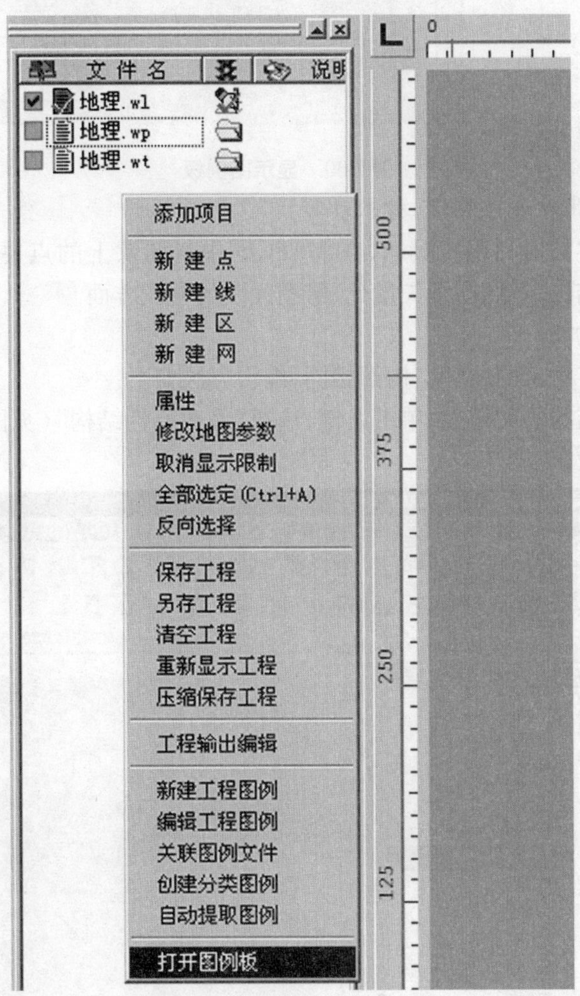

图 7-29　选择“打开图例板”

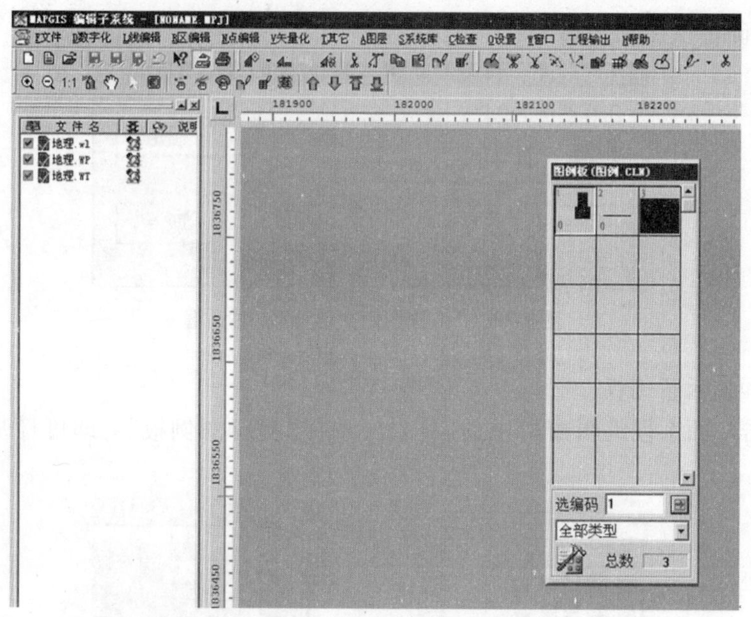

图 7-30　显示图例板

5. 点、线的矢量化和属性编辑(核心步骤)

本步骤主要讲述如何利用工具箱,在 MAPGIS 中对图片上的点要素、线要素进行矢量化。包括编辑属性结构、对照图纸矢量化、给图元赋属性三方面。

1) 编辑属性结构

一个文件内所有对象的属性结构都相同,编辑方法如下:

在要编辑属性结构的文件上,单击右键,选择"修改属性结构"(见图 7-31),即可添加或删除或修改属性字段(见图 7-32)。

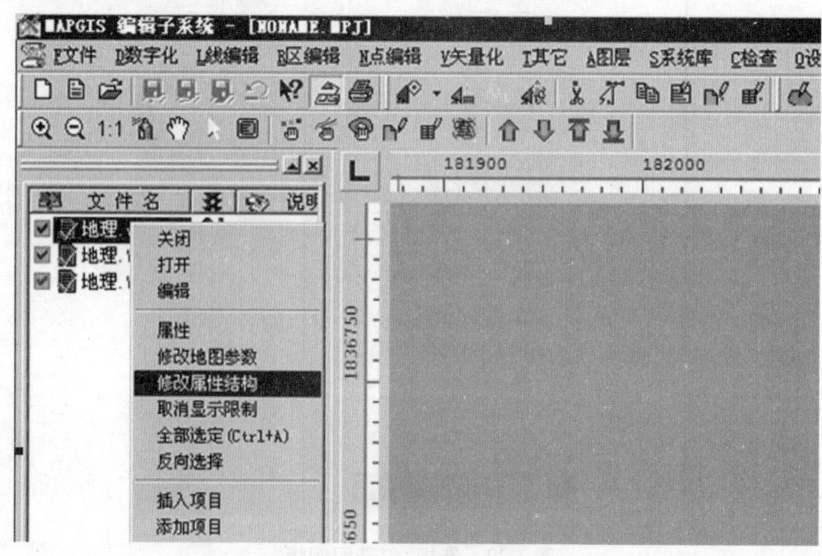

图 7-31　选择"修改属性结构"

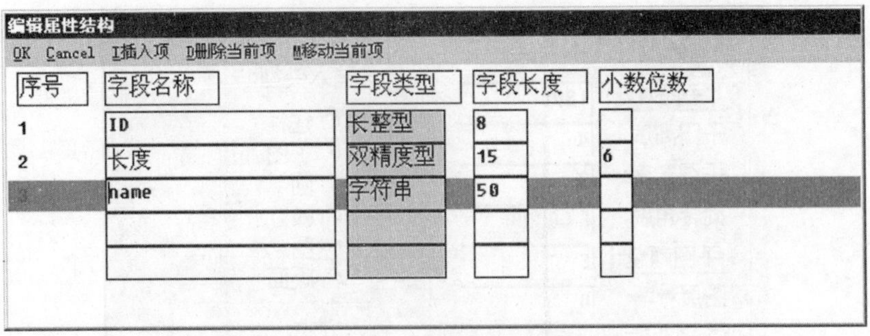

编辑属性结构

OK　Cancel　I插入项　D删除当前项　M移动当前项

序号	字段名称	字段类型	字段长度	小数位数
1	ID	长整型	8	
2	长度	双精度型	15	6
3	name	字符串	50	

图 7-32　编辑属性结构

2)对照图纸矢量化

(1)点的矢量化。

点的矢量化可以直接输入点图元,也可以利用工程图例进行。下面先说输入点图元法。

利用输入点图元法:点编辑—输入点图元I(见图 7-33),打开“输入点图形”对话框,进行相应参数设置(见图 7-34),单击“确定”。在屏幕上,用鼠标在图像上的点要素所在位置,左键单击,即可成功输入点,如图 7-35 所示。

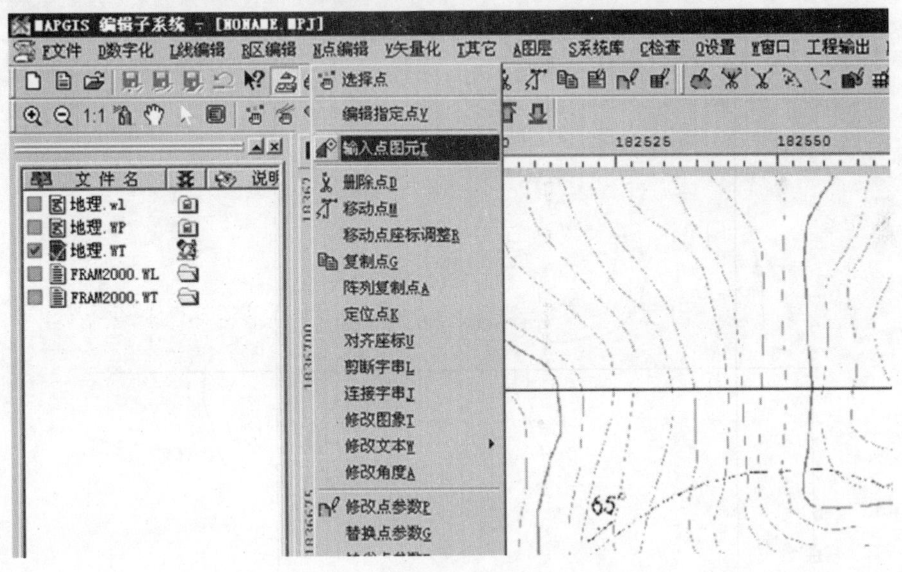

图 7-33　打开“输入点图元I”对话框

利用工程图例法:打开图例板(上面已经讲过),在图例板中点击要选择的图元样式,如■(下图左侧第一行),如图 7-36 所示。单击编辑菜单——“输入点图元I”(见图 7-37),则在“输入点图形”的对话框(见图 7-38)里直接显示的是■的样式参数。单击“确定”,直接在屏幕上找到合适位置点击生成点,如图 7-39 所示。

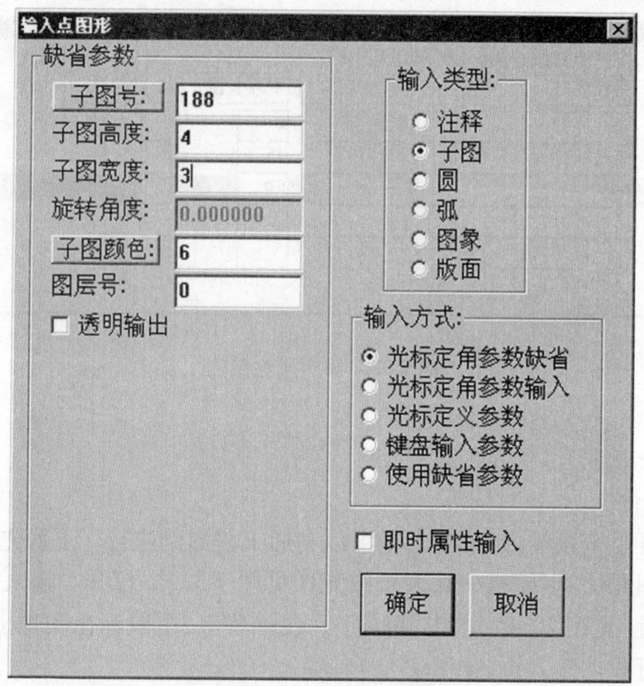

图 7-34　点参数设置

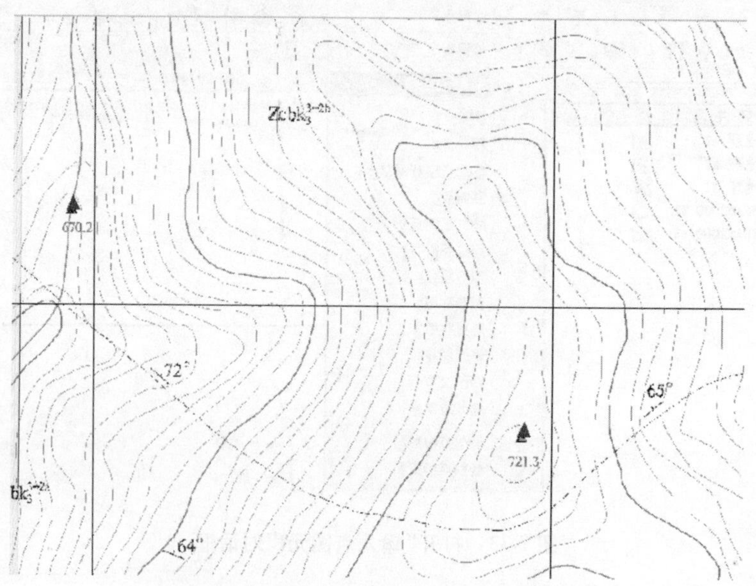

图 7-35　成功输入点(▲为点击输入的点)

(2)线的矢量化。

线的矢量化和点类似。区别在于使用的是“线编辑”菜单中的“输入线”。

3)给图元赋属性

给图元赋属性,可以单个赋,也可以批量赋。

可以在“输入编辑”子模块进行处理,也可以在“属性管理”中进行专门属性输入,也可

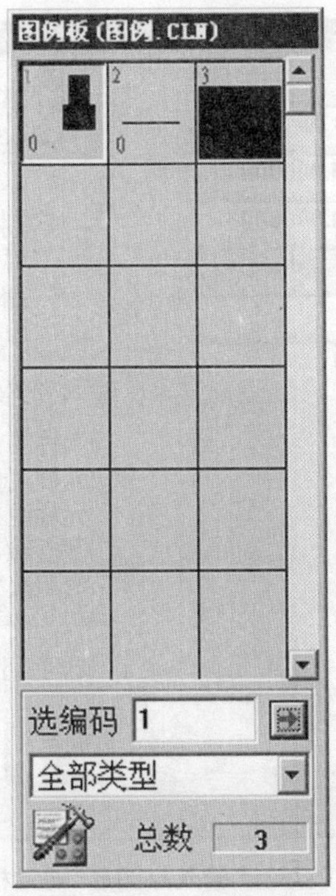

图 7-36 选择图元样式

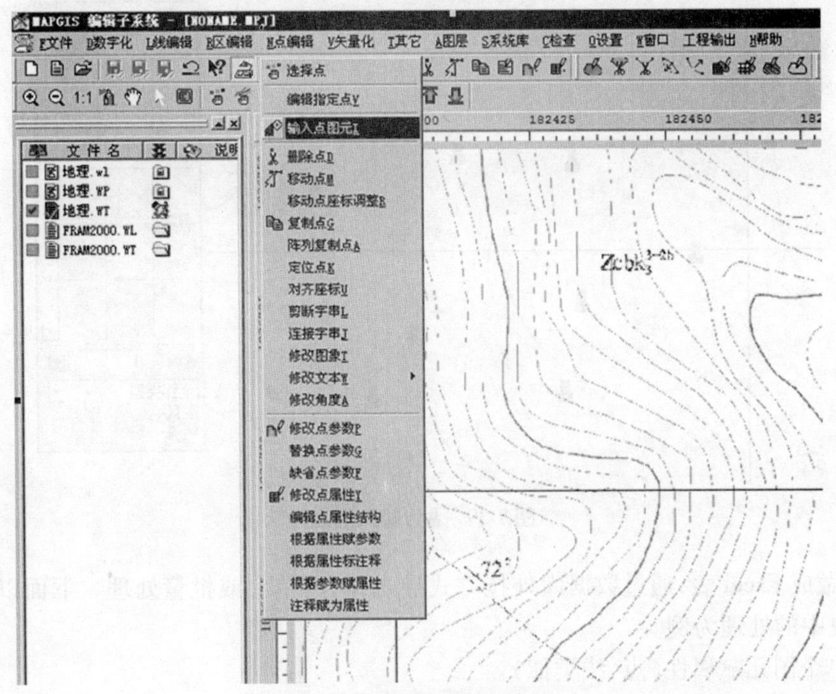

图 7-37 选择“输入点图元”

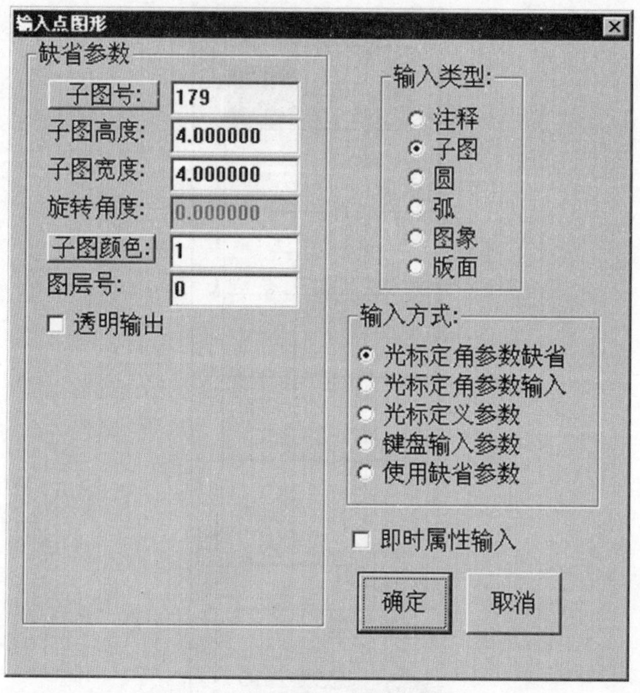

图 7-38 “输入点图形”对话框

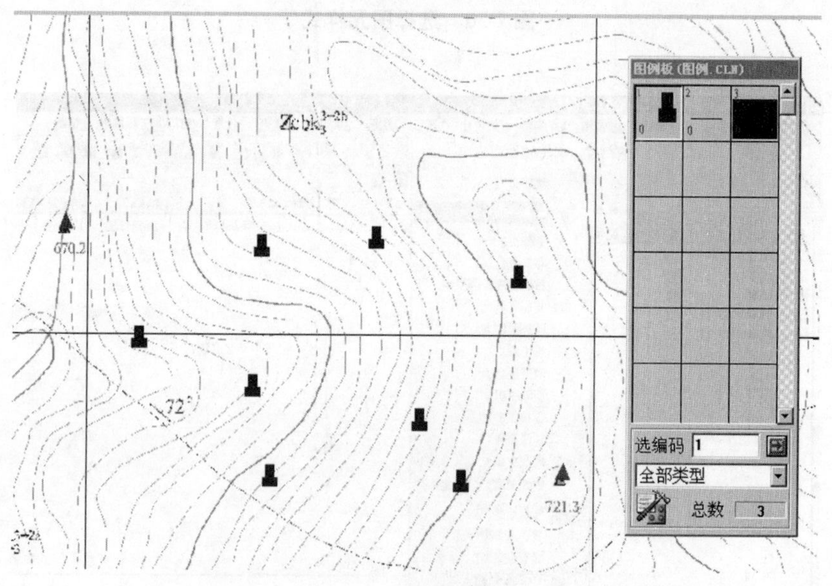

图 7-39 ▲为输入的点

以在外部做成 Excel 表,通过数据库外挂方式导入,均可单个或批量处理。下面以“输入编辑”子模块中的处理为例。

(1)单个图元赋属性(点、线类似)。

点编辑—修改点属性点Y(见图 7-40),选中要编辑属性的点图元,立即弹出“属性编辑”对话框,即可进行输入属性编辑,如图 7-41 所示。

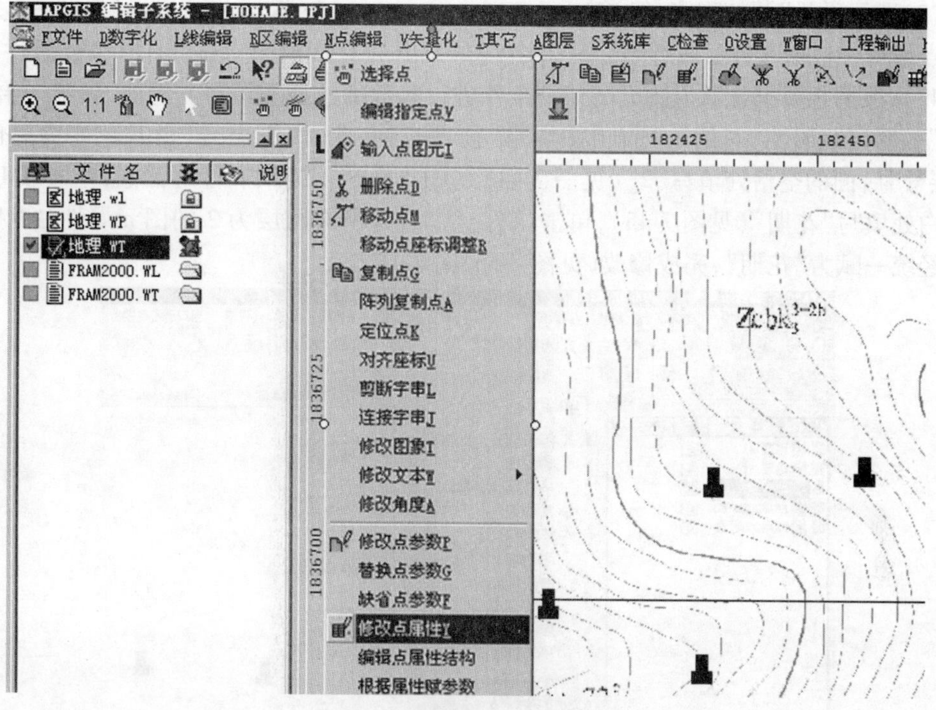

注:图中“座标”应为“坐标”,下同。

图 7-40　选择“修改点属性”

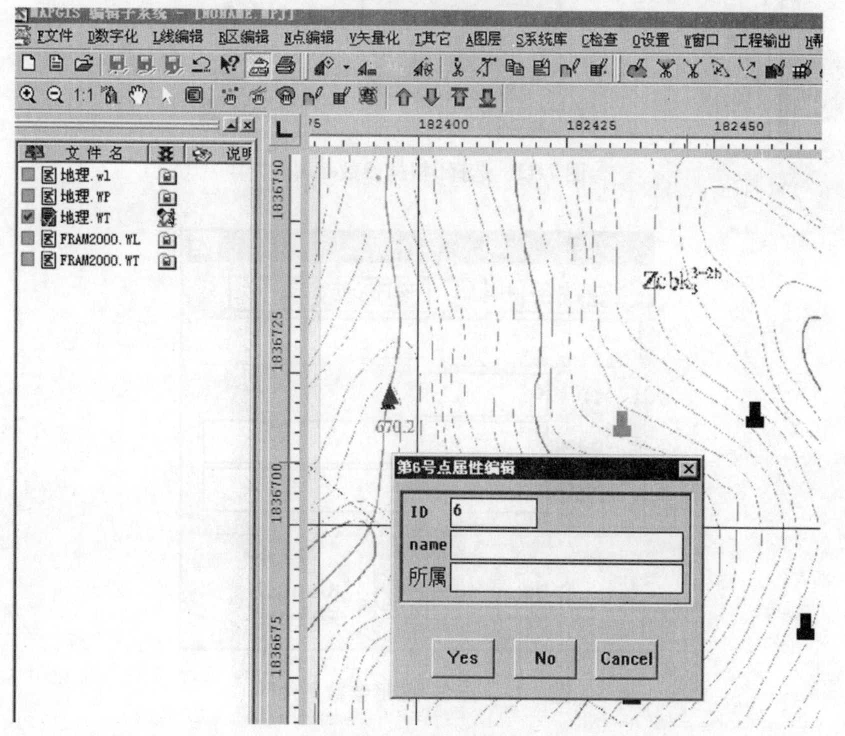

图 7-41　修改点属性

(2)图元批量赋属性(点、线类似)。

点编辑—根据参数赋属性(见图 7-42),在弹出的对话框中单击“图形参数条件”(见图 7-43),根据想要批量赋值图元的特征条件进行参数的选择和填写。例如,想统一给编号为“2”的图层赋属性“花期”,则在“图层号”前面打钩,此时“图层号”由灰色变为黑色,在“图层号”后面的空格处填写“2”(见图 7-44),单击“确定”,返回属性对话框,在“NAME”后面空白处填写“花期”(见图 7-45),单击“确定”。查看所有图层为 2 的图元属性,“NAME”栏已经统一赋为“花期”,完成修改(见图 7-46、图 7-47)。

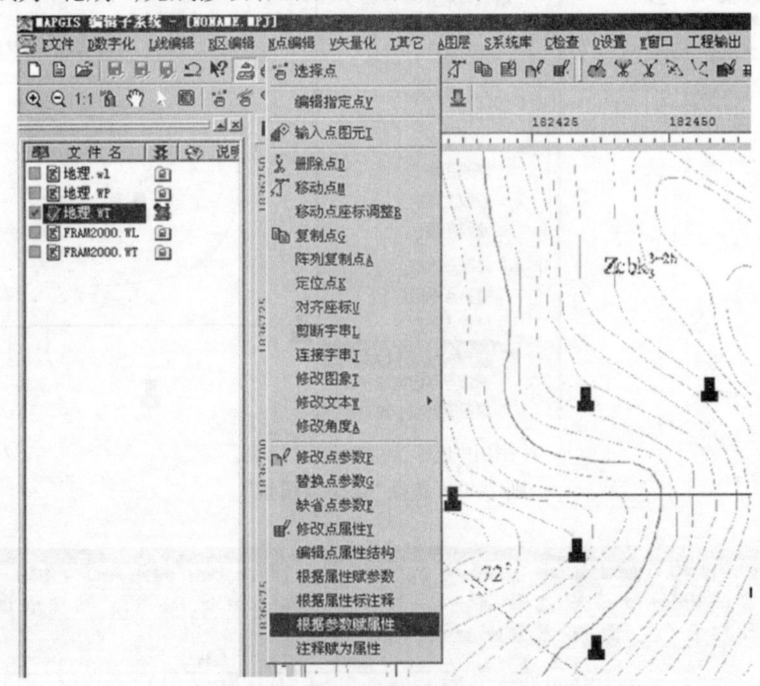

图 7-42　选择“根据参数赋属性”

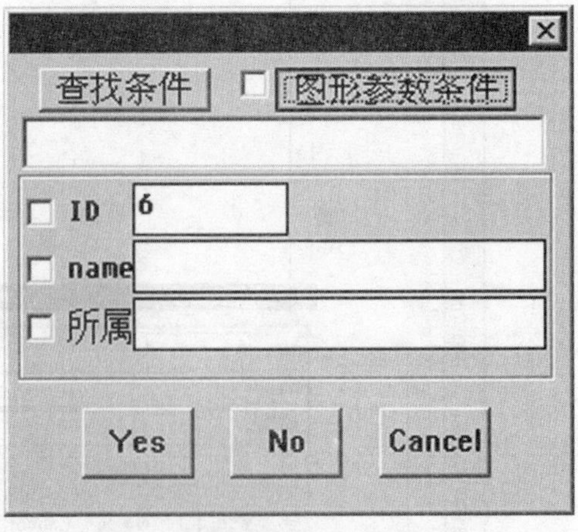

图 7-43　点击“图形参数条件”

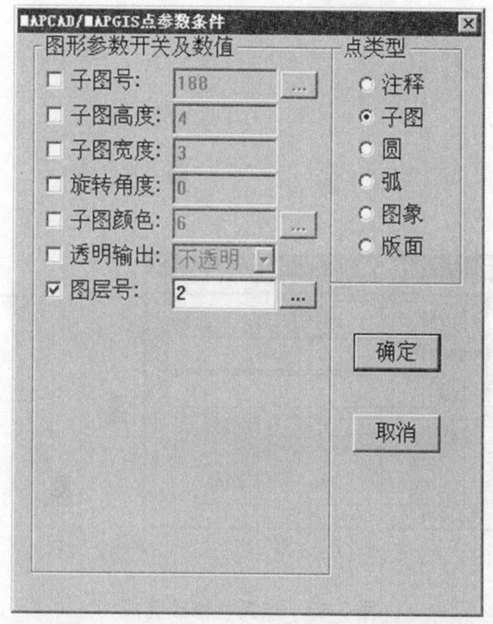

图 7-44　修改点参数条件,对图层号进行修改

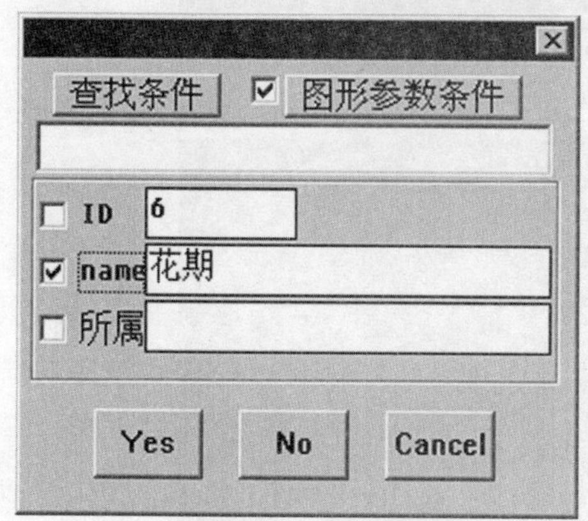

图 7-45　填写所赋属性名称"花期"

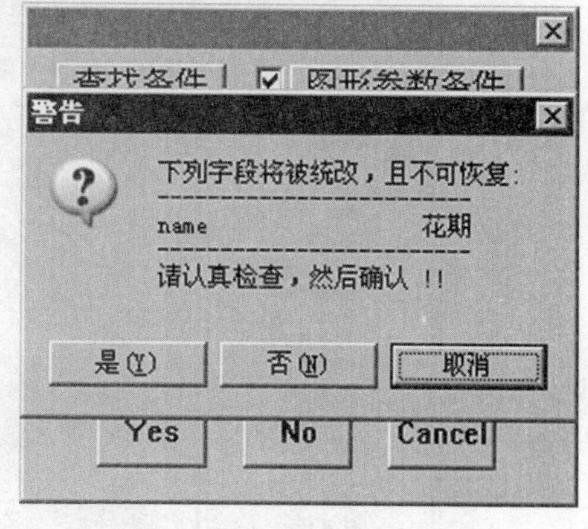

图 7-46　选择"是",确认修改

6. 线拓朴造区(面)

基本概念如下:

(1)弧段。组成区域边界的曲线,对每个区而言,弧段是有方向的。MAPGIS 拓扑子系统的预处理和拓扑处理都是以弧段为基础的。

(2)节点。弧段的端点，或数条弧段的交点。节点间相互关系靠弧段相互联系，在平面上构成网状数据。

建立了节点信息之后,任何编辑操作都会破坏节点信息。

本部分包括检查线数据和预处理、图形拓扑两个内容。

1)检查线数据和预处理

(1)将与拓扑无关的线(如公路、铁路、河流等)放到其他层,将有关的地质界线放到一层,并将该层保存为新文件(使用"根据图层分离文件"工具,见图 7-48),以便进行拓扑处

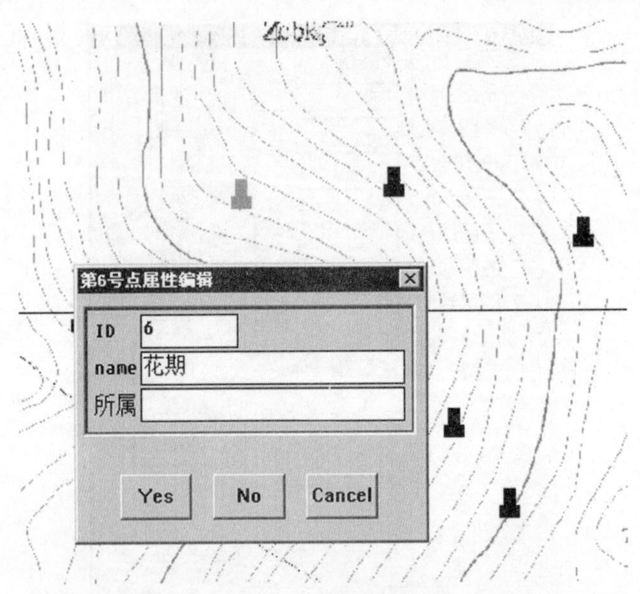

图 7-47　点属性修改完成

理。对于多个线文件应该进行合并(使用"合并文件"工具,见图 7-49)。

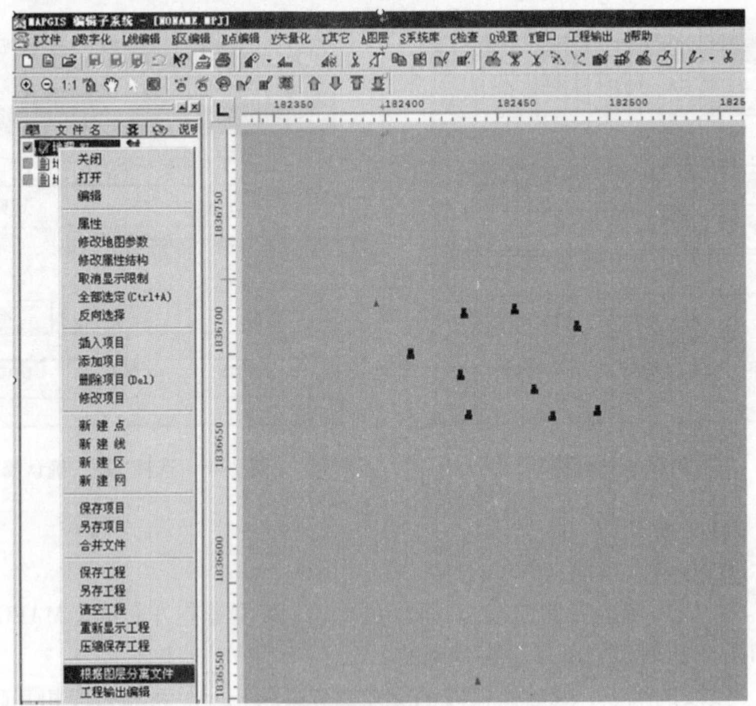

图 7-48　"根据图层分离文件"工具

(2)可以按照以下顺序对线数据进行预处理:

自动剪断线—清除相交线—清除微短线—自动节点平差—重叠线检查—线拓扑错误检查—处理错误—线工作区提取弧—保存弧段—区拓扑错误检查,如图 7-50 ~ 图 7-57 所示。

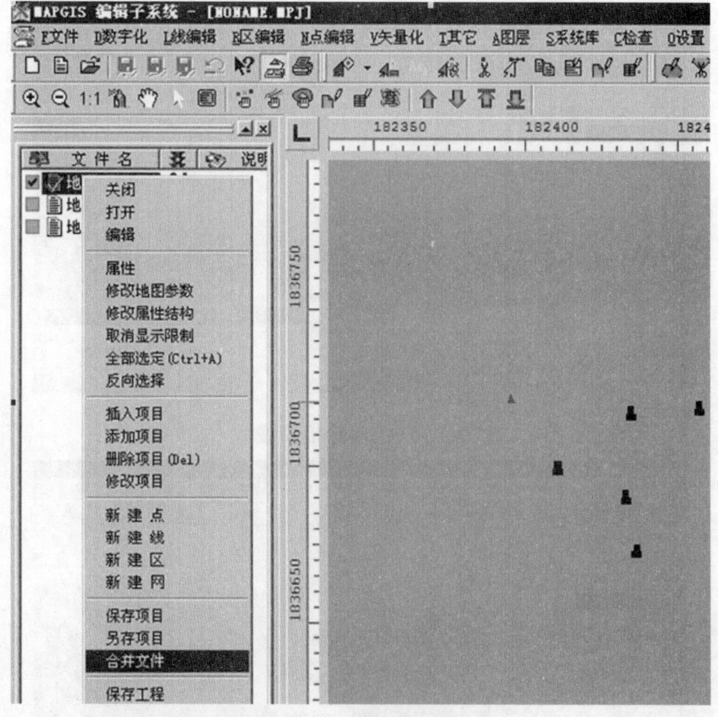

图 7-49 “合并文件”工具

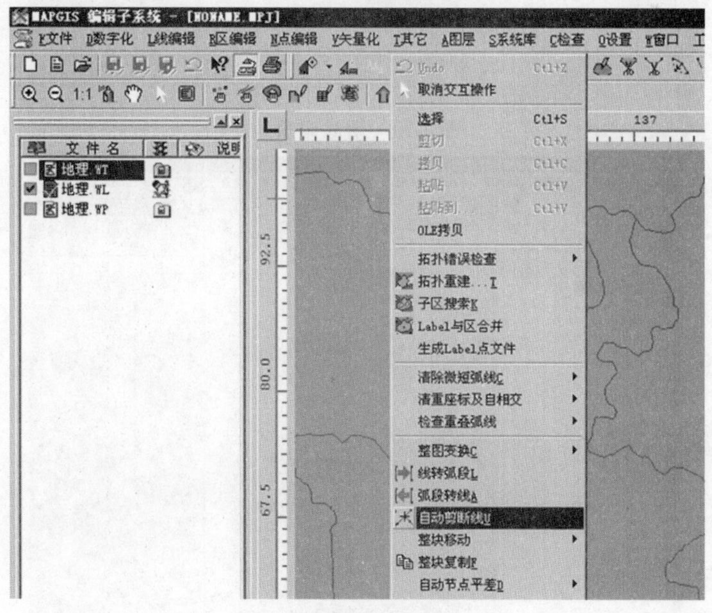

图 7-50 自动剪断线

“其他”—“清重坐标及自相交”—“清线重叠坐标及自相交”，在错误处选中一处，单击右键，选“清除所有重叠坐标”。

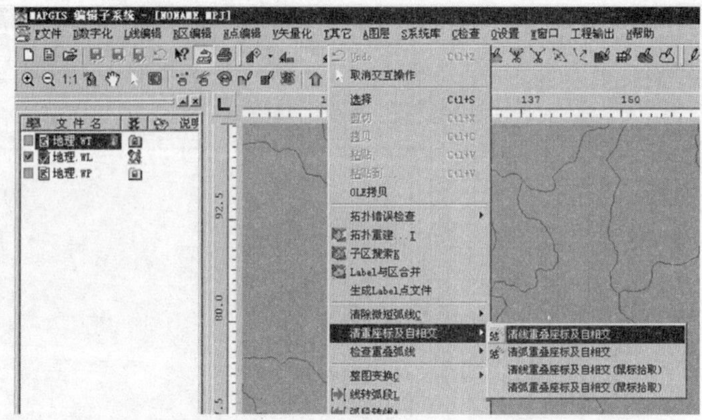

图 7-51　清除相交线

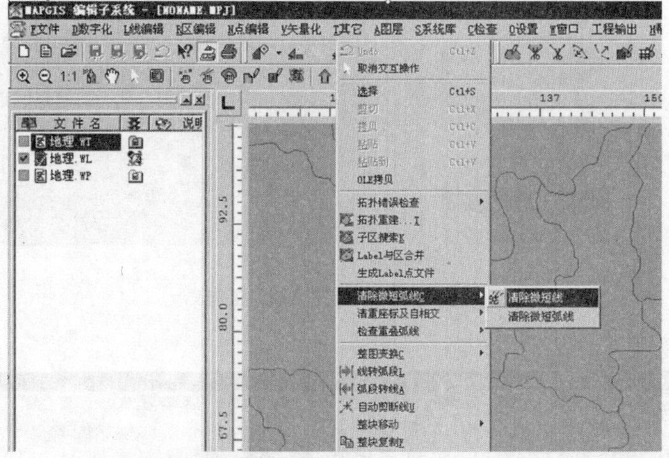

图 7-52　清除微短线

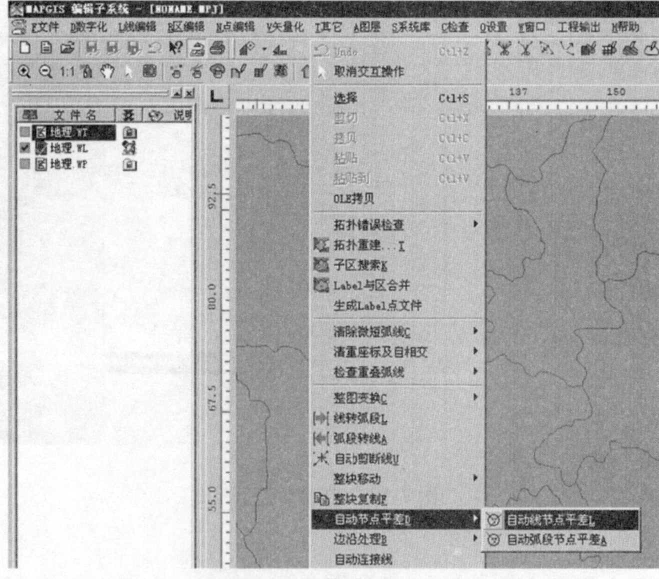

图 7-53　自动线节点平差

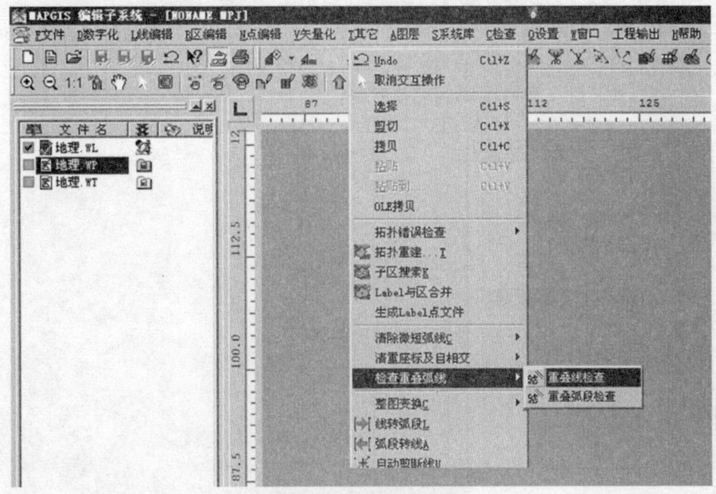

图 7-54　重叠线检查

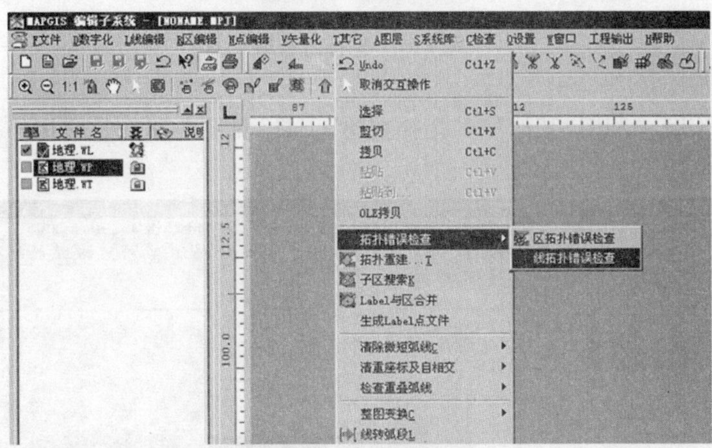

图 7-55　拓扑错误检查

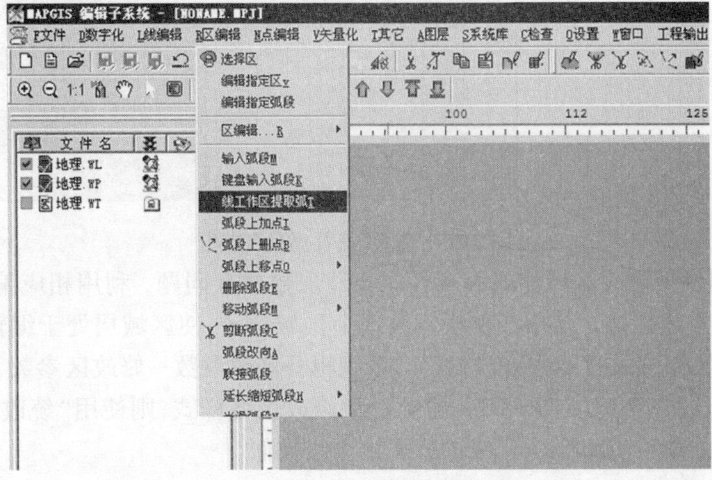

图 7-56　线工作区提取弧

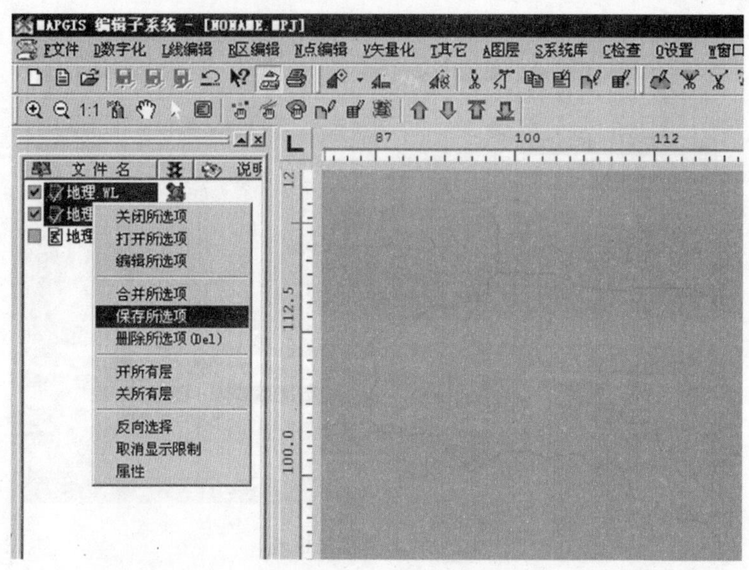

图 7-57　保存所选项

2)图形拓扑

(1)在 MAPGIS 中利用“其他”—“拓扑重建”工具(见图 7-58),重建拓扑关系,如图 7-59 所示。

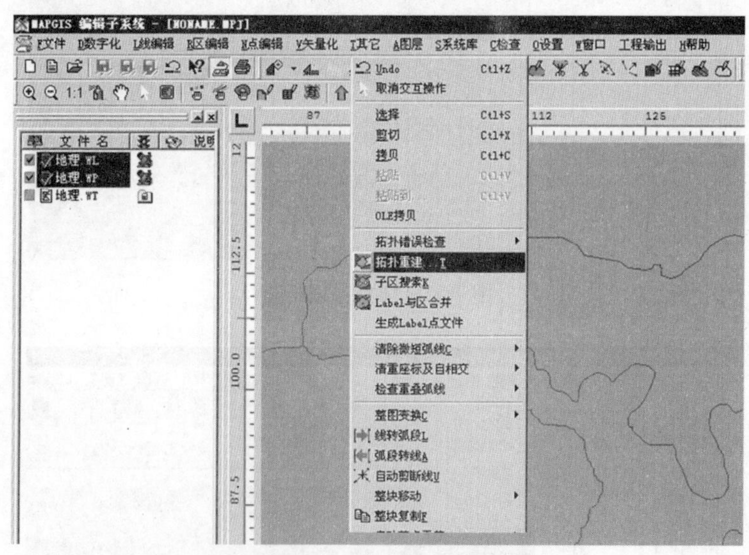

图 7-58　选择“拓扑重建”工具

(2)使用图例板修改区域样式和属性。若发现数据有问题，利用相应编辑功能，重新修改数据后,再重建拓扑。使用图例板修改单个区域样式:使区域层处于编辑状态,点击图例板中想要的样式(如图 7-60 品红样式),区编辑—修改参数—修改区参数,点击要修改的那片区域,完成,见图 7-61 ~ 图 7-63。若要批量修改区域样式,则使用“统改区参数”工具,见图 7-64。区域属性的赋值和点、线的赋属性方法类似。

(3)用“删除线”功能将上面所画的地质界线删除,如果地质界线为单独文件,可直接删除文件。

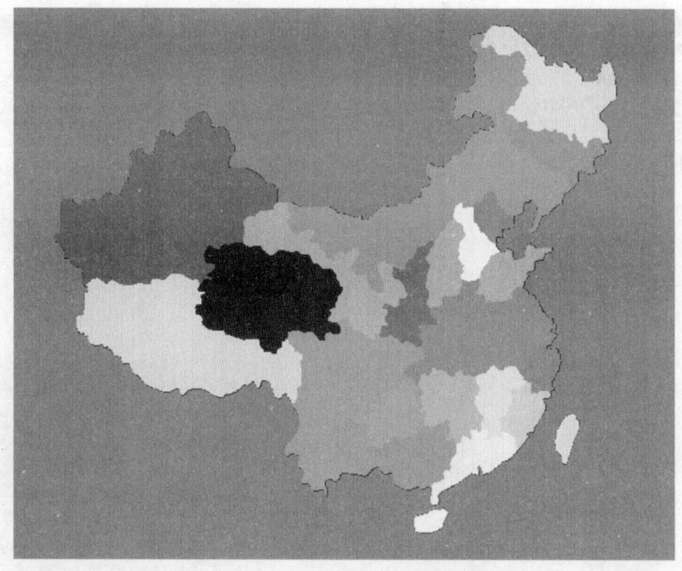

图 7-59 拓扑重建后的区范例

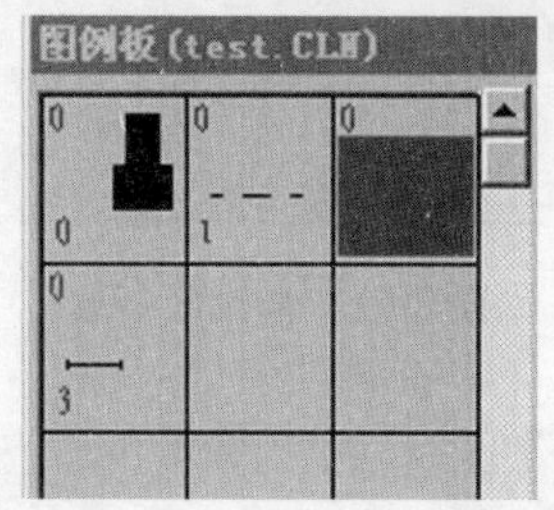

图 7-60 品红样式

三、图幅整饰

如果客户有出图需求，则在 MAPGIS 编辑窗口中添加图名、地理网格、图框、外框、图例、比例尺、图内注记和图外注记等整饰内容，最后保存该工程文件。如果不用出图，则不用做上述工作。

（一）图名和图内外注记的制作

点编辑—输入点图元，在“输入类型”框里选择“注释”（一定要注意，如果是“子图”，就变成了点符号，“注释”则为注记），将其他参数设置完成后，即可在选定位置添加注记或者图名。

（二）图框、比例尺、地理格网制作

图框在“利用 MAPGIS 生成标准图框”步骤已经完成，包括比例尺、数字比例尺和地理格网，直接通过“添加项目”方式装入即可，如图 7-65 所示。

（三）外框制作

可以用点或线或面符号来紧靠图框放置而成（也可用其他更便捷的方法）。

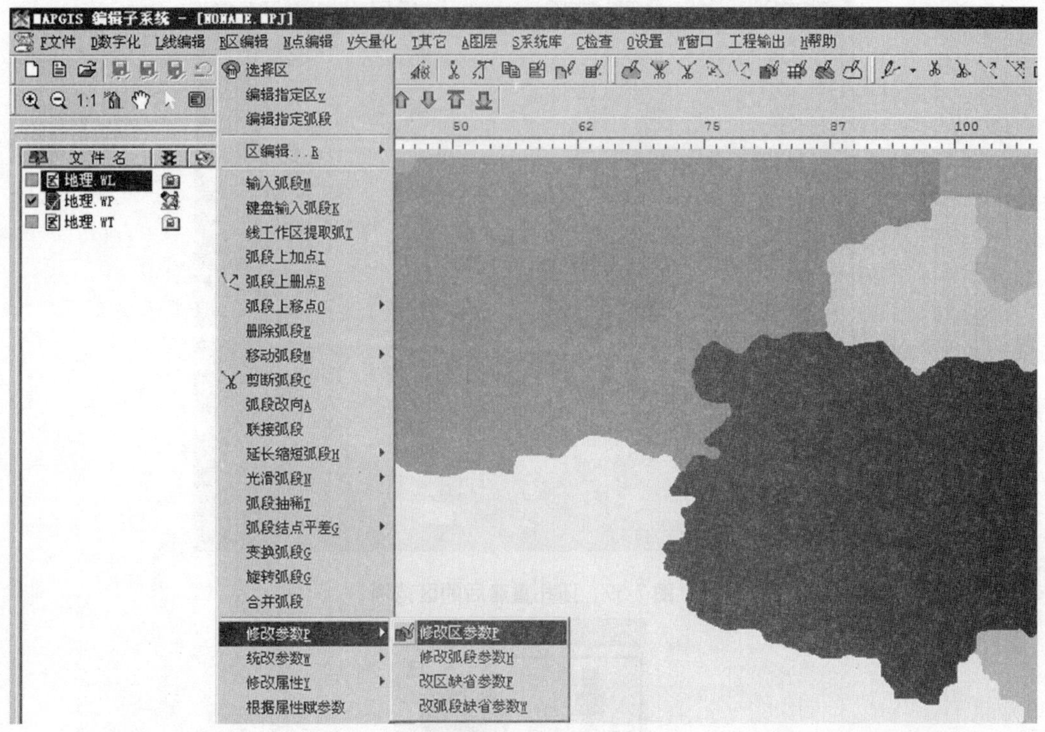

图 7-61　修改区参数

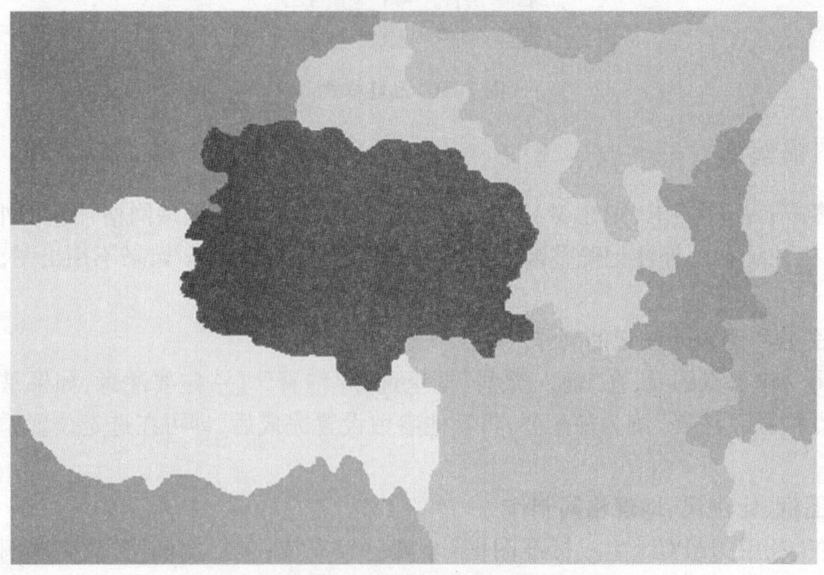

图 7-62　修改样式前

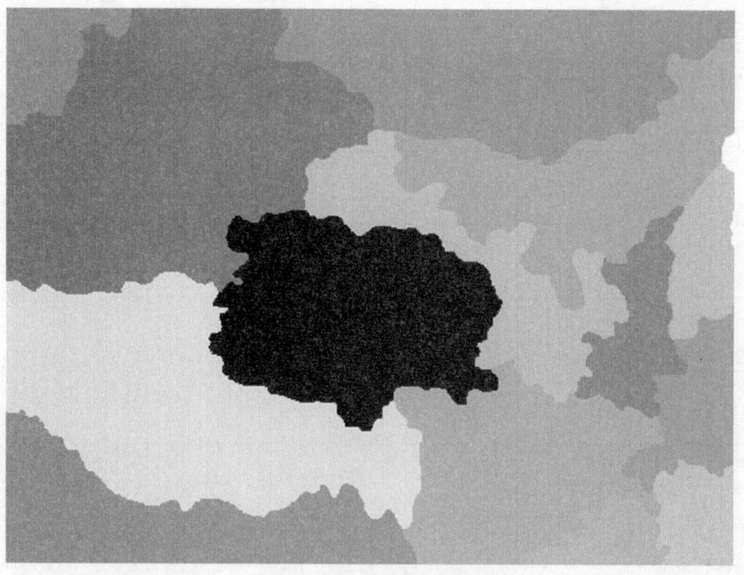

图 7-63 修改样式后

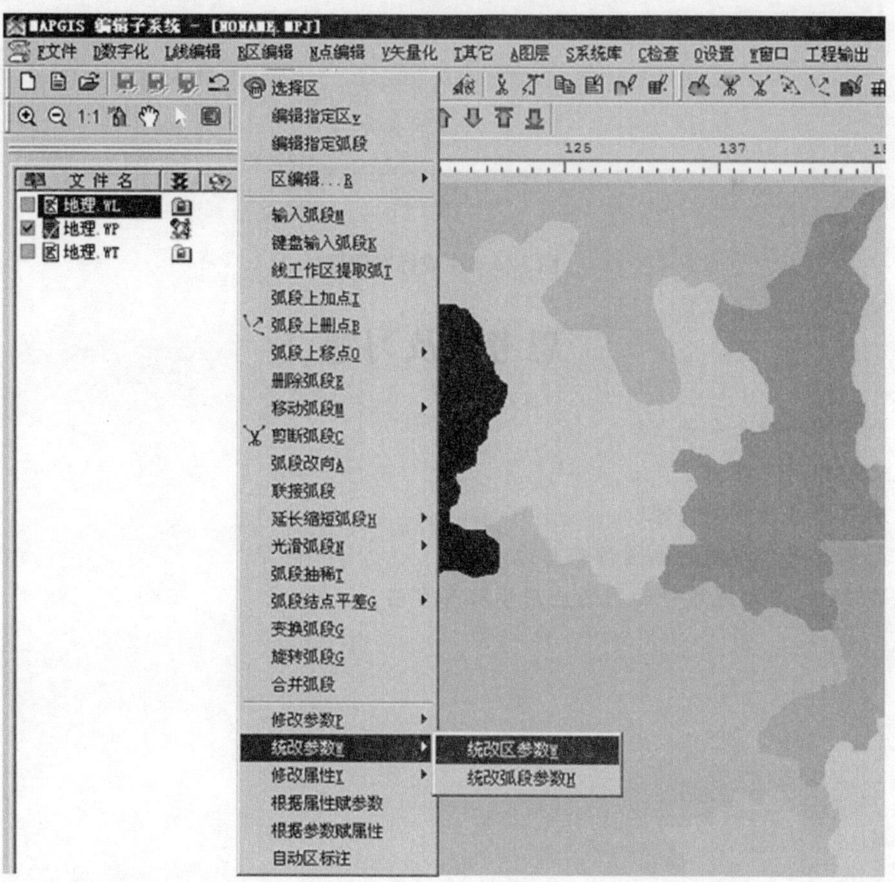

图 7-64 统改区参数

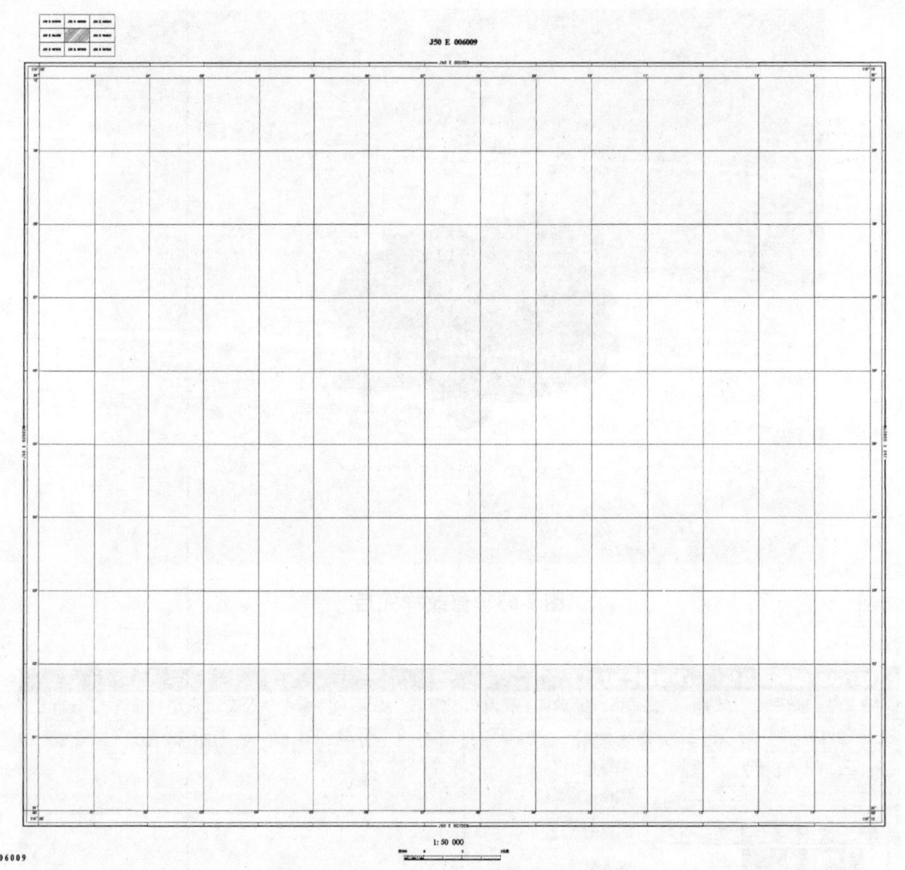

图 7-65　生成标准图框

思考题及习题

1. 地质图的概念是什么？
2. 地质图有哪些用途？
3. 地质图包括哪些内容？
4. 简述矿产分布图的编图步骤与方法。
5. MAPGIS 绘制地质平面图的应用步骤有哪些？

项目八　地质柱状图

学习目标

了解地质柱状图在地质工作中存在的意义及作用，学会如何通过计算机软件绘制真实有效的地质柱状图。

【学习导入】

地质柱状图是野外地质工作成果的图形化表示，它是根据野外实测或钻探等手段获取地质资料，经过整理，按新老地层的叠置关系恢复成水平状态，从而编制成的一种表格式的柱状图件。通过地质柱状图可反映研究区的地层岩性、地层的层序、时代、厚度、接触关系及其他地质现象，另外还可以反映水文地质特征、古生物特征、沉积相特征等。地质柱状图根据用途的不同，其表现内容和形式有一定的差别，本项目主要介绍地质工作中几种常用的地质图。

单元一　实测地层柱状图

一、实测地层柱状图

在资源地质勘探的不同阶段，按其工作程度的要求不同，所采用的勘探手段有较大的差异，但一般都必须进行地质填图工作。这是因为地质填图工作是在充分利用地面露头资料的基础上，再配合其他勘探手段，达到查明地质情况的手段。在地质填图工作中，一项非常重要的工作就是实测低层剖面，将野外实测资料经过室内整理，编制实测地层柱状图，从而掌握研究区的底层特征。下面简要介绍实测地层柱状图的编制方法。

(一)野外实测剖面记录表

野外实测剖面时，要填写实测地层剖面记录表，实测地层剖面记录表的内容较多，表8-1给出了编制实测地层柱状图的相关内容。

表 8-1　实测地层剖面记录表

工区＿＿＿＿＿剖面编号＿＿＿＿＿剖面位置＿＿＿＿＿起点坐标　$X=$　　$Y=$　　$Z=$

导线号	方位角(°)	坡度角(°)	层号	导线读数		导线距		累计平距(m)	高差(m)	累计高差(m)	岩层产状			夹角(°)	分层厚度(m)	累计厚度(m)	分层代号	岩层名称	标本		样品	
				自(m)	至(m)	斜距(m)	平距(m)				倾向(°)	倾角(°)	位置(m)						编号	位置(m)	编号	位置(m)
1	2	3	4	5	6	7	8	9	10	11	12	13	14	15	16	17	18	19	20	21	22	23

(二)室内整理与计算

在进行计算前,首先要认真核对相关内容,保证原始数据准确无误。在进行了核对检查后,就可进行岩层厚度的计算。岩层厚度的计算包括分层厚度计算和累计厚度计算。计算表如表 8-2 所示。

表 8-2　实测地层剖面数据计算表

项目(矿区)＿＿＿＿＿　　剖面位置＿＿＿＿＿　　起点坐标:X:＿＿ Y:＿＿ H:＿＿

导线号	导线方位角(°)	斜距 L(m)	倾向(°)	倾角 α(°)	坡度 β(°)	岩层走向与剖面线夹角 γ(°)	$y=\sin^2\alpha\cos^2\beta\sin\gamma\pm\cos^2\alpha\sin\beta$								导线端点高差 $h=L^2\sin\beta$	导线平距 $m=L^2\cos\beta$	分层			分层累计厚度(m)	备注
							$\sin\alpha$	$\cos\beta$	$\sin\gamma$	积	±	$\cos\alpha$	$\sin\beta$	积			编号	斜长 L_i(m)	真厚度(m) $D=L_i^2\gamma$		
1	2	3	4	5	6	7	8	9	10	11	12	13	14	15	16	17	18	19	20	21	22

(三)实测地层柱状图的绘制

利用上述计算结果,采用现行的岩石符号标准图例,就可以绘制实测地层柱状图。需要说明的是,不同的行业或单位其柱状图的格式可能稍有差异,但基本内容都是相同的,编图方法如下。

1. 确定比例尺

实测地层柱状图的比例尺大于或等于实测地层剖面的比例尺。这是一个总的原则,在满足该原则的前提下,所选用的比例尺对剖面上的主要岩性特征,特别是标志层的特征在地层柱状图中能够得到清楚反映。比例尺一般可选 1∶100、1∶200、1∶500 等。

2. 设计实测地层柱状图的格式

实测地层柱状图的格式应尽量符合一般地层柱状图的格式和行业规范,以便于柱状图的阅读和交流。作为地层柱状图、地层单位、地层代号、岩层分层厚度、累计厚度、层序号、岩性柱状、岩性描述等基本栏是必不可少的，具体绘制时，根据地层总厚度用制图比例尺，计算出柱状图的总长度，并合力确定岩性柱状图和各栏的宽度，整个图面成一竖长的矩形，使所给图形既符合一般规范，又达到整体美观的效果。

3. 编制实测地层柱状图

(1)根据岩性柱状图的总长度和所设计的柱状图格式，合理布局柱状图不同部分在图面的位置，然后按已定格式绘制各栏目。

(2)用岩层累计厚度填绘岩性柱状，注意不要直接采用岩层的分层厚度分层绘制岩性柱状，这样容易产生累计误差，使所绘柱状长度与总长度不符，而应该用所绘岩层所在层的累计厚度从岩性柱状的起点逐层绘制各分层的岩性柱状。对于地层中的标志层、矿层或其他有意义的岩层，由于比例尺限制而表示不出时，可适当夸大加厚，予以表示，这实际上是借用上、下层的厚度，要保持整个柱状的长度不变。在填绘岩性柱状时，应根据之间的接触关系用相应的接触关系符号来表示。

(3)根据岩性柱状的地层分层界线分别向两侧延伸横线。由于各分层厚度差别较大，特别是有些特殊层厚度很小，如果直接向两侧延伸横线后有些层不能满足地层单位标注、岩性描述等的要求，应充分利用岩性柱状两侧的空白窄缝，引斜线(缓冲线)进行适当调整，并使其他栏目的上、下界线均保持水平，求得图面结构布局合理、美观。

(4)填写各栏中的数字和文字。

(5)检查整饰。实测地层柱状图编制完成后，要进行全面的检查，保证各种数据和描述准确无误，最后填写图名、比例尺和图签。由于地层柱状图中有“岩性描述”一栏，故一般无须再附岩性图例，但如果在岩性柱状图中有些特殊的符号来表示特定的地质内容，则应附相应的图例。

二、钻孔柱状图

目前，不管是资源勘探还是工程勘探，钻探工程仍然是最主要的勘探手段之一。钻探工程就是利用机械传动钻杆和钻头，向地下钻进成直径小而深的圆孔，成为孔径。在每一个钻孔完后，一般都必须编制钻孔柱状图，所以说钻孔柱状图是一个应用极其广泛的基础地质图件之一。下面介绍钻孔柱状图的编制方法。

(一)工程的地质编录

编制钻孔柱状图的基础数据来自钻探工程的地质编录成果，地质编录做得好坏直接影响地质资料的可靠性。

由于主控柱状图是采用伪厚度(钻孔所穿过的厘米)来编图的，所以钻探工程地质编录的主要任务就是要准确获得各岩层的换层深度，取得各岩层的换层深度后，就可方便地绘制出钻孔柱状图。

1. 岩心分层与描述

对所采取岩心要仔细观察，根据岩心分层原则和岩性变化特点，确定其分层界限，并对每一层进行详细的描述。其描述内容主要包括岩石的颜色、成分、粒度、滚圆度、分选性、胶结物、层理、结核、包裹体和动植物化石以及接触关系等。

2. 岩层倾角的测定

岩层倾角是计算岩层真度、分析地质构造的重要数据。需要说明的是,直接从岩心上测得的岩层倾角不一定是真正的岩层倾角,要根据钻孔偏斜的情况来计算表 8-2。

1)回次进尺终点换层

岩层的换层位置恰好位于进尺的终点,在这种情况下回次进尺孔深即为换层深度,当本次回次钻进无残留岩心时:

$$R = H \tag{8-1}$$

式中 R——换层深度;

H——回次累计孔深度。

当本次回次钻进有残留岩心时:

$$R = H_n - L_B \tag{8-2}$$

式中 R——换层深度;

H_n——回次累计孔深度。

L_B——本次残留岩心长度。

2)回次进尺中间换层

岩层的换层界面在回次钻进采取的岩心之中,即在回次进尺中间换层。根据岩心回次采取率和有无残留岩心,换层深度的计算有所区别。

当岩心回次采取率为 100%,回次钻进无残留岩心时:

$$R = H_n - h_2 \tag{8-3}$$

或

$$R = H_{n-1} + h_1 \tag{8-4}$$

当岩心回次采取率为 100%,回次钻进无残留岩心时:

$$R = H_n - h_2 - L_B \tag{8-5}$$

或

$$R = H_{n-1} + h_1 - L_C \tag{8-6}$$

当岩心采取率小于 100%,回次进尺无残留岩心时:

$$R = H_n - \frac{h_2}{x\%} \tag{8-7}$$

或

$$R = H_{n-1} + \frac{h_1}{x\%} \tag{8-8}$$

式中 $x\%$——回次采取率。

当岩心采取率小于 100%,回次进尺有残留岩心时:

$$R = H_n - \frac{h_2}{x\%} - L_B \tag{8-9}$$

或

$$R = H_{n-1} + \frac{h_1}{x\%} - L_C \tag{8-10}$$

通过上述计算后,可获得编制钻孔柱状图的基础数据。

(二)柱状图的绘制

(1)钻孔柱状图的比列尺一般可选择 1:100、1:200、1:500,其基本原则是所选用的比例尺对钻孔中的主要岩性特征,特别是标志层的特征在地层柱状图中能够得到清晰反映。

(2)设计钻孔柱状图的格式。不同地质行业的钻孔柱状图的格式差别较大,同一行业的不同单位其柱状图的格式也不尽相同,目前还没有统一的钻孔柱状图的格式。下面以煤炭行业为例,说明钻孔柱状图所反映的主要内容。

①钻孔柱状图的左面一般为地层系统,包括界、系、统、组、段。

②钻孔柱状图上一般应反映在钻头过程中的泥浆消耗量变化情况,泥浆消耗量在钻孔柱状图上一般用折线表示。

③水位预测成果,在钻孔柱状图上要反映出水位预测成果,水位预测成果一般也用折线表示。

④封孔情况,对于不同孔段用不同的材料封孔也应该在钻孔柱状图上表示出来。

⑤钻孔结构,对于有孔径变化时钻孔,应该表示出钻孔的结构,钻孔的结构一般直接用数字表示相应孔段的孔径。

⑥岩性柱状,在岩性柱状的两侧一般要留一定的空白区,用于画缓冲线。

⑦地层层序号。

⑧矿层或标志层名称,对钻孔中的矿、标志层或其他有意义的层位,应明确表示出来。

⑨地层分界线的累计孔深。

⑩各层岩的分层厚度。

⑪岩心采取长度。

⑫分层岩心采取率。

⑬岩层倾角,用于分析地质构造和计算岩层的真厚度。

⑭岩层真厚,钻孔柱状图上所采用的厚度是地层的伪厚度,即钻孔的长度等于孔深,所以一般应在钻孔柱状图上将计算出的每一层的真厚度表示出来。

⑮岩层真厚累计。

⑯岩层描述。

以上所列出的栏目是目前煤炭行业较常见的一种简单的钻孔柱状图格式,所采用的数据是钻探和测井的综合成果,一些复杂结构的钻孔柱状图上要同时表示钻探成果、测井钻探成果和最后利用成果,同时要附上测井曲线。

(3)编制钻孔柱状图。根据钻孔深度和所设计的柱状图格式,合理布局柱状图不同部分在图面的位置,然后按已定格式绘制各栏目,用与绘制实测地层柱状图相似的方法逐层绘制,这里不再重复。

单元二　综合地层柱状图

一个研究区(或勘探区)的综合地层柱状图是主要反映全区存在的地层、地层的层序、地层时代、厚度、岩性、化石、水文地质以及岩浆活动的综合性图件,综合地层柱状图的内容与格式和实测地层柱状图、钻孔柱状图基本相仿。但实测地层柱状图只反映该条剖面上的地层层序、厚度、岩性等特征,钻孔柱状图只反映所施工钻孔处的地层层序、厚度、岩性等特征。而综合地层柱状图则是反映全区的地层层序、厚度及其变化、岩性特征、所含化石、地貌水文、岩浆活动、矿产等的综合性图件,它是在地层详细划分与对比的基础上,经过大量的原始数据的统计和进一步综合编制而成的,它更注重的是反映地层岩性在面上的特征和变化,它在所表示的内容、格式、方法与实测地层柱状图、钻孔柱状图都有许多不同之处。下面将

简要介绍综合地层柱状图的编制方法。

一、作图数据的获取

（一）利用实测地层剖面资料编制综合地层柱状图

如果研究区只有实测剖面资料，而没有进行钻探工作，则可利用实测地层剖面资料编制综合地层柱状图。

首先采用前面所讲述的方法，编制每条实测剖面的地层柱状图，然后根据岩性、厚度、化石、标志层、沉积相特征等进行地层对比，建立全区的地层层序、接触关系以及岩浆活动的顺序、范围与围岩的关系。将同一层位的地层岩性加以综合，一般应分组、段进行综合描述。具体描述时可分出上、中、下，或者再细分出顶部、底部，分别描述其岩性、厚度及其变化情况，尽量总结出同岩层在全区的分布情况及变化规律，对于含化石、地貌水文、矿产等情况应单独描述。同时，统计同层位、同岩性的厚度值，求出最小值、最大值和平均值。其平均值作为作图时采用的厚度值，一般情况下是求算数平均值。求平均值时，参加计算的厚度数目越多，其平均值越接近客观实际的厚度，所以应尽量多的利用实测剖面的厚度资料以及在地质测量过程中观测的厚度资料。

（二）利用钻探资料编制综合地层柱状图

如果研究区已有一定的钻探工程，则可利用钻探资料编制综合地层柱状图。

利用前述方法，先编制钻孔柱状图，然后根据岩性、厚度、化石、标志层、沉积相特征、测井曲线特征等进行地层对比，绘制地层对比图，建立全区的地层层序、接触关系以及岩浆活动的顺序、范围与围岩的关系。对于勘探工程没有揭露的有关地层，可收集区内或附近的有关资料加以补充。对同一层位的岩层进行综合和描述时仍采用上述方法。统计同位层、同岩性的厚度值，求出最小值、最大值和平均值，其平均值作为作图所采用的厚度值，注意在原始数据统计时，必须排除断层的影响，但不要把原生沉积厚度的变化误认为是断层通过。

如果在工作区有实测地层剖面数据，也可将实测地层柱状图与钻孔柱状图一起进行对比，并参与平均厚度的计算，其效果更佳。

二、综合地层柱状图的绘制

（一）确定比例尺

综合地层柱状图的比例尺要选择适当。由于综合地层柱状图是反映全区的地层，其总厚度一般要远远大于单个实测地层柱状图或钻孔柱状图，所以所选用的比例尺一般要较前者小，比较常用的比例尺有 1∶500 或 1∶1 000。

当综合地层柱状图与地形图及地形地质图放在一起时，要使柱状图的长度与地质图上、下宽度大体相当。

（二）综合地层柱状图内容

综合地层柱状图一般应包括地层系统、地层厚度（地层厚度应表示出最小值、最大值和平均值）、岩性柱状、层序号、矿层及标志层名称、岩性描述、化石、水文地质特征等。

（三）绘制方法

按全区地层总厚度和采用的比例，计算岩性柱状的总长度，按设计好的格式画好图头和整个柱状图的框架；然后，从下至上和自老至新，将地层单位、岩性柱状、地层厚度、岩性描述等逐一填入相应的栏内。其中，岩性柱状要用规定的岩性图例表示；如果地层间有不整合接触关系，要在岩性柱状中表示出来；区内有岩浆岩侵入体分布时，岩浆岩应从柱状的最低部向上绘至侵入层位为止，宽度约占柱状的1/5。对于矿层、标志层或有特殊意义的岩层，由于受柱状比例的限制而难以表示时，可在柱状中适当将其放大；岩性描述要尽可能详细，但要重点突出，要将常见的化石及标准化石列出；对于水文地质特征应描述含水层及隔水层，并可能将抽水资料附上。

单元三　其他柱状图

除以上柱状图外，还有岩相柱状图、瓦斯地质柱状图、综合水文地质柱状图、古生物柱状图。下面介绍几种常用的柱状图。

一、岩相柱状图

岩相柱状图是通过对沉积剖面的岩性、古生物及地球化学等方面的相标志的研究，反映地质时期沉积环境及其演变规律的一种图件，主要表示地层的层序、岩性和相标志等特征、沉积微相及剖面相序。

岩相柱状图是在实测剖面的基础上，经室内相分析编制而成的，因此在实测剖面中最好能在测制剖面图的同时编制岩相柱状草图。要求能在剖面露头上做好相段的韵律划分。岩相柱状图比例尺的大小，主要根据在剖面上划分微相和沉积序列的需要确定，一般多采用1∶500。

岩相柱状图所反映的主要内容包括地层系统、岩性剖面、岩石（结构、构造）及古生物相标志、分层描述、沉积微相划分、相旋回曲线等。

二、瓦斯地质柱状图

瓦斯地质柱状图是在综合地层柱状图的基础上，叠加上瓦斯地质内容后编制而成的柱状图。图上除反映地质柱状图要求的内容外，还应说明各地层的透气性和瓦斯参数（瓦斯含量、瓦斯压力等）特征。

三、综合水文地质柱状图

综合水文地质柱状图是在综合地层柱状图的基础上，叠加上水文地质内容后编制而成的。图上除反映地质柱状图要求的内容外，还应说明含水岩组划分、含水层的厚度、赋水特征等，如果有抽水试验成果，应将其成果反映到综合水文地质柱状图上。

单元四　MAPGIS绘制地质柱状图的应用

一、概述

使用MAPGIS绘制地质钻孔柱状图，通常的做法是：先生成矿区或矿段的标准图框，这是相对不变的部分，可重复利用。可变部分为钻进回次、岩性分层、化学分析采样及岩矿石

(体)花纹等。其中,钻进回次及化学分析采样部分几乎占钻孔柱状图工作量的 80% ~90% 以上。如果能够用某种方法,从 Microsoft Office Excel 中读取原始编录数据,将可变部分(不包括岩矿石(体)花纹及岩性描述)生成符合 MAPGIS 格式的点、线数据文件,将大大提高绘图效率。

基于这一构思,利用采样登记中的 Excel 数据文件,通过 MAPGIS 的投影变换系统,能快速完成每张图的图框、回次线、注记,分层线、注记,采样线、注记,柱状图样沟等 MAPGIS 明码格式的点、线数据。再利用 MAPGIS 图形编辑软件对图形进行编辑加工,最后形成一幅理想的柱状剖面图。本单元仅以生成换层深度、注记为例,介绍成图的主要思想,回次深度及采样线均可参照此法。该方法简便、易行且速度快,在实际应用中取得了较好的效果。

二、作图的基本步骤

通过借用 Microsoft Excel 对柱状图数据进行录入,而 Excel 文档可直接从采样登记表中获取,Excel 文件大致内容见图 8-1,其余化学分析项数视需要而定。基本原理是利用 MAPGIS 6.7"实用服务"—"投影变换"功能实现的,具体操作如下。

Microsoft Excel - 钻孔采样记录表.xls

	A	B	C	D	E	F	G	H
1	层号	自	至	岩矿厚度	岩矿心长度	岩矿心采取率	真厚度	岩性描述
2	1	50.00	50.50	0.50	0.30	60.00	0.50	砾岩,灰白色,砾状构造,块状构造
3	2	50.50	54.80	4.30	3.50	81.00	4.30	砾岩,浅红色-灰色,砂状结构,块状构造
4	3	54.80	59.60	4.80	4.10	85.00	4.80	粉砂岩,灰绿色,粉砂状结构,块状构造
5	4	59.60	66.10	6.50	5.60	85.00	6.50	凝灰质砂岩,灰黑色,凝灰砂状结构,块状构造
6	5	66.10	69.20	3.10	2.50	81.00	3.10	凝灰岩,灰黑色,凝灰结构,块状构造

图 8-1　钻孔采样记录表

(一)制作模板

在生产过程中,对于同系列的图件通常采用统一的绘图格式,柱状图模板保存了图件的框架部分,如图头、图道的排列情况等,在图件生产中,直接调用制图模板, 填入对应的数据即可成图(见图 8-2)。模板化的思想减少了用户的工作量,避免了大量的重复劳动,提高了系统的成图效率。

××矿区 ZK ××× 钻孔柱状图

孔号:　　设计倾角:　　孔口坐标 X=

终孔深度:　　设计方位:　　Y=

H=

回次情况						层号	分层情况				柱状图	地质描述	标志面与岩心轴夹角	岩矿石标本	采样情况						分析结果			简易水文	备注
回次号	起始孔深(m)	终止孔深(m)	进尺(m)	岩心长度(m)	采取率(%)		孔深(m)	层厚(m)	岩矿心长(m)	采取率(%)					样品编号	采样位置 自(m)	采样位置 至(m)	岩心长度(m)	样长(m)	样品采取率(%)	Au(%)	Ag(%)	Cu(%)		

图 8-2　钻孔柱状图页面划分示意图

(二)生成线文件

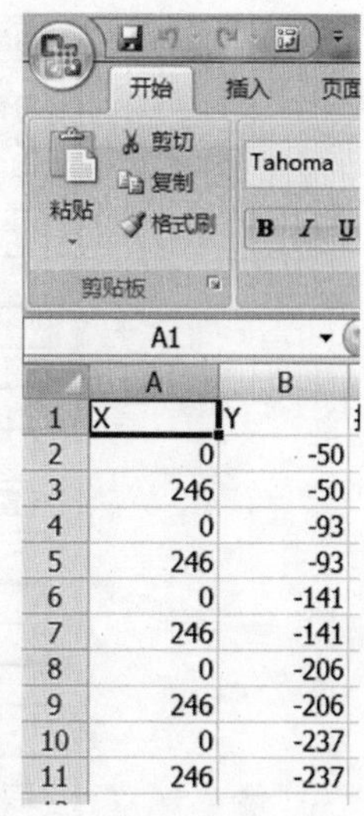

	A	B
1	X	Y
2	0	-50
3	246	-50
4	0	-93
5	246	-93
6	0	-141
7	246	-141
8	0	-206
9	246	-206
10	0	-237
11	246	-237

图 8-3　钻孔换层深度分层线文件计算结果表

从 Excel 模板文件中取出“自”“至”两列单独建立 Excel 文档，若样品连续，则在“自”最下端输入该样品对应的“至”；若样品不连续，则在每段连续样品的最下端插入该样品对应的“至”。然后，删除“至”列。要绘的柱状图比例尺为 1∶100，因此将自 X 中的每一个数字乘以 -10 得到 Y，然后，在 MAPGIS 钻孔柱状图模板文件中通过参数设置中的显示线坐标注记，查看预生成线左端坐标 0，右端坐标 246，在 X 列每个数据列中输入 0，将 Y 列数字放于对应的层位 X 列右侧，再将 Y 列复制粘贴在原 Y 列数据的下边，再将 246 输入 Y 列数据左侧，将 Y 列降序排序，如图 8-3 所示。

然后将文件另存为 . csv 逗号分隔值文件，打开 MAPGIS 主菜单，进入“投影变换”系统，点击“投影转换”→“用户文件投影转换”，点击 打开文件 按钮，文件类型项选择明码文件，找到该 . csv 文件后点击打开，如图 8-4 所示。

图 8-4　文件选择图框

“指定数据起始位置”中选择第二行，设置“用户投影参数”“结果投影参数”，其中比例尺分母为 1，坐标单位为毫米。在“设置用户文件选项”内容中先选择“按指定分隔符”，然后在“设置分隔符”内容中选择“分隔符号”及“属性名称所在行”，点击“确定”。再在“设置用户文件选项”内容中选择“按行读取数据”“X→Y 顺序”“生成线”，其中“维数”“位移”分别默认 2 和 0，编辑“线图元参数”，点击“不需要投影”→“数据生成”→“确定”→“关闭”，投影变换系统根据提示只保留线文件(*. wl)即可，如图 8-5 和图 8-6 所示。将该线文件添加到 MAPGIS 柱状图工程文件中即完成了对换层深度位置线的制作，如图 8-7 所示。

(三)生成点文件

在 Excel 模板文件中加入 X、Y 两列，在 X 列中输入 0 至数据末尾，Y 列数据由换层厚度乘以 -10 而得，X、Y 中所对应的值代表将来生成的属性点在 MAPGIS 图中的坐标位置，再复制 Y 列数据于 Y 列数据下方，在对应的 X 列中分别输入 246。然后将文件另存为 . csv 逗号分隔值文件，用同样的方法在“投影变换”系统中打开此 . csv 文件，设置“用户投影参数”“结果投影参数”与上文生成线文件相同，在“设置用户文件选项”内容中先选择“按指定分隔符”，然后在“设置分隔符”内容中选择“分隔符号”及“属性名称所在行”，点击“确定”，如图 8-8 所示。再在“设置用户文件选项”内容中选择“按行读取数据”“X→Y 顺序”“生成点”，其中“维数”“位移”分别默认 2 和 0，编辑“点图元参数”，“指定数据起始位置”中选择第二行，点击“不需要投影”→“数据生成”→“确定”→“关闭”，“投影变换”系统根据提示只保留点文件(*. wt)即可。

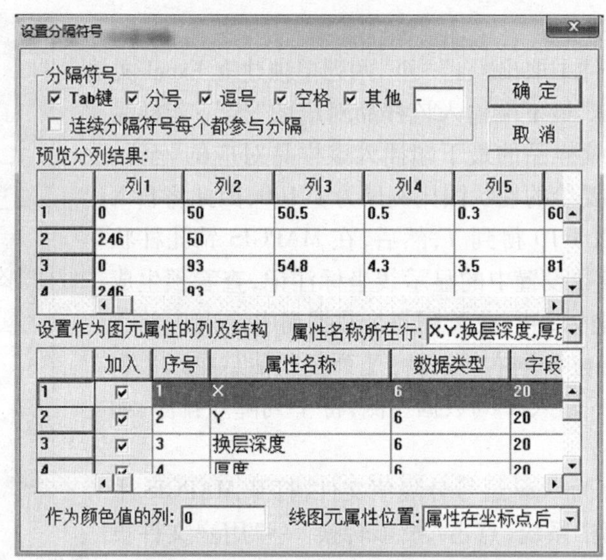

图 8-5　设置分隔符图框

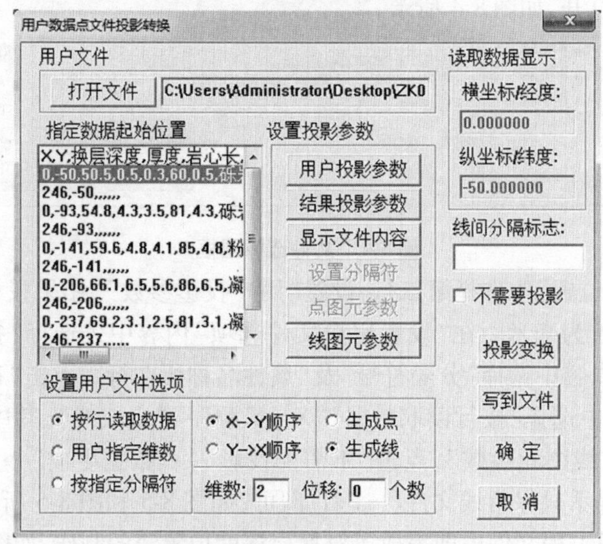

图 8-6　用户数据点文件投影转换

将该点文件添加到 MAPGIS 柱状图工程文件中，将该文件打钩，根据“点编辑”的“根据属性标注释”将每列数据标注到相应的位置上去。

在“点编辑”菜单里点“根据属性标注释”，将对应的属性显示在表头框中，再利用自动剪断线和删除线将多出线头删除，最终将柱状图中的文字利用“点编辑”里的“对齐坐标”，使文字对齐、美化，如图 8-5 所示。

最终对柱状填充部分提取弧段并造区。

Z K–011钻 孔 柱 状 图

开孔日期:　　孔号:　　设计倾角:　　孔口坐标 X=

Y=

终孔日期:　　终孔深度:　　设计方位:　　H=

地层时代	换层深度 (m)	岩矿层厚度 (m)	岩矿心长度 (m)	岩矿心采取率 (%)	柱状图 1:100	标志面与岩心轴夹角	真厚度	岩性描述	采样情况					
									样号	采样位置			样品重量采取率	采样素描 1:100
										自 (m)	至 (m)	样长 (m)		

图 8-7　钻孔柱状图换层深度位置线

Z K–011钻 孔 柱 状 图

开孔日期:　孔号:　设计倾角：　孔口坐标 X=

终孔日期:　终孔深度:　设计方位：　Y=

H=

地层时代	换层深度(m)	岩矿层厚度(m)	岩矿心长度(m)	岩矿心采取率(%)	柱状图 1:100	标志面与岩心轴夹角	真厚度	岩性描述	采样情况						
									样号	采样位置			样品重量采取率	采样素描 1:100
										自(m)	至(m)	样长(m)		

图 8-8　钻孔柱状图

思考题及习题

1. 简述实测地层柱状图的编制方法。
2. 钻孔柱状图如何绘制？
3. 简述综合地层柱状图的编制方法。
4. 常用的柱状图有哪些？
5. MAPGIS 绘制地质柱状图的应用步骤有哪些？

项目九　地质剖面图

学习目标

通过学习实测地质剖面图、勘探线剖面图、图切剖面图等地质剖面图类，了解地质剖面图的基本内容、不同用途图件的基本要素等，了解地质剖面图类基本编制方法，掌握根据实际地质资料编制地质剖面图的方法，鼓励学生采用数字剖面系统及MAPGIS软件完成本项目学习内容。

【学习导入】

各种构造现象和地质体都是三维实体，以地质图为基础的各种图件反映的主要是二维平面形象，为了全面反映和再造地质构造全貌及其相互关系，需要编制各种地质剖面。地质剖面又称地质断面，指沿某一方向，显示一定深度内地质现象及其相互关系的实际（或推断）切面。地质剖面同地表的交线，称地质剖面线；表示地质剖面的图件，称地质剖面图。地质剖面图是研究地质体空间变化规律，计算矿产储量的基础图件，反映了地质体在设定方向上的地质状况。地质剖面图与地质图相配合，可以获得地质构造的立体概念。

地质剖面图类主要包括实测地质剖面图、勘探线剖面图、图切剖面图、矿体水平断面图等，上述图件按制图时所依据的资料来源，可概略分为两大类，即根据该剖面内实测资料编制及根据与之相垂直的剖面资料切制两类。其中，属于前者的主要有实测地质剖面图、勘探线剖面图等；属于后者的主要有图切剖面图、水平断面图、垂直纵投影图等。这两类剖面图的编制方法略有差别，本项目介绍各类地质剖面图的编制方法。

单元一　实测地质剖面图

实测地质剖面（简称实测剖面）是开展区域地质填图工作的前提，一般在野外路线踏勘结束之后、区域地质填图之前进行，是一个承前启后的重要环节。实测地质剖面的任务主要是划分地层单元，建立填图区的地层层序，确定地层的地质年代，查明岩体的岩石学特征，划分出单元和归并超单元，认识岩层的变形－变质特征，查明各种地质体的构造特征和相互关系，确定填图单位。在三大类岩区，由于地质条件的差异，所测制的地质剖面类型及内容也是不一样的，应分别测制地层剖面、岩体剖面、变质岩剖面，在实际工作中，根据需要还应测制其他类型的地质剖面，例如火山岩剖面、构造剖面、矿化带剖面、第四系剖面等。一般要求每个岩石地层单位至少测制1～2条剖面，其中1条为主干剖面。

实测地质剖面可分为三个工作阶段，即实测剖面的准备工作、地质剖面的野外测制、实测剖面的室内工作。

一、实测剖面的准备工作

(一)实测剖面的选择

实测剖面具体位置的选择是在野外路线踏勘之后,结合已有地形地质图确定的,其选择原则应遵循以下三个方面:

(1)实测剖面线的方向应尽可能垂直岩层或主要构造线走向,且尽量取直线,但在野外实际测量过程中,往往由于各种因素影响,使剖面不能沿着某一既定方向通过而改变方向,一般要求两者之间的锐夹角不小于60°。

(2)实测剖面的位置应注意选择在地层出露良好、地层层序及接触关系清楚、构造简单、化石丰富且岩性组合及厚度在测区内具有代表性的地点。

(3)实测剖面的位置要注意选择在通视、通行良好的地段,一般可沿自然沟谷或者修建铁路、公路、灌渠、矿山开采等人工揭露的裸露岩层进行观察,注意避开植被、水体覆盖等影响的不良地段。

(二)比例尺及分层精度

1. 选择比例尺的原则

实测剖面的比例尺以能充分反映岩石地层单位的特征为原则,它和地质填图的精度要求密切相关,其基本原则是实测剖面的比例尺要大于地质填图的比例尺。例如1:50 000的地质填图中,实测剖面的比例尺一般选择1:5 000或1:2 000。

2. 分层精度

实测剖面的分层精度可根据实测剖面的比例尺大小确定。凡在剖面图上宽度达1 mm的地质体均应划分和表示,对于一些重要的或具特殊意义的地质体,如标志层、化石层、矿化层、火山岩中的沉积岩夹层等,如厚度达不到图上1 mm,也应将其放大到1 mm表示。

(三)材料及工具准备

为了保证实测剖面工作的顺利进行,对剖面测制过程中所需的有关资料、工具、材料,按人员分工分别准备和携带,以便到野外有条不紊地开展工作。各实测小组一般应配备野外数据采集器、地质罗盘、地质锤、放大镜、测绳(或皮尺)、钢卷尺、记录本、照相机、方格纸、三角板、量角器、实测剖面记录表、计算器、油漆、木桩、标本签以及地形图等。

二、实测剖面的野外工作

(一)测制小组人员组成及分工

剖面测制小组一般由5~6人组成,包括地质观察员,前、后测手,记录员,绘图员及标本采集员等。其中,地质观察员全面负责剖面测制技术工作,具体负责地质观察、分层、布样等;前后测手、绘图员、记录员等主要负责测量剖面导线方位、长度、坡度、标注导线点、打桩、测量岩层产状、采样(标本)、绘制野外剖面草图以及地质记录等。地质观察员要发挥全组人员的积极性,做好调度和协调工作,在完成本人所分任务的同时,应积极了解和熟悉其他人员不同分工的工作内容。工作进行一段以后,各不同分工可进行适当轮换,使每人都有实践机会,都能胜任测制剖面中的各项工作。

(二)实测剖面的测制

1. 导线法

由于地形地质条件复杂多变,实测剖面的目的、要求不同,因此实测的方法也有多种,如直线法、网格式、导线法等,其中,以导线法多为生产部门所采用。

所谓导线法,是指按既定剖面方向,随着地形起伏连续实测,在平面上为一反复转折的导线。它的优点是可以适应多种变化的情况,野外测制方法简单易行;其缺点是剖面为非直线时作图麻烦,精度稍差。采用导线法实测地质剖面时,首先必须进行导线布设。导线布设应遵循实测剖面的选线原则,同时应注意以下两个问题:

(1)换导线。每条导线的端点应布置在地形起伏变化处,同一导线之内的地形坡度要基本稳定。当地形明显变化时,一定要设点控制变化的地形。需要指出的是,每一导线长度不一定相等,导线点也不一定是地层的分界点,但为了统计和作图的方便,在有条件时可尽量取得一致,不以地层或构造分界作为确定导线点的依据。

(2)导线平移。如导线测制方向上局部遇到障碍或重要地质现象不清楚,可沿地层某一界面走向平移,但平移距离不宜过长,一般控制在 20 ~ 30 m 以内,而且高程基本相同,保持地层的正常层序不致因导线平移而使地层重复或缺失。同时,要真实记录平移的方向和距离。导线平移要从严控制、谨慎使用。

2. 表格记录

表格记录见表 9-1。

(1)导线号通常的记录方法为 0 - 1、1 - 2 等,分别代表每条导线的起点和终点。

(2)方位角是指每一条导线前进方向的方位角。如果所有导线的方位角都相等,则剖面线为一条直线;如果各导线的方位角不等,则剖面线为折线。导线的方位角由前、后测手提供,为了保证所测方位角数值的精度,最好采用前、后测手对测校正,以后测手的读数填入表中。

(3)坡度角指导线经过地段的地面与水平面之间的夹角。以导线前进方向为准,仰角为正,俯角为负。

(4)导线斜距是指导线起、终点间沿地表的长度。为使测得的导线斜距准确,前、后测手应拉紧拉直测绳,使测绳与地面平行,这时测绳所读长度即为导线斜距,由前测手向记录员报告。

(5)分层号、分层及分层岩性描述。

从剖面起点开始,对实测各岩层的分层由 1 开始顺序编号。如某一分层在前一条导线中已经测过一部分并编了分层号,第二条导线中续测的部分不应再另编新号,应采用前一导线的编号。

(6)地层产状及产状位置读数。

地层产状一般只量测倾向和倾角。测量密度没有具体的规定,一般在产状有变化、断层两盘、褶皱两翼、枢纽倾伏端等部位一定要测量产状。有条件时可尽量多地测量产状,如果通过整理发现产状过多,可以舍去不必要的产状,避免由于少测而补测。

产状位置读数是指测量产状的地点与该导线起点间的斜距。当导线经过的地段不宜直接测量产状时,可在导线的旁侧测量,但不宜过远,其产状位置读数是将测量产状的位置沿岩层走向或断层走向平移到导线上读取。

表 9-1　实测地层剖面记录表

剖面编号：

导线号	方位角（°）	坡度角 β（°）	导线斜距 L（m）	导线平距 $L\cos\beta$	高差		分层号	地层代号	分层			分层岩性描述	岩层产状						标本			备注
					分段 $L\sin\beta$	累计			读数	斜距 l（m）	平距 $l\cos\beta$（m）		读数 l_1	平距 $l_1\cos\beta$	倾向	倾角 α	地层走向与剖面线夹角（°）	视倾角	读数 l_2	平距 $l_2\cos\beta$	编号	
0－1	115	30	13.1	11.34	6.55		0	D_3w		6.5	5.63		5.5	4.76	125	61	60	57	4.5	3.90		示例

填表人：　　　　丈量人：　　　　日期：　　　　年　　月　　日

(7)标本及编号。

实测地层剖面应逐层采集标本,如果分层是互层或夹层至少应采集2块标本,以反映互层或夹层的实际情况。标本的大小规格一般为2 cm×5 cm×8 cm或3 cm×6 cm×9 cm。岩矿、地层标本一定要有代表性,并具新鲜面;化石标本以完整为原则;构造岩标本要采集有代表性的定向标本。

剖面号+样品标本类型代号+顺序号(连续编号,与分层号无关),特别注意的是同一分层内岩性薄片与标本号应一致,如只采集标本而未采集薄片,则薄片号并不连续。

3. 剖面草图

每条剖面必须附有剖面草图(见图9-1),剖面草图在剖面实测过程中边测边作,当剖面实测完毕后草图即告完成,对最终成图具有重要意义。剖面草图是依据实测的各种数据,按照规定的比例尺,由起点到终点,将地形起伏、导线编号、斜距、分层界线、产状、标本位置及其编号等标于图上的一份供剖面记录整理和正式作图时参考的图件。剖面草图虽受比例尺限制,但又不很严格,具有一定的示意性。如岩层倾角可用真倾角直接作图、岩性符号也不一定都填满、斜距和平距不一定严格换算等。有时为了加深印象,补充或纠正记录表格中的一些不足,也可标注一定的文字或放大局部剖面进行详细素描。

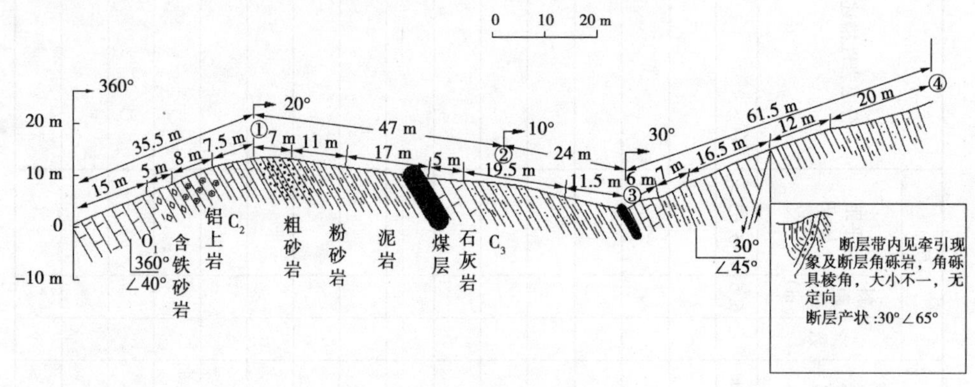

图9-1 野外剖面草图的绘制

三、实测剖面的室内工作

(一)数据整理

在实测地层剖面记录表中,除在野外实测中直接取得部分数据外,还有一部分数据是在室内经过计算而来的。如导线平距、分层平距、岩层产状平距、高程差和累计高程差、视倾角等,其数据的换算公式和方法见表9-2。数据含义如下:

(1)导线平距。指每条导线在水平面上的投影长度,是用投影法绘制导线平面图不可缺少的数据。

(2)分层平距。指分层斜距在水平面上的投影长度。

(3)岩层产状平距。是岩层产状斜距在水平面上的投影长度。

(4)高程差。指某一导线起点与终点的标高差。

(5)野外实测的岩层倾角一般应是真倾角,但当作图的剖面线方向与岩层走向的夹角≤80°时,应采用视倾角作图。在实际工作中,通常用查表法进行换算,也可通过公式计算、赤平投影求解等多种方法。

表 9-2　实测地层剖面地层厚度计算

剖面编号：

导线号	方位角 (°)	坡度角 β (°)	分层号	分层斜距 l (m)	地层倾角 α	地层走向与导线夹角 γ(°)	分层厚度 $l\times(\sin\alpha\cos\beta\sin\gamma\pm\cos\alpha\sin\beta)$ (m)	分层累计厚度 (m)	分组(群)厚度 (m)	累计厚度 (m)
0－1	115	30	0	6.6	61	80	6.52			

计算人：　　　　检查人：　　　　日期：　　年　　月　　日

注：＊当山坡与岩层倾向相同时用“－”号，相反时用“＋”号。

(6)厚度计算。岩层厚度包括岩层的分层厚度 m_j 和累计厚度 M_j。分层厚度 m_j 的计算方法如下：

$$m_j = L_j(\sin\alpha_j\cos\beta_i\sin\omega_i \pm \sin\beta_i\cos\alpha_j) \tag{9-1}$$

式中 m_j——分层厚度；

L_j——分层斜距；

α_j——岩层倾角；

β_i——坡度角；

ω_i——导线方位角与地层走向间的锐夹角。

式中正、负号的取用原则是：当岩层倾向与地面坡向相反时取“+”号，相同时取“-”号，计算结果为负值时则取绝对值。

(二)实测剖面图的编制

实测剖面图的编制因实测过程的具体情况、要求不同可用不同的编制方法。归纳起来，可分为直线法、展开法和总导线投影法三种，本书采用总导线投影法。总导线投影法的优点是便于导线平面图和实测剖面图的对比，作图简便，在分导线变化不大的前提下，生产单位多采用此法。总导线投影法是将实测的导线点、岩性分界点、地层界线点、岩层产状、断层、岩体界线点等垂直投影到水平面上，然后投影到重新确定的剖面总方向线上，最后绘制剖面图的一种方法，通常由平面图和剖面图两大部分组成。

1. 导线平面图的绘制

按照各剖面导线的方位角和换算后的导线平距，由起点开始，按所定比例尺，逐段连续地画出平面图(包括平移导线)；然后把地层分界点、岩层产状、断层、岩体、不整合等实测位置标在平面图的相应位置上，并用各种符号、数字加以注记(见图9-2)。

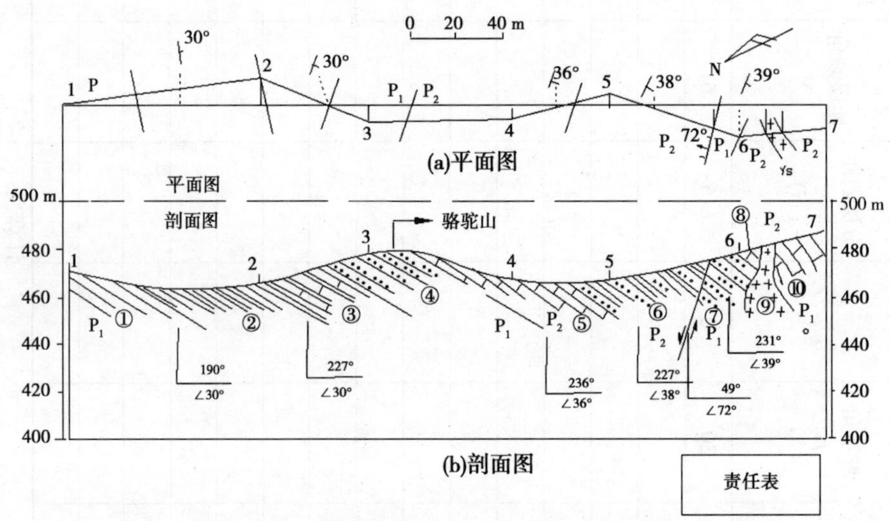

1,2,3,…导线点编号；①,②,③,…岩石分层编号

(据谢仁海，等)

图9-2 投影法绘制骆驼山实测地质剖面示意图

在导线平面图绘制过程中，应注意以下几个问题：

(1)剖面总方向线的选择。剖面总方向线的选择原则是尽量垂直大多数岩层或构造的走向，尽量靠近多数导线段，至少应通过起、终点中的一个点。一般选择导线的起、终点的连线作为剖面的总方向线，当导线起、终点连线偏离垂直大多数地层走向或不能靠近多数导线段时，才选择通过导线起、终点中的一点，通常选择起点。

(2)导线平面图指北方向的确定为使图面结构合理、作图方便，一定要使剖面总方向线与剖面水平基线平行。

(3)投影方法的选择指在剖面总方向线确定之后，要依靠各导线上的实测资料来反映剖面线通过地段的地层、构造。常用的作图方法有以下两种：

①垂直投影法是指将各导线点、岩性分界、地层分界、产状、断层、岩体位置分别垂直投影到选定的剖面总方向线上。垂直投影法是一种经常采用的方法，其特点是绘图简单，可直接投影作图。导线平面图上剖面总方向线与所作剖面长度一致，图面协调美观。不足之处是当剖面在实测中有导线平移时，经垂直投影后可能出现地层重叠或空缺，歪曲了真实情况。

②走向投影法是指将剖面导线上的各点，如岩性分界、产状、断层、岩体位置等，沿地层走向或构造线走向投影到选定的剖面总方向线上。走向投影法一般适用于沿实测剖面方向各岩层产状基本一致，特别是在处理剖面导线平移问题时有独到之处。但当剖面线不是首尾相连，则平面图的长度与剖面图的长度在铅垂方向上会出现不等长现象，从而影响整体图面的协调，且当产状变化较大或偏离导线较远时，失真较大。

2. 剖面图的绘制

1)绘制地形剖面

(1)根据所测剖面的总水平距、最高导线点与最低导线点间的高程差、剖面图的纵横比例尺，首先画出剖面图的基准线，在基准线的两端垂直向上作垂直比例尺，基准线的位置要比最低导线点的高程低，以便表示岩性、构造及产状、标本等各种注记。垂直比例尺的高度与最高导线点的高程相等或略高。

(2)依据各导线点的平距和累计高程，分别作出各地形点，然后顺序连接各点，同时参考剖面草图勾绘的地形细节，画成一条圆滑的地形线，并在地形线上注明各导线点的位置。

此外，绘制地形线也可根据导线斜距和相应的地形坡度角资料，直接在图上投点，然后连接各点画出地形线。但这种方法容易产生累计误差，图面布局也不容易掌握。

2)填绘地质内容

把岩层分界点的位置按分层平距垂直投影到地形线上，根据岩层在剖面线方向上的真倾角或视倾角绘出分层界线。各分层按相应的岩性符号将其绘出，注明分层编号、产状、地层代号、标本采集地点及其编号。为了醒目起见，通常地质时代界线要比岩层分层界线稍长。

地质界线绘制的顺序：①断层——断层线两盘标注断距、产状及位移方向；②不整合；③不整合面上覆地层、下伏地层；④褶皱——选择适当层间界面用虚线将其相连，以反映构造形态的完整性。

3)整饰

整饰工作主要包括清除制图过程中的辅助点、线,修正线条的宽度和色调轻重,断层线改用红色,标注剖面方向、产状、分层号和标本位置及其编号,书写图名、比例尺,绘制图例、责任表以及图框等。

(三)实测剖面柱状图

在实测剖面工作(野外测制、文字图件整理、标本样品测试、地层厚度计算、作剖面图、作平面图等)全部完成后,应对测制的若干剖面进行对比和综合分析,在此基础上,编制实测剖面柱状图。

实测剖面柱状图的内容包括比例尺(能表达地层、岩体和矿体结构基本特征)、图例(采用工作区统一图例)、地层时代、地层名称、地层符号、分层号、分层厚度、岩层厚度、柱状图(用规定的线条、花纹符号表示不同的地层岩体、矿体及其接触关系)、简单岩性描述(注明有代表性的样品、标本、化石和矿产)、责任表等。

(四)剖面小结

实测剖面工作结束,应当编写剖面小结,包括实测工作概况、主要地质成果以及存在的问题、新的发现和认识等。

单元二　勘探线剖面图

勘探线剖面图是地质勘探工作中一种最基本的综合图纸。它不仅是编制纵剖面图、水平切面图、矿体立面投影图、矿层底板等高线图等综合编图的基础图件,也是垂直断面资源储量估算的主要图件。在矿产勘探中,勘探线剖面图是表示勘探区地质构造和矿体赋存情况的主要图件,它能反映出矿体和构造的具体位置及其相互关系,根据相邻勘探线剖面之间的相互联系,还可以建立勘探区构造形态与矿体赋存情况的空间概念。同时,在勘探线剖面图上还能反映出对矿体的勘探程度和研究程度。

此外,勘探线剖面图也是“三边”工作(边勘查施工、边整理分析资料、边调整修改设计)的基本图件,从勘探工作一开始就着手编制,随着勘探工程施工的进展,不断补充修改,同时又用来指导进一步勘探施工。矿山生产设计部门除把它作为研究地质构造的主要图件外,还用以选择井口、井底车场、集中运输大巷、石门位置,确定水平划分等。在生产中,它又是布置上、下山等重要巷道的依据。在勘探阶段布置勘探工程时,就应充分考虑到生产设计的需要,有的剖面,如中央勘探线或中央石门剖面,可直接作为基建、勘探用图。

勘探线剖面图的比例尺,视地质构造的复杂程度和矿体的发育程度而定,一般详、精查阶段为1∶2 000或1∶5 000,普查阶段为1∶5 000或1∶10 000。

一、勘探线剖面图的图面内容

勘探线剖面图的图面内容(见图9-3)包括:

(1)图名、图框、比例尺、责任表等。

(2)地形线、标高线、坐标线。

(3)探矿工程及编号。

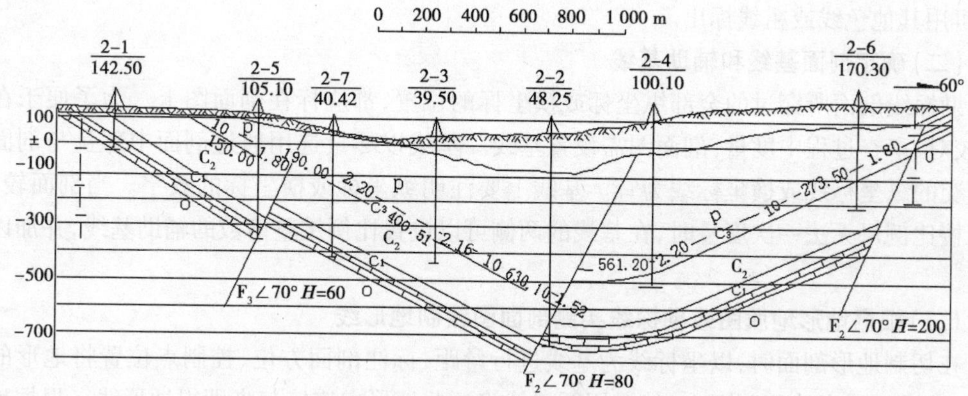

图 9-3　华北某矿区二号井田第Ⅶ勘探线剖面图

（据全国储委《煤矿勘探类型实例》）

(4)采样位置及编号。

(5)工程矿体厚度、平均品位、矿芯采取率(钻孔)、钻孔的测斜位置及结果，岩层、岩浆岩、构造、蚀变围岩、矿体及不同工业类型(氧化、混合、硫化矿)或工业品级矿石的分布情况以及它们的代号。

(6)样品结果表。

(7)图例(有综合图例除外)。

二、编制勘探线剖面图应核实、准备的相关材料

编制勘探线剖面图应核实、准备的相关材料有：

(1)地形地质图(或工程及勘查线测量资料)。

(2)钻孔编录资料(包括测斜资料)。

(3)坑道编录资料(坑道平面图、采样、化学分析资料)。

(4)槽、井探编录资料(采样、化学分析资料)。

(5)矿区统一图例。

勘探线剖面图由通过该勘探线的天然地质露头、探矿工程和生产坑道的地质资料编制而成，其中，钻孔数据资料是编制勘探线剖面图的主要依据。剖面线应力求为一条直线，这一点在编制勘探设计和野外施工过程中就要注意。有时为了反映地层和构造沿走向的变化，还要编制走向剖面图，一般选择大致沿走向方向上的钻孔连接而成。

三、勘探线剖面图的编制方法

(一)绘制水平标高线

绘制水平标高线一般先画最低水平标高线。剖面线的长度在地形地质图上度量而得，并在其两端画上垂线，然后按一定比例尺准确地量出各水平标高线的位置，其间距一般为20 m、50 m或100 m，视勘探阶段、矿区构造复杂程度、岩层倾角大小确定。一般比例尺越大，构造越复杂，岩层倾角越缓，采用等高距越小。水平标高线两端都要有注记，超过地形线的水平标高线要擦掉。对于特定的标高线(如±0水平、井田第一水平、井田深部边界水平

等)可用其他色线或粗线标出。

(二)确定剖面基线和辅助基线

勘探线剖面所穿过的全部纵坐标或横坐标的位置,都应标在剖面图上。为了便于在编制、校对、审查过程中度量,剖面图需设置基线。基线以尽量选用通过剖面中部且与剖面近于直交的纵坐标线或横坐标线为宜。基线上要注明纵坐标或横坐标的数字。当剖面较长,用三棱比例尺无法一次度量时,在基线的两侧可以设置比例尺整倍数的辅助基线,并加以注记。

(三)根据地形地质图或勘探线实测剖面图绘制地形线

在切制地形剖面时,以坐标线为基线进行量距,标注剖面方位、控制点位置将地形的转换点、地质界线点绘到剖面上,然后用圆滑线将这些地形点连接起来即得地形线。根据地形起伏和地形坡度变化情况,考虑足够的取点密度,以保证地形线的精度。

(四)投绘探矿工程地表位置

勘探线剖面所切过的全部槽探、井探、物探及钻探工程,包括剖面附近的勘探工程,都要一一投绘到剖面上,投绘方法应当利用剖面线基线在平面图上量取。对于不在勘探线上的个别钻孔,在构造复杂的矿区未超过 50 m,在构造简单的矿区未超过 100 m,均可采用走向投影法投绘到剖面图上,当勘探线与地层走向垂直时,即采用垂直投影。对于弯曲钻孔,须经孔斜校正后,再投绘到剖面图上,然后标出孔号、孔口标高、矿体编号、底板深度、矿体真厚度及结构、终孔深度等。

(五)用黑白相间的符号展绘采样位置

依据原始地质编录资料和样品化验结果(采样编录资料)按比例将工程展布完后,再用黑白相间的符号将基本分析样品位置标注于相应的探矿工程之中,并每隔 5~10 个样品注明一个编号。

(六)展绘各种地质界线及岩性花纹

根据地质剖面测量记录和探矿工程原始编录资料,展绘各种地质界线。地表和坑探工程的地质界线应按实测产状描绘(当岩层走向与剖面线斜交时,用视倾角表示),并需注明有代表性的产状要素。钻孔则按标志面与钻孔轴线的交角进行描绘。岩性花纹的展绘在工程一侧或剖面地形线以下,宽度为 1 cm。

(七)连接矿体及地质界线

(1)根据各种勘探工程的原始资料,依次将各种地质界线点缩绘到勘探剖面相应的位置上,并标注其产状、取样位置及编号。

(2)勘探线剖面地质界线的连绘,是依据各种勘探工程中的对应地质界线点的空间相互关系、地质体产状及其展布规律而进行连绘的。因此:

①全面了解各个钻孔中轴线各地质体的位置及其产状。

②选定标志层。

③仔细分析褶皱、断裂构造对各种地质体空间展布所产生的影响。

④按各种地质体在勘探线剖面图中的展布规律、变化趋势以及相互关系,连绘地质体的顶、底板界线,连绘时应当注意:ⓐ先连绘已选定的标志层,然后以标志层为基准,向其上、下依次进行连绘。ⓑ当相邻两勘探工程无相同的地质界线点时,应按其他地质体的展布规律

与变化趋势,采用中点法和自然尖灭法进行连绘。选择两种连绘方法中较为合理的地质界线。ⓒ依次复查各地质体界线连绘是否合理,做到"四校对",即各项原始数据是否准确,岩、煤层对比和断层位置是否合理,与地形地质图校对,与煤层底板等高线图校对。

勘探线剖面图的连接必须以本区的构造规律为指导,从单孔构造资料及地表露头情况出发,联系邻近剖面,做出正确判断,才能编制出合乎实际的剖面图。因此,连接剖面必须遵循"大处着眼,小处着手"的原则,特别是在构造复杂,褶曲、断裂发育的地区,更应当把本剖面与邻近剖面和全区的构造特征联系起来,把地表地质资料与钻孔实际资料结合起来,才能合理地把褶曲、断层和不整合界线表示出来。

(八)整饰

整饰图件书写图名与比例尺、编绘图例、绘制责任表与样品分析结果表等图件要素。

应当指出,上述勘探线剖面图的编制程序有时因其制作对象、目的与要求不同而有所差异。如用于资源储量估算,还应绘出矿石类型、储量类别界线,并标注块段、面积编号与储量级别代号;煤矿勘探线剖面图,还应圈出井田边界、在其钻孔下端旁侧绘制小柱状图。

单元三　图切剖面图

一、图切剖面图的编制原则

一幅正规地质图上必须附有一幅或几幅图切剖面图。剖面线位置应穿越图区有代表性的主要地层或构造区段。如果测区中不同区段地质构造有明显差异,可分别切制两条或多条剖面。剖面线的位置应标在地质图上,以 A—A′、B—B′或Ⅰ—Ⅰ′、Ⅱ—Ⅱ′等表示。

单独绘制剖面图时,要标明剖面图图名,如周口店太平山南坡地质剖面图;如果图切剖面附在地质图下部,则以剖面标号表示,如Ⅰ—Ⅰ′地质剖面图或 A—A′地质剖面图,并在剖面图两端也相应注上同一代号。图名要求使用美观、大方的字体书写在图的上方居中位置,或图幅内上方的适当位置。

剖面图的比例尺应与地质图的比例尺一致。垂直比例表示在剖面两端竖立的直线上,按海拔标高标示,其比例尺与水平比例尺应一致。比例尺可视情况用数字比例尺或线条比例尺表示,一般放在图名下方正中位置。其中,垂直比例尺一定采用线条比例尺;当水平比例尺与垂直比例尺不一致时,图名下方的比例尺应分别加以表示。

剖面图两端的同一高度上或剖面图右端注明剖面方向,剖面方向要用方位角标于剖面两端垂直比例尺或竖直线的顶端,也可在剖面的一端用箭头表示。剖面所经过的主要山岭、河流、城镇应在剖面上方所在位置注明。最好把方向、地名排在同一水平位置上。剖面图放置一般为南右北左、东右西左,北东、南东在右,北西、南西在左。

剖面图与地质图所用的地层符号、色谱应该一致。如剖面图和地质图在一幅图上,前者的地层图例可以省去。

图例一般放在图的左下方,用大小统一的长方形小方框画出,按一定顺序排列并用文字标注。责任表放在图的右下方位置。有时因剖面的长度、地形变化等各种因素,为使图面布局合理,上述各项的位置可以适量灵活掌握,但必须符合剖面图的图式要求。

二、图切剖面图的制图方法及步骤

（一）选择剖面位置

在分析图区地形特征、地层的出露、分布和产状变化以及构造特点的基础上，要使所作的剖面图尽量垂直于区内地层走向、通过地层出露较全和主要构造部位；或者选在阅读地质图需要作剖面的位置。选定后，将剖面线标定在地质图上。

（二）绘地形剖面

在方格纸或绘图纸上定出剖面基线，长短与剖面相等，两端画上垂直线条比例尺，并注明标高。基线标高一般取比剖面所过最低等高线高度要低 1 ~ 2 个间距。然后以基线高程为起点，按等高距依次注明每条平行线的高程。最后将地质图上的剖面线与地形等高线相交各点一一投影到相应标高的位置，按实际地形用曲线连接相邻点即得地形剖面。

（三）完成地质剖面

将地质图上的剖面线与地质界线（地层分界线、不整合线、断层线等）的各交点投影到地形剖面线上，按各点附近的地层产状绘出分层界线。如剖面与走向斜交，则应按剖面方向的视倾角绘分界线。具体绘制时注意以下问题：

（1）当地层之间有不整合时，一般先绘出不整合界线，然后绘出不整合面以上的地层和构造，最后画出不整合面以下的地层和构造。被不整合面所掩盖的地质界线，可顺其延伸趋势延至剖面线上，再将该点投影到不整合面，以此点绘出不整合面以下的地质界线。

（2）图区内有断层时应先绘出断层线，然后绘出断层两盘的地质界线。在断层线上、下盘表明断层名称、产状和断层两盘运动方向。注意断层两盘地层在断层活动中可能引起的牵引现象等。

（3）根据岩浆岩体产状，合理推断岩浆岩体在剖面上表现特点。如岩墙在剖面上的产状与断层的产状是一致的；岩珠、岩基与围岩侵入接触，向下出露宽度增大等。

（4）绘制褶皱时要先分析图区内褶皱的形态、组合特点以及次级褶皱等，在剖面线和地形剖面上用铅笔标出背斜（如“∧”）和向斜（如“∨”）的位置，对于剖面附近可能延展到剖面切过处的次级褶皱，也应将其轴迹线延到与剖面相交处，并在剖面线和地形剖面上标出相应位置。

绘制褶皱构造时应先从褶皱核部地层界线开始，逐次绘出两翼，并要注意表现出次级褶皱。轴面直立或近于直立的褶皱转折端的形态与它在平面上倾伏端露头形态大致相似。根据枢纽的倾伏角作纵切面图可以求出其具体的形态。

（四）填充岩性花纹

按岩性绘出各层岩性花纹，并注明各岩层的地层代号。

（五）整饰

按地质剖面图格式要求进行整饰。

总之，绘制图切剖面图除按绘图的方法及步骤绘制外，全面分析地质图地层、构造特点及相互关系等是至关重要的。图 9-4 为倾斜岩层剖面图的绘制示例。

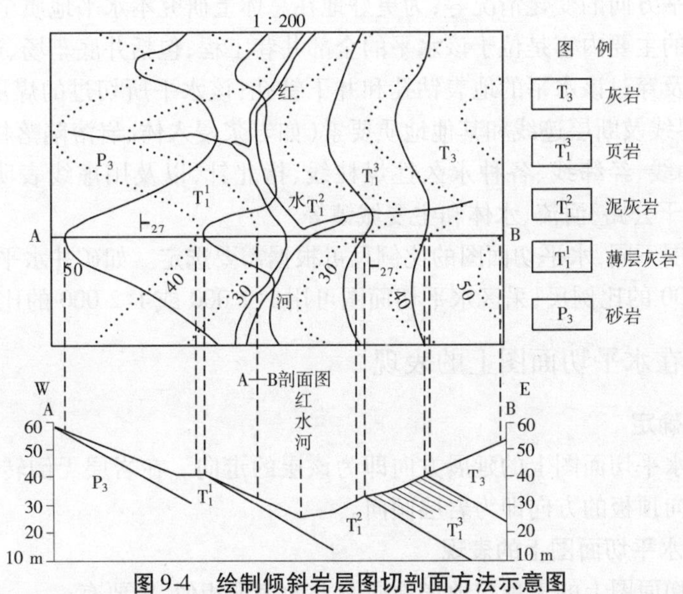

图 9-4　绘制倾斜岩层图切剖面方法示意图

单元四　水平切面图

一、水平切面图的内容

水平切面图一般是沿开采水平剖切的地质剖面，从上往下看取下面部分切面上图像的平面地质图。它是倾斜、急倾斜多煤层矿井必备的重要图件。以煤层为例，在煤层倾角大于25°的多煤层分水平开拓的矿井，为了反映煤层之间的相互关系，需要编制水平切面图（见图 9-5）。

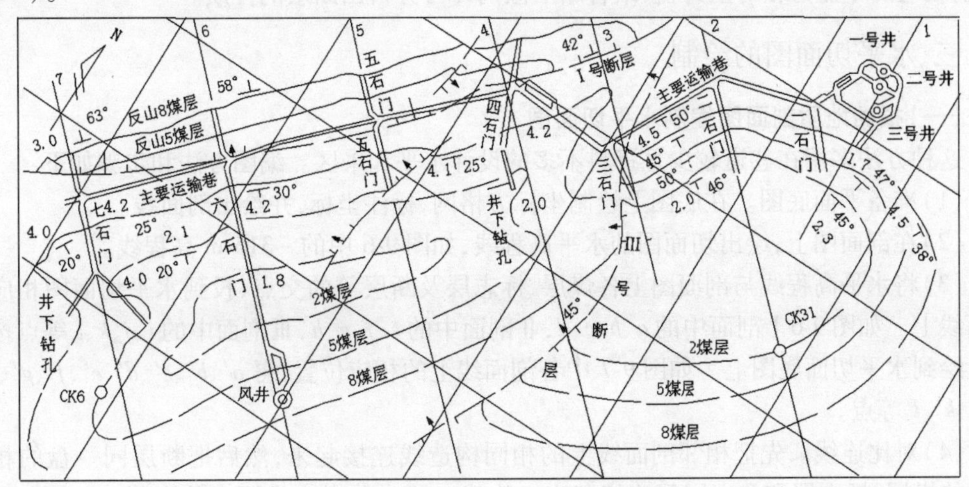

图 9-5　－225 m 水平切面图

水平切面图是设计部门制订开发方案，进行该水平开拓布署、巷道设计和掘进施工的依据。利用水平切面图可以了解煤层层数、煤层厚度、煤层间距、主要标志层、含水层、地质构

造的分布及沿水平方向的变化情况等，为更好地在总体上研究本水平地质全貌提供依据。

水平切面图的主要内容是位于该水平的全部井巷工程，包括井底车场、运输大巷、石门、煤巷、井眼等，以及穿过该水平的地表钻孔和井下钻孔；该水平所切过的煤层、主要标志层、含水层、地层分界线及断层迹线和其他地质要素（如岩浆侵入体、岩溶陷落柱……）等；井田边界线、地质剖面线、经纬线、各种永久性煤柱线、指北针，以及用虚线表明地表工业广场（轮廓）、铁路、主干公路、河流、水体和主要城镇等。

根据编图范围不同，水平切面图的比例尺可根据需要选定。如矿井水平切面图，可选用1:2 000或1:5 000的比例尺；采区水平切面图可用1:1 000或1:2 000的比例尺。

二、构造线在水平切面图上的表现

（一）产状的确定

任一岩层在水平切面图上的延展方向即为该层的走向。在岩层无倒转的情况下，垂直岩层走向由底板向顶板的方向即为岩层倾向。

（二）褶皱在水平切面图上的表现

褶皱在水平切面图上的表现与地形地质图上的表现相似，主要有：

（1）在水平切面图上识别背斜和向斜主要以煤岩层的新老关系为依据，自核部向两翼岩层由老到新为背斜，由新到老为向斜。

（2）凡属倾伏褶皱，地层界线呈弧形弯曲。

（3）倒转褶皱的特点是褶皱两翼岩层向同一方向倾斜，即一翼正常，另一翼倒转。

（4）穹窿构造和构造盆地的地层界线呈近圆形的封闭曲线。

（三）断层在水平切面图上的表现

水平切面图上的断层迹线即为断层走向线。通过分析断层两盘岩层的新老关系，可以确定断层的相对上升盘或下降盘。在断层某一部位上，两盘岩性中较新的一盘应为相对下降盘，较老的一盘为相对上升盘，结合断层倾向即可分析出断层的性质。

三、水平切面图的绘制

（一）根据地质剖面图编制水平切面图

这种方法多用在巷道较少且资料不多的设计水平和采区。编图方法和步骤如下：

（1）准备平面底图。在底图上绘制坐标方格网，标注坐标，并绘出剖面线。

（2）在剖面图上，绘出切面图的水平高程线，如图9-6中的-315 m高程线。

（3）将水平高程线与剖面图上各煤层、标志层及断层等的交点，投到水平切面图相应的剖面线上。如图9-6 Ⅰ剖面中的a、b、c、d，Ⅱ剖面中的e、f、g、h，Ⅲ剖面中的i、j、k、l等点按坐标投绘到水平切面底图上。如图9-7中各剖面线上的相应位置，得a'、b'、c'、d'、e'、f'、g'、h'、i'、j'、k'、l'等点。

（4）对比连线。先把相邻剖面线上的相同构造线连接起来，然后把断层同一盘的相同层位的煤层、标志层和含水层等连接起来。连线时要充分考虑实测产状资料。如图9-7中c'、h'相连为F_7断层，e'、k'连接起来为F_8断层。Ⅲ剖面线附近F_8、F_9之间的B_4煤层是根据j'点的位置结合-315 m水平F_8上盘B_4煤层产状绘出来的。

编制水平切面图的过程中，在对比连接各种地质界线时，还会遇到断层两盘煤层的连

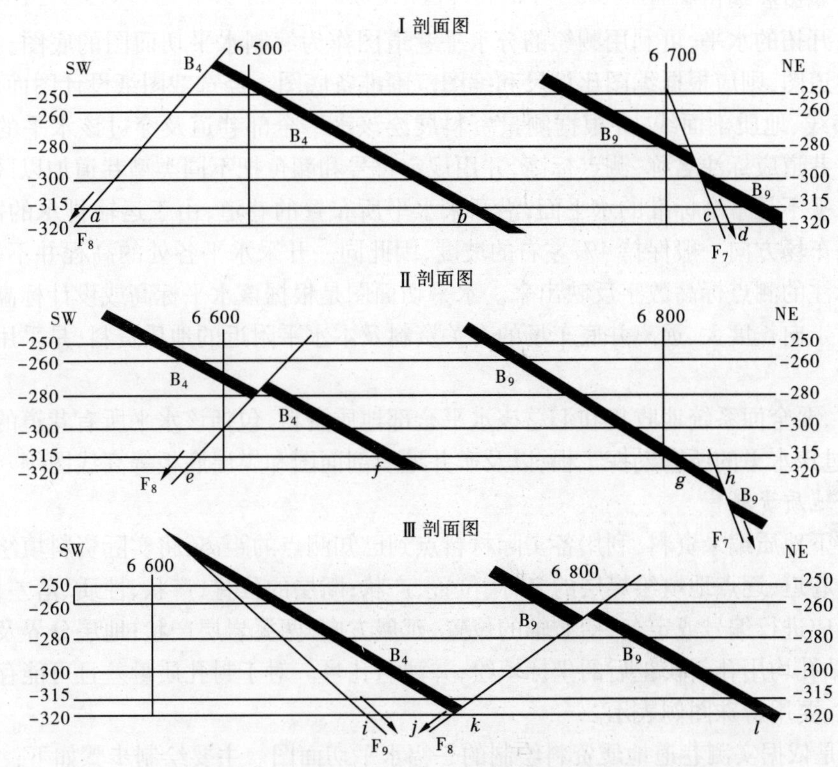

图 9-6　Ⅰ、Ⅱ、Ⅲ地质剖面图

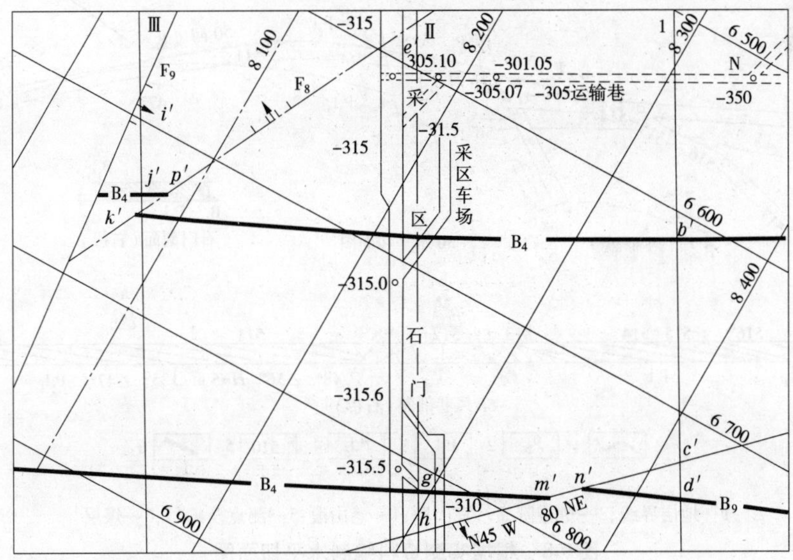

图 9-7　-315 m 水平切面图

接、两剖面间无点控制时的连接以及褶皱转折端的绘制等问题，请读者注意(见图 9-7)。

(二)根据井巷实测资料编制水平切面图

在开采水平巷道较多时，一般采用这种方法来编制。其步骤如下。

1. 准备底图和编图资料

对于已开拓的水平，可利用测绘的分水平巷道图作为编制水平切面图的底图。如果没有分水平巷道图，则应根据编图比例尺和编图范围准备底图。经选裁图纸设计图面后，准确地绘上经纬线、地质剖面线，并根据测量资料展绘该水平全部巷道及穿过该水平的全部钻孔。对主要巷道应标注名称、测点标高，并用规定符号和颜色把不同类型巷道加以区别。

开采水平不是一个标准的水平面，沿开采水平所布置的巷道，由于运输排水的需要，从两翼向井底车场方向一般保持4‰左右的坡度，因此同一开采水平各处的高程并不一样，这可从图上标注的测点标高数字反映出来。水平切面图是根据该水平标高或设计标高为平面编制的。对走向长度大、远离井底车场的有关资料及本水平附近的地质资料，是采用投影方法绘出的。

编图时，要全面系统地收集和汇总该水平全部地质资料，包括该水平所有巷道的地质编录资料，穿过该水平的所有勘探工程，以及矿井地质剖面图和煤层底板等高线图等。

2. 填绘地质资料

根据井下地质编录资料，利用各实际材料点到已知测点的距离，将实际资料填绘在底图上。要逐条巷道、逐点地填绘煤层的名称、位置、产状；断层的位置、产状、性质、落差，对较大规模断层还应进行编号或定名；褶皱轴的位置、延展方向、两翼岩层产状；地层分界及其他地质现象；对钻孔均用孔斜校正后的坐标填绘，并注名孔号。对于封孔质量差且可能存在突水危险的钻孔，要用特殊图例表示。

图 9-8 是依据实测巷道地质资料绘制的一幅水平切面图。主要绘制步骤如下：

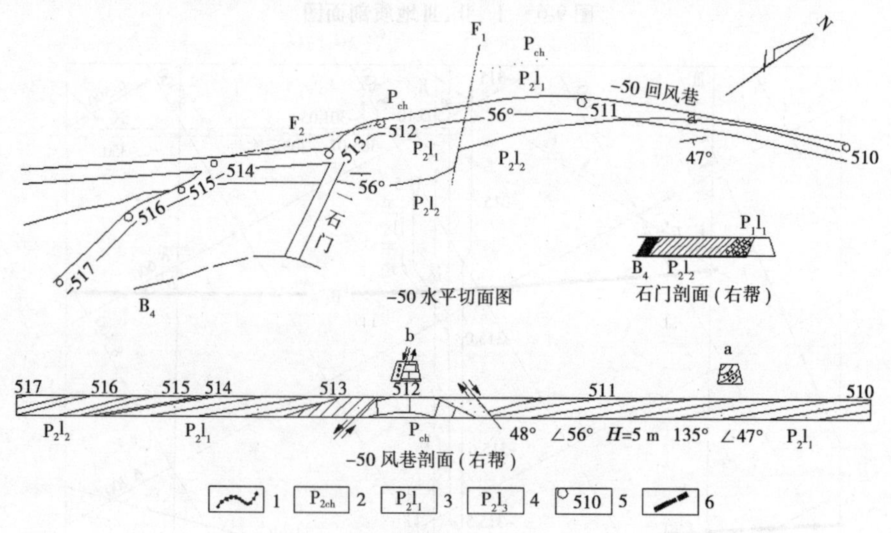

1—地层界线；2—栖霞阶；3—官山段；4—老山段；5—测点及编号；6—煤层

图 9-8　根据实测资料编制水平切面图

（1）填绘风巷中的地层和断层，根据巷道实测剖面图，按走向填绘地层界面、断层面与巷顶的交线。

（2）填绘一石门中的地层和煤层。在石门右帮实测剖面图中有官山段（P_2l_1）与老山段（P_2l_3）的界线，有 B_4 煤层顶、底板的界线，把它们与巷顶的交点填在图上，并按附近实测产状作适当延展。

(3)分析对比连接地质界线。在填好实际材料的底图上,细致地对比煤层和分析构造,根据实测产状,连接煤层、标志层、含水层、地层分界线及各种构造线。

(三)根据煤层底板等高线图编制水平切面图

由于煤层底板等高线图是表示间距相等的不同标高的水平面与煤层底板交线的投影图,因此利用煤层底板等高线图来编制某一标高的水平切面图就比较简单,但只能编出水平切面图的主体内容,对于各标志层、含水层及地层分界线等的位置,还需要使用剖面图来补充填绘。

具体方法及步骤如下:

(1)收集编图范围内不同煤层的底板等高线,准备好编图底图。

(2)在不同煤层底板等高线图上,绘出水平切面高程的等高线,然后按坐标将不同煤层等高线转绘到水平切面图上,即为水平切面图上各煤层的底板迹线,根据煤层厚度换算出各煤层水平厚度,画出顶板迹线。

(3)从各煤层底板等高线图上抄录各煤层中的断层上、下盘断煤交线与水平面高程等高线的交点即为断失点,并投到水平切面图相应位置上。

(4)将水平切面图上的同一断层在不同煤层和同煤层不同盘的断失点相连,即为水平切面图上的断层迹线。

上面介绍的三种编图方法,每种方法都有一定的局限性,因此在实际工作中常采用综合编图的方法。在巷道实测资料多的地方要充分利用这些实测资料,在还未开拓掘进的区段要结合矿井地质剖面图和煤层底板等高线图。使用三种编图方法进行综合编制,可以达到相互补充、相互检查的效果,所编出的图件也更加正确可靠。

单元五　MAPGIS 绘制地质剖面图的应用

一、数字地质剖面测制与成图

实测剖面是区域地质调查工作的重要组成部分,它是控制测区地层格架,厘定填图单位的依据,为路线地质调查提供先行的保证。传统实测剖面野外记录、室内资料整理、绘图等工作均是在纸介质上完成的,受到纸介质记录不易保存、资料归档分散、手工绘图周期长、精度低、美观性差等各方面的制约。数字填图系统(RGMAP)是中国地质调查局运用数字填图技术自主研发的 GIS 系统,RGMAP 下数字剖面系统的使用改变了传统实测剖面的数据采集方法,实现了剖面资料数字化入库和计算机数字化成图。

数字剖面系统是基于野外剖面的各类实测数据、岩层分层描述、各种面理和线理产状、采样数据的获取及其岩层厚度计算、剖面数据的组织与管理、剖面图和柱状图的计算机自动成图的 GIS 系统。数字剖面系统具有快速、准确的优势,可以自动计算厚度,自动生成剖面图和柱状图等,减少了室内工作量,提高了实测地质剖面资料和最终综合成果图利用价值。

(一)数字剖面系统的野外数据采集

如图 9-9 所示为数字填图系统的数字剖面系统野外数据采集建模图。该野外数据采集的建模过程分别由 RGSECTION 的 8 个基本的数据采集子库构成,它们分别是导线测量库、分层数据库、照片库、产状库、素描库、采样库、化石库、地质点描述库。

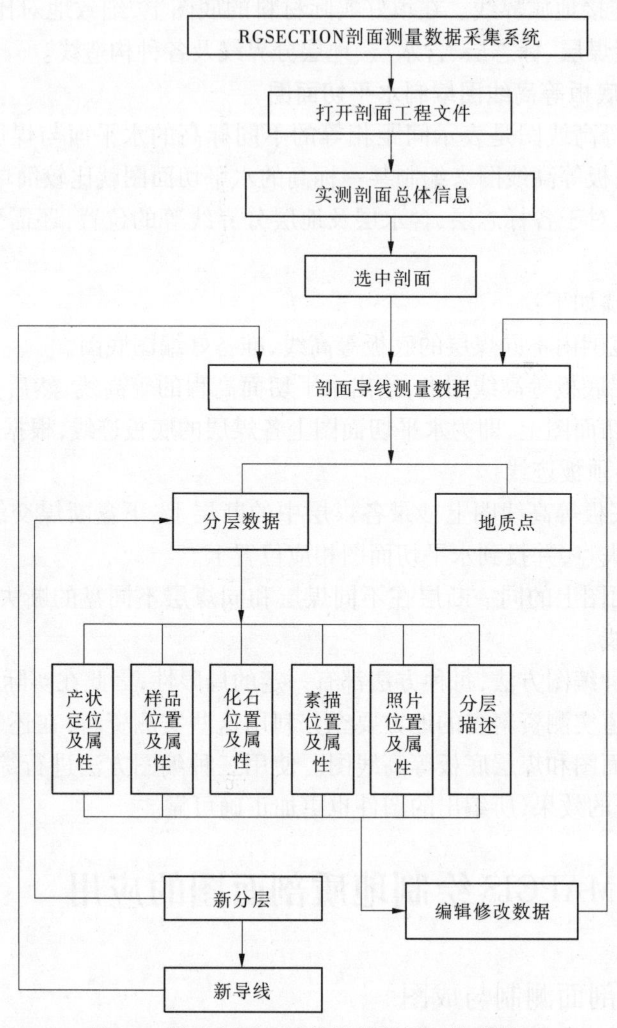

图9-9 数字剖面系统的野外数据采集建模图

(二)剖面数据整理

运用数字剖面系统的野外数据采集系统,完成剖面野外测制后,将采集到的数据导入数字剖面室内桌面系统(简称“剖面桌面系统”),为使原始数据满足计算机自动成图的要求进行如下必要的整理过程。

1. 数据采集子库的整理

首先在剖面桌面系统的“剖面编辑与计算”下拉菜单中的剖面编辑与计算功能中对导线测量库、分层数据库、产状库、素描库、采样库、化石库(见图9-10)等进行整理完善,根据野外剖面数据采集的编号规则,对采集到的各类数据(导线号、分层、产状、采样、照片和素描等)进行各种编号检查,防止因编号重复发生文件覆盖而导致的数据丢失、破坏、混乱。在此基础上,对每层进行批注。批注的目的是在自动生成剖面柱状图时,柱状图中的岩性简述可以用批注描述的内容,使之比较简练和准确。

2. 真厚度的计算

整理完成后,要进行真厚度的计算。厚度计算由计算机自动完成,操作者只需确定厚度

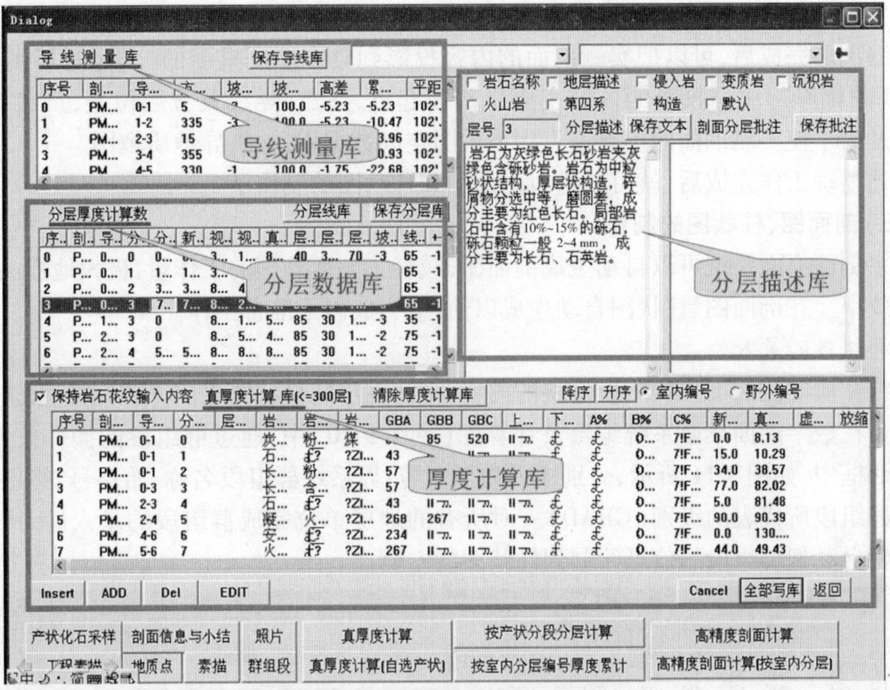

图 9-10　数字剖面桌面系统编辑及计算库

计算中所要采用的方法。一般是直接进行厚度计算,但如果出现下列情况,则要操作者做出判断和选择:①如果有些层的产状不止一个,必须选择一个最适合于真厚度计算的产状;②若同一层为同一褶皱的两翼,在进行厚度计算时只考虑褶皱的一翼;③如果室内进行了并层或再分层的操作,或者在实测剖面的测制过程中,是从地层的顶测到地层的底,在剖面柱状图中,需要用室内分层来绘制,所以在厚度计算中,必须用室内分层编号进行厚度的计算;④对于岩层水平的地层剖面(如大部分第四系剖面),需要用 RGSECTION 中的"高精度剖面计算(按室内分层)"进行剖面厚度的计算(见图 9-10)。

3. 照片导入到剖面桌面系统

野外对实测剖面获得的数码照片,通过剖面桌面系统的剖面编辑与计算下拉菜单中照片导入的功能,把数码相机中的照片导入剖面桌面系统。所有的照片均自动存放在系统的 IMA－GES 目录中,并以野外分层号为子文件夹自动存放,如第 4 层的照片即存放在 IM A-GES目录下的 4 子目录中。

4. 剖面信息表的填写

原始数据整理完成后,在剖面图和剖面柱状图制作之前,还应完成剖面信息表的填写,在剖面编辑与计算中的剖面信息及小结中,包含剖面信息表的内容和剖面小结。剖面信息表中包括剖面名称、比例尺,剖面起点、终点坐标,剖面测制日期,剖面测制人等。其中,剖面起点、终点的坐标,在实测剖面的操作中,应先在数字填图系统中设计一条地质路线,把剖面起点、终点以及剖面中间重要的地质界线点运用野外采集器中的 GPS,定位在该地质路线上,在剖面整理过程中把地质点的坐标从该地质路线中读取出来。剖面小结一般包括剖面工作量、剖面分层描述、剖面地质认识等。剖面桌面系统能自动计算并显示实测剖面的野外工作量,包括导线总长、样品数、照片数、产状数等。

5. 实测剖面线及其实测内容投影

实测剖面完成后,可以把实测剖面的内容投影到数字填图桌面的“实际材料图库”(又称“PRB 图幅库”)中。投影的内容主要是剖面起点、终点,导线及分层位置,产状等信息。这样做是为了使实测剖面的信息进入到地质图空间数据库,并指导地质填图。

上述整理工作完成后,就可以进行剖面图和柱状图的制作了。

(三)剖面图、柱状图的制作

数字剖面桌面系统可以自动生成剖面图,减轻了剖面整理的工作量,极大地提高了剖面的工作效率。在剖面图、柱状图自动生成以前,应完成以下准备工作。

1. 群组段的录入

和纸介质实测剖面柱状图所反映的内容一致,在绘制柱状图之前,需对群组段进行合理的厘定。在数字剖面桌面系统编辑及计算库(见图 9-10)中,通过群组段的操作按钮,在弹出的对话框中,如图 9-11 所示,分别输入如下内容:界系统群组段名称、始层号、终层号以及界系统群组段所代表的级别(GRAD)。对所有的地层单位完成群组段的录入后,计算机在成图时将自动把群组段的信息绘制到柱状图的左侧。

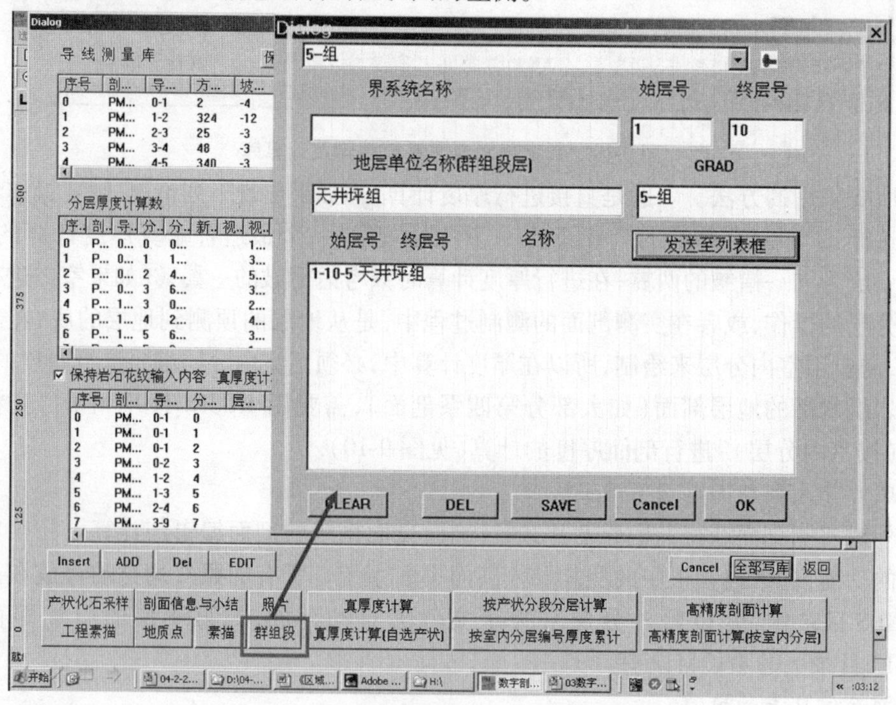

图 9-11　数字剖面桌面系统群组段的录入

2. 岩石花纹库的录入

数字剖面桌面系统可以自动形成柱状图中的岩性花纹,但在绘制柱状图之前,需要对各层进行岩石花纹库的录入工作,该过程是在数字剖面桌面系统“剖面编辑与计算”的下拉菜单“岩石花纹代码录入”中进行的,如图 9-12 所示。在该项操作中,根据右侧出现的各层分层描述,在左下侧的框中填写各层的岩石名称。首先在岩类中找寻该层岩石所在的岩类,如板岩位于浅变质岩,在该岩类中再找寻各层的岩石名称,然后按框中的小手柄,则相应的岩石名称就进入到左下侧的空白框中,如图 9-12 中 A 为板岩,相应的岩石的花纹库代码就自

动进入到花纹库代码空格中，如板岩的花纹库代码为312，该代码由计算机自动填写，无须人工填写。如果某层的岩石岩性不单一，则需要分别填写不同的岩石名称以及各自所占的比例，这样，计算机可按不同比例在柱状图中绘制岩石花纹。

图9-12　数字剖面桌面系统岩石花纹库的录入

数字剖面系统中储存了国标《区域地质图图例1∶50 000》(GB 958—1999)中大部分的岩性花纹，对于国标中没有涉及的少数独特的岩性，需要在数字填图系统中的岩石花纹库中自行添加，这里不再赘述。

完成上述准备工作后，就可以在数字剖面桌面系统中自动生成实测剖面图。

3. 自动生成剖面图和柱状图

在数字剖面桌面系统的“图形选择”下拉菜单中选择“生成剖面图”和“生成柱状图”的操作(见图9-13)，在弹出的对话框中填写比例尺、顶底绘制选择(一般选择由底到顶)、柱状图文字描述选择(一般选择批注描述)、剖面分层线绘制选择(一般选择默认)，按“OK”键，则系统就可以自动生成剖面图(见图9-13)和剖面柱状图(见图9-14)了。在剖面柱状图中包含了剖面柱状图名称、群组段(柱状图左侧)，层号，分层厚度，岩性花纹，分层描述等信息。自动生成的剖面图和柱状图还需要进一步整理，形成正式的图件，实测剖面图的最终整饰、完善、打印依然需要MAPGIS的常规编辑功能(见图9-15)。

数字地质剖面系统改变了传统实测地质剖面的数据采集方法和室内成图方式，基本实现了实测剖面的全过程数字化。其中，数字剖面桌面系统具有快速、准确的优势，可以自动计算厚度，剖面线和导线平面图一次性自动生成，自动生成剖面图和柱状图，并可以非常简单、快捷地对其进行编辑，这是传统方法所不能比拟的，它大大地减少了室内工作量，提高了剖面图和柱状图制作的精度和效率。

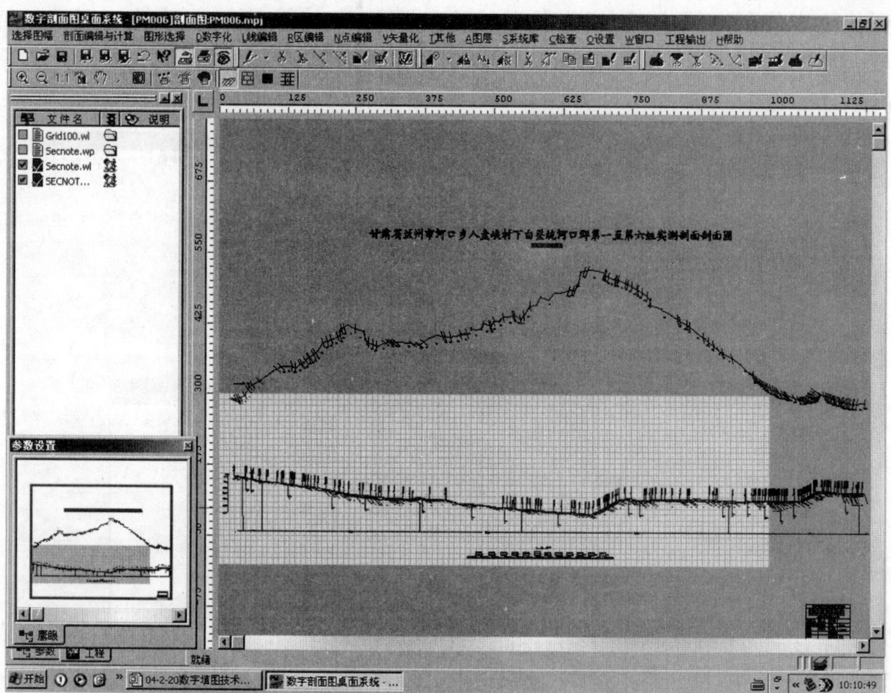

图 9-13　数字剖面桌面系统中自动生成的剖面图

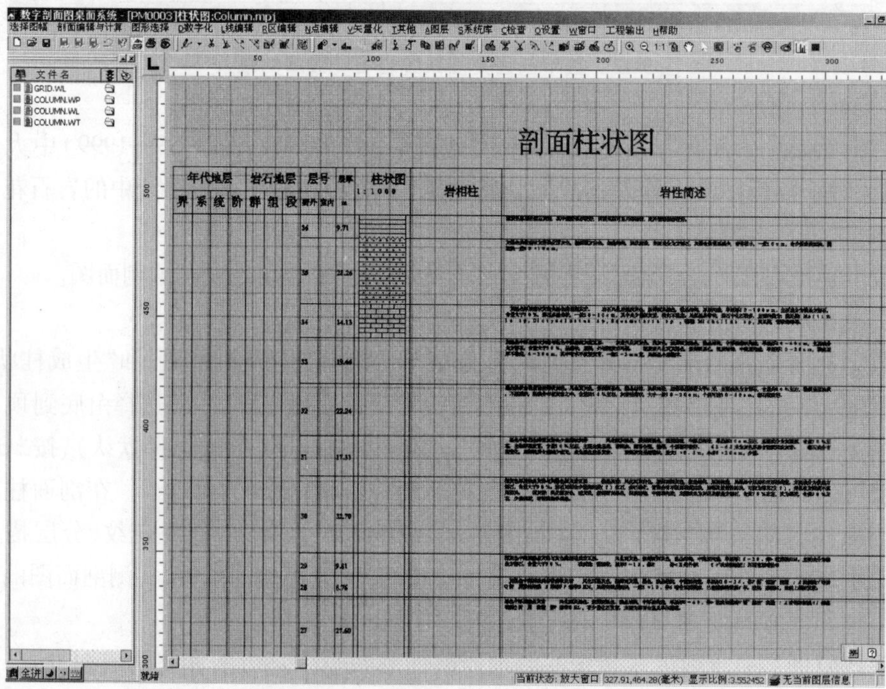

图 9-14　数字剖面桌面系统中自动生成的剖面柱状图

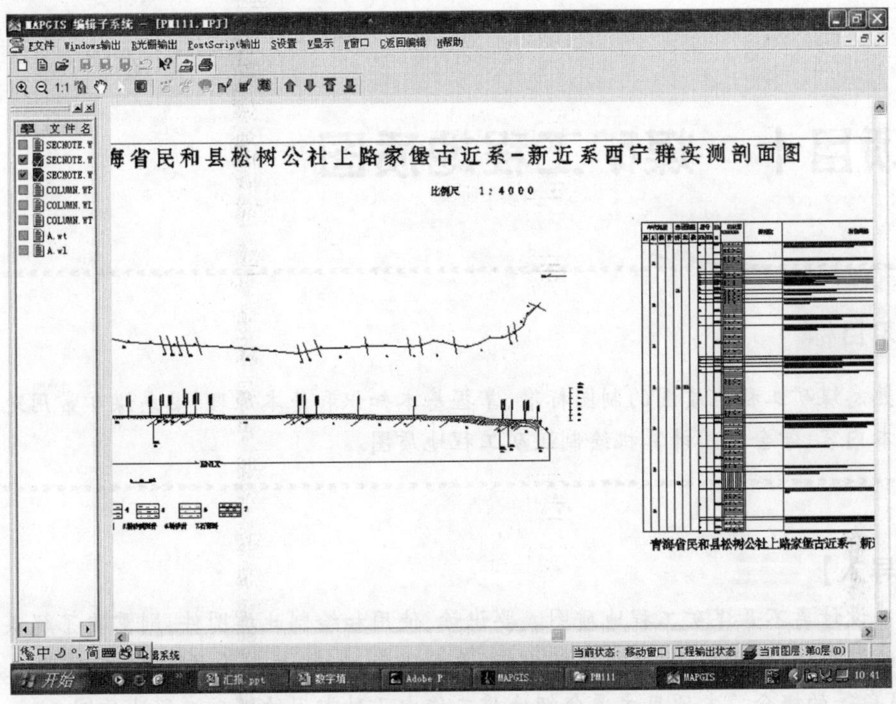

图 9-15　MAPGIS 编辑生成打印实测剖面图

思考题及习题

1. 开展区域地质填图工作时测制地质剖面的目的是什么？
2. 布置实测剖面的原则有哪几点？
3. 填图单位的一般特征和精度要求有哪些？
4. 何谓实测剖面柱状图？它包括哪些内容？
5. 编制勘探线剖面图需要准备哪些资料？
6. 试述勘探线剖面图的编制方法。
7. 试述图切剖面图的具体编制步骤和要求。
8. 数字剖面系统野外数据采集的基本流程包括哪些？
9. RGSECTION 系统切制地质剖面图时需要读取哪些数据？

项目十　煤矿工程地质图

学习目标

熟悉煤矿工程地质图的制图标准，掌握基本知识和基本原理，熟悉煤矿常用地质图的基本内容，学会利用计算机绘制煤矿工程地质图。

【学习导入】

矿井设计离不开煤矿工程地质图。要识读、使用和绘制此类图件，则需要了解煤矿工程地质图的概念、分类和用途，掌握地理坐标、平面直角坐标、高程等基础知识，掌握直线方位角、象限角等的概念。本项目主要介绍地质工作中几种常用的煤矿工程地质图。

单元一　井上下对照图

一、井上下对照图的基本概念

用水平投影的方法将井下主要巷道投影到井田区域地形图上所得的图纸称为井上下对照图。

该图的主要用途是：

(1)了解地面的地形、地物及其与井下巷道工程、采区、采面的相互关系，便于地面建设和地下开采的规划和设计；也是考虑地表建筑物保护、迁移和安全煤柱留设问题的依据。

(2)确定井下开采深度与岩层移动所引起的地表影响范围，解决铁路、建筑物和水体下采煤问题。

(3)用于解决矿井防排水设施和其他问题，可供地质、测量、设计和采掘等部门使用。

二、井上下对照图的图示内容

井上下对照图的比例尺与地形地质图一致，一般为1∶5 000或1∶2 000，该图主要内容如下：

(1)地形地物：地形等高线、河流、铁路、湖泊、桥梁、工厂、村庄和其他重要建筑物等。

(2)地质资料：煤层露头线、断层线、钻孔位置、勘探线等。

(3)采掘工程：井下各开采水平的主要巷道位置和标高，各煤层已采区综合投影面积，地表塌陷影响范围，目前正采掘的地区与范围等。

三、井上下对照图的应用

井上下对照图的主要用途是了解地面情况和井下采掘工程情况的相互位置关系，为地面建设规划、井下开采设计和施工服务。如在制定矿区规划时，应考虑将地面工厂、铁路和其他重要建筑物安置在井下采动影响范围之外；在进行井下开采设计时，井口位置的选择、井下巷道布置系统的确定、煤柱的留设、顶板管理方法的选择等，也要考虑地面具体情况。有了井上下对照图，解决这些问题就方便多了。现举例说明井上下对照图的应用。

(1)确定地表移动范围。

井下采动所引起岩层的移动和地表的沉降，可能使地表的铁路和重要建筑物遭受破坏，还可能使地面河流或湖泊的水顺地表塌陷而涌入井下，造成重大灾害。因此，必须准确地确定受到采动影响地表移动的范围，以便采取必要措施。

(2)确定井下开采深度。

(3)考虑在铁路下、建筑物下和水体下采煤的问题。

(4)确定钻孔位置。

在进行钻探、井下注浆灭火、排水或处理井下灾害事故中，往往需要向井下打钻，此时，准确的定出钻孔位置是极其重要的。这一工作也需借助于井上下对照图来解决。

单元二 煤层底板等高线图

一、概念及原理

煤层底板等高线图就是用煤层底板等高线来表示煤层在空间的起伏及被断裂的情况，它可以帮助我们了解煤层底板的空间概念，掌握煤层产状和构造的变化。此外，还能表示古河流冲蚀煤层的界线，煤层尖灭线、岩浆岩分布的界线以及煤种牌号区划界线等，因而在煤炭资源勘探以及煤矿生产中得到广泛应用。煤系地层形成后，夹在地层中的煤层层面，包括顶面和底面，并不是一个平面，由于受构造变化的影响，大多为一空间曲面，它的起伏与变化，对煤矿生产有很大影响。同时，煤层底板等高线图编制的好坏，在一定程度上也会影响对煤田的开发。在进行普查与勘探时，一般根据孔口标高及煤层底板深度资料可以获得煤层底面各点的标高，把各标高相等的点连接起来，就构成一条等值线，如果我们每隔一定高度(如50 m、100 m等)，各选取一条等值线，把它投影到平面上，就成煤层底板等高线图。

二、煤层底板等高线图图示的主要内容

煤层底板等高线图在煤矿设计、建设、生产和安全管理等工作中，应用最为普遍，图示的内容应尽可能详细，主要包括以下几点。

(一)标题栏及坐标网及图例

标题栏及坐标网及图例包括图名、比例尺，图例；经纬坐标线方格网和坐标值；指北方向线。

(二)主要地物

主要地物包括地面河流、湖泊、水库等地表水体，铁路、公路等主要交通线路，与井田开

发有关的或需留设保护煤柱的重要建筑物、构造物。

(三)井田范围内的各种边界线

井田范围内的各种边界线包括井田边界线,煤层露头线,风化氧化带边界线,煤层尖灭零点边界线,井田内现有的生产井、小窑、老采空区的范围界线。

(四)穿过该煤层的全部勘查工程

穿过该煤层的全部勘查工程包括勘查线及编号;钻孔、探槽、探井等工程点的编号及标高;各工程点见煤小柱状,表示出煤层结构、厚度、煤层底板标高;煤质主要化验指标(Ag、Vr、Y、S)。

(五)地质构造要素

地质构造要素包括煤层产状要素(走向、倾向、倾角);地质构造线,包括褶曲轴线、断层上下盘断煤交线、岩浆侵入范围界线、陷落柱分布位置及范围界线。

(六)煤层底板等高线

煤层底板等高线包括不同标高的煤层底板等高线及高程值。

(七)资源/储量计算要素

煤层底板等高线图作为煤炭资源/储量计算图时,应图示最低可采边界线、煤种分类界线、资源/储量分类界线及编号;计算块段界线、面积、编号、煤层平均倾角,计算厚度及资源/储量计算结果。

三、煤层底板等高线图的用途

(1)煤层底板等高线图能清楚地反映井田范围煤层的产状要素及其变化情况,能反映出地质构造形态、断层发育情况及其在空间的延伸变化规律,能反映出各种构造对煤层的控制和影响。

(2)煤层底板等高线图是编制勘查设计、布置勘查工程、提交地质报告的重要图件之一。

(3)煤层底板等高线图是进行资源/储量计算和“三量管理”的基础图件。

(4)煤层底板等高线图是分析、判断、预测地质构造规律及形态,编制地质剖面图、采掘工程设计图、采掘工程生产管理图、安全工程图、保护煤柱图等其他矿图的基础资料。

(5)煤层底板等高线图是矿井设计、建设、生产和安全管理各阶段重要的设计施工图纸。

①在矿井设计阶段,通常煤层底板等高线图是选择矿井工业场地位置、确定井田开拓方式、井下开采水平的划分、大巷布置、采区布置等都离不开的重要资料。

②在矿井建设阶段,煤层底板等高线图是指导井巷工程施工的主要依据之一。

③在矿井生产阶段,煤层底板等高线图是控制煤量、布置开拓工程、回采工作面、编制生产计划以及安排指挥采掘生产的重要依据。

④在安全管理工作中,通常依据煤层底板等高线图分析预测瓦斯富集部位、老窑积水部位、地下含水层的水位、煤层顶及底板的稳定程度,为制定瓦斯抽放、老窑积水排放、地下水疏放、井巷支护方式等方案提供依据。

四、煤层底板等高线图的比例

煤层底板等高线图一般要求与井田地形地质图相同,常用的比例为 1∶10 000 或

1∶5 000,在地质构造比较复杂的井田可采用1∶2 000。图上各工程点煤层小柱状的比例一般采用1∶50、1∶100或1∶200,视煤层厚度大小、结构复杂程度选用。

五、煤层底板等高线图的应用

煤层底板等高线图是生产矿井必备的基础图件,应用于煤矿设计、建设、生产和安全管理工作全过程。现就图件本身的主要应用简述如下。

(一)用于了解煤层产状要素及地质构造

(1)在图上,根据煤层底板等高线的走向、高程值、相邻两条等高线的高程差和平距大小,了解煤层的走向、倾向和倾角及其变化情况。

(2)根据图上煤层底板等高线的弯曲变化情况,了解褶曲构造的分布及其形态特点。

(3)根据图上煤层底板等高线中断、错开情况,了解断层构造的分布、性质、落差大小及其变化规律。

(4)根据图上勘查工程煤层小柱状,了解煤层的厚度、结构、稳定程度及其与地质构造的相互关系等情况。

(二)用于估算井田的煤炭资源/储量

煤炭资源/储量是指井田范围内地下蕴藏的、具有工业价值的、可供开采利用的煤炭资源数量。它不仅仅是一个数量概念,而且是对各种地质信息进行处理、分析、研究的可靠程度和开采技术条件的可行性评价以及经济意义的综合反映。矿井资源/储量的数量、质量、类型分布及其变化等资料,是进行矿井开发设计、矿井建设,制订生产计划和远景规划,以及安排生产接替的主要技术依据,也是改进采煤方法、合理利用煤炭资源的主要技术依据。因此,矿井资源/储量是煤矿建设的物质基础,正确地估算煤炭资源/储量是一项重要任务之一。煤层底板等高线图就是进行资源/储量估算和储量管理的基础图件。

(三)用于采掘设计

煤层底板等高线图是进行矿井设计的必备基础资料,如开采水平和采区的划分、大巷位置的确定、开拓巷道及采区巷道的布置等,都是在煤层底板等高线图上根据煤层埋藏和地质构造等情况进行分析设计的。

(四)用于预计断层的位置

在采掘工作中,预先知道断层位置以便及时采取安全技术措施,对安全生产具有重要意义。这个问题也可利用煤层底板等高线图来解决。

单元三　储量计算(估算)图

一、概念及原理

储量计算(估算)图是进行矿产储量计算,表示储量计算依据和结果的综合图件。在储量计算时,就在这类图上圈定矿体,划分计算块段,测定块段面积,表示各级储量的分布范围,标明计算参数及计算结果等。按矿体地质特点、勘探和储量计算方法,一般有储量计算剖面图、储量计算纵投影图及储量计算平面图三类。

二、储量计算图的内容

生产矿井的煤层储量计算图是以煤层等高线图或煤层立面投影图(附有采掘工程)为基础,注记各种煤层储量计算数据,圈定各级储量计算块段后即成储量计算图。其基本内容与勘探阶段的储量计算图相同,所要增加的内容和计算的问题是:

(1)加绘各种保安煤柱。

(2)经上级机关批准注销或报废的块段范围及储量。

(3)进一步圈定的老窖、老采空区的准确位置及范围。

(4)已经生产探明的煤层变薄带,可采边界及分合区线的圈定。

(5)储量计算的范围和块段级别的划分,也应定期根据新的资料和生产部署重新圈定。

单元四 采掘工程平面图

一、概念

采掘工程平面图是反映煤矿采掘工程系统部署的工程技术图件,一般由采矿技术人员编制。

二、采掘工程平面图的内容

(1)井田技术边界、保安煤柱及其他边界线,注明名称和批准文号。

(2)本煤层内以及与开采煤层有关的巷道。

(3)采煤工作面及采空区,注记工作面月末位置、平均厚度、煤层倾角、开采方法、开采年度和煤层小柱状;丢煤区注明丢煤原因和煤量;注销区应注明批文号和煤量。

(4)永久导线点和水准点,注明点号和高程;临时点根据需要注记。

(5)钻孔、勘探线、煤层露头线、风化带、煤层变薄区、尖灭区、陷落柱和岩浆侵入区、煤厚点、煤样点(全样、大样),以及实测的主要地质构造。

(6)发火区、积水区、煤及瓦斯突出区、冒流沙区等,应注明发生时间及有关情况。

(7)井田边界外 100 m 以内的邻矿采掘工程和地质情况,井田范围内的小煤窑及其开采范围。

(8)根据图面允许和实际要求,还可加绘煤层底板等高线、地面重要工业建筑、居民区、铁路、重要公路,以及大的河流、湖泊等。

单元五 瓦斯地质图

一、基本概念

煤矿瓦斯地质图是瓦斯地质研究取得的重要成果。它是掌握瓦斯分布的特征、总结瓦斯赋存规律、计算煤层甲烷(或二氧化碳)储量,开展瓦斯区域性预测,进行瓦斯防治、煤层气资源勘探与开发的重要依据之一。

二、瓦斯地质图的分类

(一)从型式上分

瓦斯地质图从型式上分为以下几类:

(1)瓦斯地质柱状图。

(2)瓦斯地质剖面图。

(3)瓦斯地质平面图。

(二)从范围上分

瓦斯地质图从范围上分为以下几类:

(1)采区瓦斯地质图。

(2)矿井瓦斯地质图。

(3)矿区瓦斯地质图。

(4)全国瓦斯地质图。

(三)从内容上分

瓦斯地质图从内容上分为以下几类:

(1)反映单项瓦斯参数与地质因素关系图。

(2)瓦斯和相关地质因素叠加图。

三、瓦斯地质图的内容

(一)瓦斯地质柱状图

底图:煤系综合柱状图。

内容:一般地质内容以外,包括瓦斯特征和煤系地层透气性。

(二)瓦斯地质剖面图

底图:地质剖面图。

内容:反映某一剖面瓦斯地质特征及邻近瓦斯资料并附剖面上瓦斯参数变化曲线。

(三)瓦斯地质平面图

1. 矿井瓦斯地质图

底图:可采煤层底板等高线图,多煤层要分层编制,比例尺为1:2 000或1:5 000。

瓦斯内容:各种瓦斯参数的材料点(瓦斯含量点、压力点、喷出点、突出点等);各种瓦斯等值线(瓦斯风化带、瓦斯带界限);各项瓦斯参数在井田范围分区分带线(瓦斯涌出量、瓦斯含量、突出危险块段等)。

地质内容:井田范围与瓦斯赋存和突出有关的地质条件(煤岩岩性特征、岩层产状、井田地质构造、煤层厚度及其变化、煤质、煤体结构等);可用等值线表示;各项地质因素分区(煤厚、煤质、岩性、构造分区),变形系数等。

2. 矿区瓦斯地质图

底图:矿区主采煤层底板等高线图,比例尺为1:1万~1:5万。

内容:与矿井瓦斯地质图基本相似。包括各矿井进行瓦斯等级分别区划,基建井要进行瓦斯等级和突出危险性预测,不同变质煤按高、中、低进行圈定范围,适当删减一些地质因素,增等值线差值,应配套瓦斯地质剖面图、柱状图。

3. 全省瓦斯地质图

底图:分(全)省煤田预测图,比例尺为1:50万。

内容:各煤田、矿区、勘探区范围;各生产井位置、名称,矿井瓦斯等级;等值线根据比例尺适当勾绘;各煤田成煤时代,变质程度、控制煤田地质构造、与煤等有关的岩浆岩。

4. 勘探阶段瓦斯地质图(瓦斯预测图)

底图:煤层底板等高线图,比例尺为1:2 000、1:5 000或1:1万。

内容:包括瓦斯带分布和煤层瓦斯含量等值线,影响瓦斯成分、含量变化的地质条件,甲烷沿煤层走向或倾向分布规律,瓦斯风化带范围。

单元六　矿井地质剖面图

一、矿井地质剖面图的概念

所谓矿井地质剖面图,是沿井筒、石门、主要上下山或垂直构造线或沿原勘探线等方向剖切的地质剖面图,它是煤矿生产中重要的综合性地质图件。

二、矿井地质剖面图的主要内容

(1)剖面切过的地形、地物、冲沟、河道、水体等。

(2)剖面切过的钻孔,以及邻近剖面线的钻孔。

(3)剖面线切过的井巷工程,包括生产井、巷道,以及采空区等。

(4)剖面上的煤层、标志层、含水层、地质分界线,以及断层和褶皱等。

(5)剖面切过的其他地质现象,如火成岩、陷落柱等。

(6)井田边界线、采取边界、生产水平线、保安煤柱、高程线等,并标上剖面方向。

(7)比例尺、图例和图签。

三、矿井地质剖面图的用途

(1)矿井地质剖面图反映了该剖面上的煤层、标志层、含水层、地层分界的位置和构造形态及其与井巷工程之间的相互关系。

(2)矿井地质剖面图是分析研究矿井地质构造,了解煤层倾斜、倾角,以及编制其他综合性图件的基础资料。

(3)矿井地质剖面图是矿井进行采掘设计、编制采掘计划必需的图件,用以了解煤层在各地段沿垂直走向方向的变化,以便确定阶段高、采区倾向长度和工作面倾长、采煤方法及巷道的布置等。

(4)矿井地质剖面图是留设矿井保安煤柱最直观的地质图件。

(5)矿井地质剖面图是布置矿井地质勘探工程的基础图件。

单元七 煤岩层对比图

一、煤岩层对比图的概念

煤岩层对比图是表征研究范围内各个煤层、标志层的层位对比和在一定距离内的分布情况、稳定程度和空间变化规律的图件。它是井田范围内煤岩层对比成果的概括，也是编制其他综合性图件的基础，是矿区、矿井所必备的综合性图件。

二、煤岩层对比图的用途

(1)煤岩层对比图反映了勘探工程、井巷工程所揭露的煤层、标志层、含水层等的层位、岩性、厚度、结构、层间距，有时还包括岩相等方面在空间的相互变化和变化规律。

(2)有助于对地质构造的判断，从而指导矿井地质勘探工程的布置和采掘设计，航道施工，见煤、见含水层预告等。

(3)煤岩层对比图是设计部门用来检查地质剖面图、煤层底板等高线图等综合图件的依据。

思考题及习题

1. 简述井上下对照图的基本概念。
2. 简述煤层底板等高线图图示的主要内容。
3. 储量计算图包括哪些内容?
4. 简述采掘工程平面图的概念及内容。
5. 矿井地质剖面图有哪些用途?

附　录　地质图常用图例、花纹和符号

1. 岩石特征成分、结构构造图例

- 砂质
- 粉砂质
- 泥质
- 钙质
- Si 硅质
- 白云质
- C 碳质
- 有机质
- 凝灰质
- 复成分(硬砂质)
- e 生物碎屑
- 结核
- 藻类
- 超基性
- 基性
- 中性
- 酸性
- 碱性

- 玻基橄榄质
- 玄武质
- 安山质
- 流纹质
- 英安质
- 等粒(花岗岩为例)
- 不等粒
- 斑状
- 似斑状
- 不等粒斑状
- +S 片麻状
- 巨厚层状
- 厚层状
- 中层状
- 薄层状
- 页片状
- 枕状
- 杏仁状

- 球状
- 珍珠状(球粒)
- 气孔
- 火山弹
- 火山泥球
- 球泡
- 石泡
- 斑点状
- 渗透状
- 集块
- 岩屑
- 晶屑
- 玻屑
- 浆屑(塑性玻屑)
- U 用于火山碎屑熔岩
- R 用于熔火山碎屑岩
- M 用于熔结火山碎屑岩

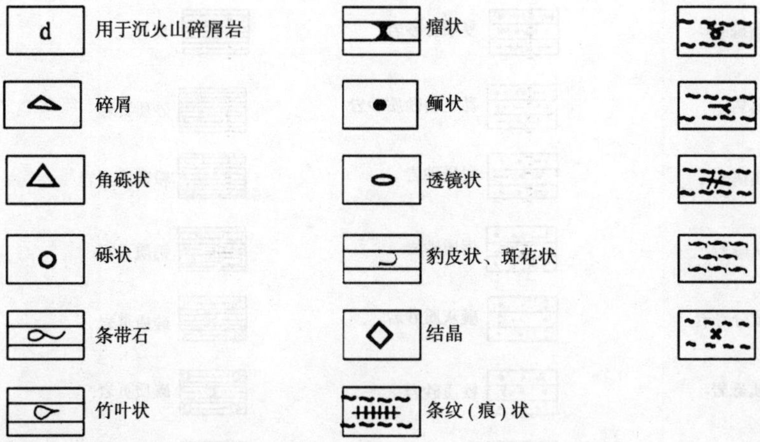

用于沉火山碎屑岩

碎屑

角砾状

砾状

条带石

竹叶状

瘤状

鲕状

透镜状

豹皮状、斑花状

结晶

条纹(痕)状

眼球状

分枝状

网状

香肠状

雾迷状

2. 沉积岩花纹

松散堆积物花纹

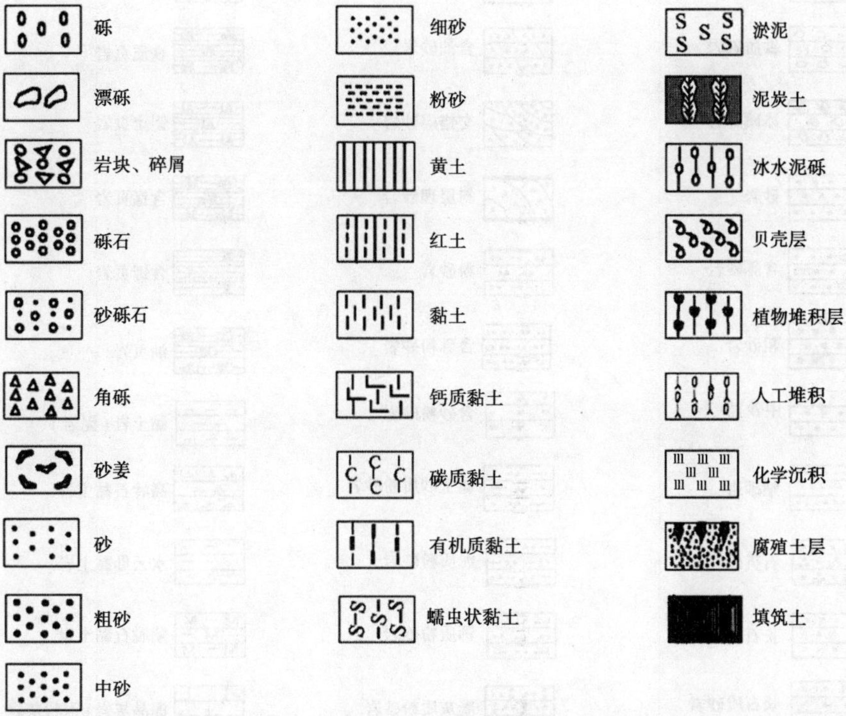

砾

漂砾

岩块、碎屑

砾石

砂砾石

角砾

砂姜

砂

粗砂

中砂

细砂

粉砂

黄土

红土

黏土

钙质黏土

碳质黏土

有机质黏土

蠕虫状黏土

淤泥

泥炭土

冰水泥砾

贝壳层

植物堆积层

人工堆积

化学沉积

腐殖土层

填筑土

沉积岩花纹

角砾岩

砂质角砾岩

泥质角砾岩

钙质角砾岩

硅质角砾岩

铁质角砾岩

巨砾岩

砾岩

粗砾岩

中砾岩

细砾岩

含角砾砾岩

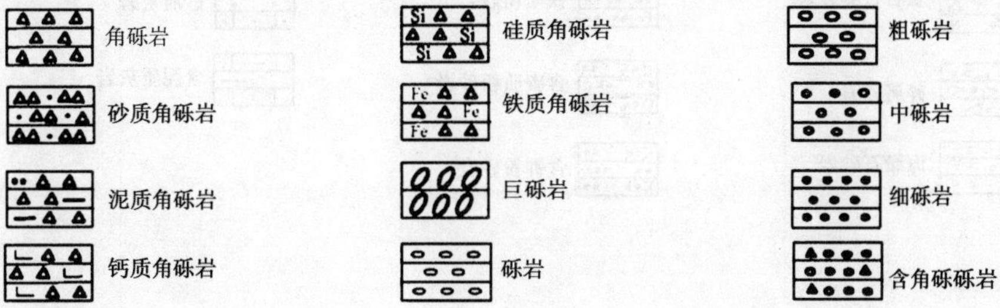

砂质砾岩
砂砾岩
石英砾岩
石灰砾岩
复成分砾岩
钙质砾岩
硅质砾岩
凝灰质砾岩
铁质砾岩
冰碛砾岩
砂岩
含砾砂岩
粗砂岩
中砂岩
细砂岩
石英砂岩
长石砂岩
长石质砂岩
长石石英砂岩
碎屑砂岩
海绿石砂岩

复成分砂岩
黏土粉砂质砂岩
泥质砂岩
钙质砂岩
凝灰质砂岩
铁质砂岩
含铜砂岩
含磷砂岩
含油砂岩
交错层砂岩
斜层理砂岩
粉砂岩
含砾粉砂岩
含砂粉砂岩
黏土砂质粉砂岩
泥质粉砂岩
钙质粉砂岩
凝灰质粉砂岩
铁质粉砂岩
含碳质粉砂岩
含钾粉砂岩

页岩
砂质页岩
粉砂质页岩
钙质页岩
硅质页岩
碳质页岩
含碳质页岩
凝灰质页岩
铁质页岩
铝土页岩
含锰页岩
含钾页岩
油页岩
黏土岩（泥岩）
高岭石黏土岩
水云母黏土岩
蒙脱石黏土岩
泥晶灰岩（泥状灰岩）
砂质灰岩
含泥质灰岩

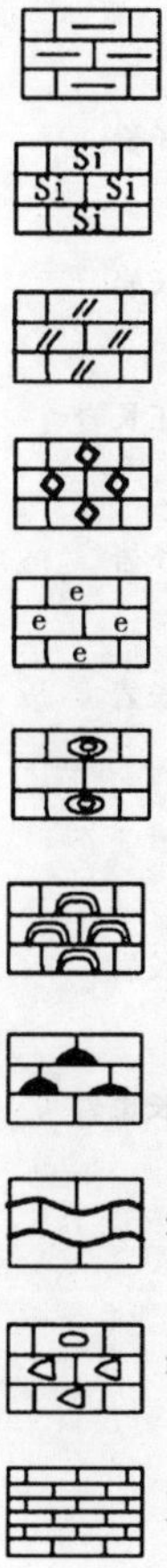

泥质灰岩
条带状灰岩
亮晶灰岩
硅质灰岩
斑点状灰岩
粒泥灰岩
白云质灰岩
碎屑灰岩
泥粒灰岩
结晶灰岩
角砾状灰岩
颗粒灰岩
生物碎屑灰岩
砾状灰岩
泥灰岩
含藻灰岩
球粒灰岩
砂质泥灰岩
礁灰岩(未分)
瘤状灰岩
白云岩
含燧石结核灰岩
竹叶状灰岩
砂质白云岩
燧石条带灰岩
鲕状灰岩
泥质白云岩
结核灰岩
串珠状灰岩
角状白云岩
页片状灰岩
豹皮状灰岩
硅质岩

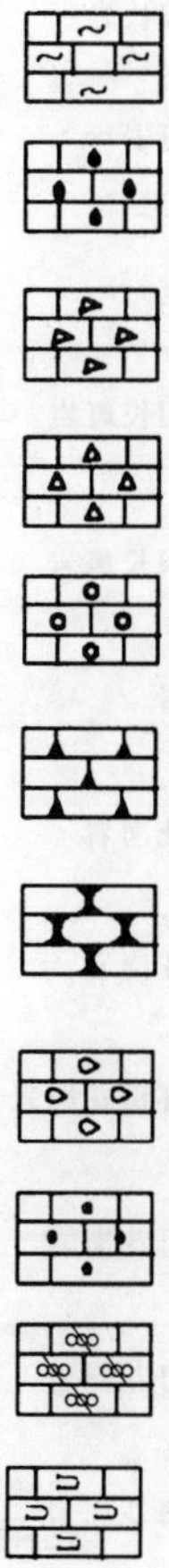

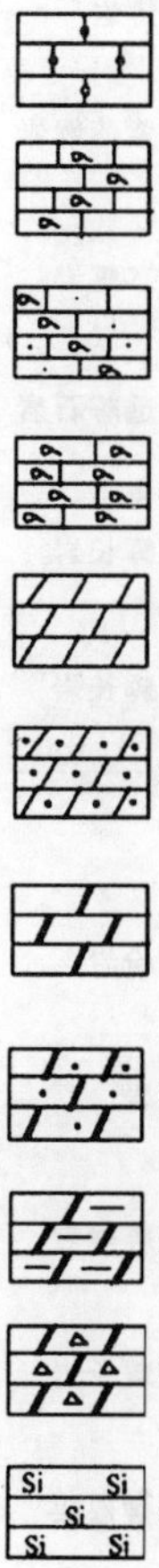

3. 岩浆岩花纹

侵入岩

橄榄岩
辉岩
角闪辉石岩
镁铁橄榄岩
二辉岩
角闪紫苏辉石岩
纯橄榄岩
紫苏辉石岩
角闪二辉岩
角砾云母橄榄岩(金伯利岩)
古铜辉石岩
角闪透辉石岩
辉石橄榄岩
顽火辉石岩
斜长岩
辉橄岩(橄辉岩)
透辉石岩
苏长岩
橄榄辉岩
角闪石岩
辉长岩

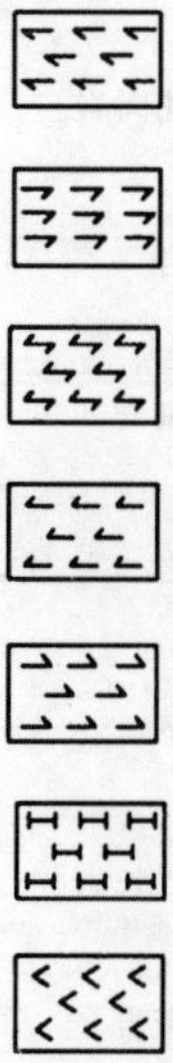

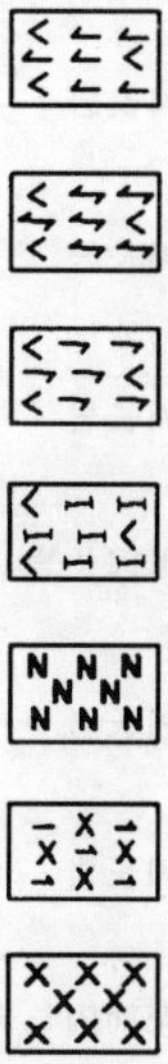

含长辉岩
含长紫苏辉岩
含长二辉岩
含长透辉石岩
二辉辉长岩
橄榄辉长岩
玢岩
辉长玢岩
辉绿岩
辉长辉绿岩
辉绿辉长岩
石英辉绿岩
辉绿玢岩
闪长岩
辉长闪长岩
辉石闪长岩
角闪闪长岩
黑云母闪长岩
石英闪长岩
花岗闪长岩
堇青花岗闪长岩

正长闪长岩
闪长斑岩
闪长玢岩
石英闪长斑岩
花岗闪长斑岩
花岗岩
角闪花岗岩
紫苏花岗岩
更长环斑花岗岩
黑云母花岗岩
白云母花岗岩
二云母花岗岩
钾长花岗岩
斜长花岗岩
二长花岗岩
白岗岩
花岗斑岩
花斑岩
二长岩
石英二长岩
二长斑岩

正长岩
辉石正长岩
角闪正长岩
黑云母正长岩
石英正长岩
英辉正长岩
正长斑岩
霞石正长岩
霞石正长斑岩
霞斜岩
霓霞岩
霓辉岩
碳酸岩
方解石碳酸岩
白云石碳酸岩
稀土碳酸岩
煌斑岩
混合角闪正长岩
碎斑状花岗斑岩
斜长煌斑岩
花岗质伟晶岩

云煌岩

二长花岗斑岩

花岗细晶岩

辉长伟晶岩

斑霞正长岩

喷出岩

熔岩

苦橄岩

苦橄玢岩

玻基橄榄岩

玻基辉橄岩

玻基纯橄岩

玄武岩

苦橄玄武岩

橄斑玄武岩

辉斑玄武岩

拉斑玄武岩

杏仁状玄武岩

方沸玄武岩

伊丁玄武岩

碱玄岩

安山玄武岩

安山岩

辉石安山岩

角闪安山岩

黑云母安山岩

安山玢岩

英安岩

流纹岩

流纹斑岩

石英斑岩

碱流岩

霏细岩

霏细斑岩

珍珠岩

松脂岩

黑曜岩

浮岩

粗面岩

辉石粗面岩

角闪粗面岩

黑云粗面岩

石英粗面岩

粗面斑岩

粗安岩

粗安斑岩

响岩

霞石响岩

白石榴响岩

黝方石响岩

细碧岩

角斑岩

石英角斑岩

碱性粗面岩

碱性玄武岩

火山碎屑岩

集块岩

火山角砾岩

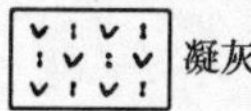
凝灰岩

流纹质集块熔岩
流纹质角砾集块熔岩
流纹质集块角砾熔岩
流纹质角砾熔岩
流纹质凝灰角砾熔岩
流纹质角砾凝灰熔岩
流纹质凝灰熔岩
流纹质熔集块岩
流纹质熔角砾集块岩
流纹质熔集块角砾岩
流纹质熔角砾岩
流纹质熔凝灰角砾岩
流纹质熔角砾凝灰岩
流纹质熔凝灰岩
流纹质熔结集块岩

流纹质熔中角砾集块岩
流纹质熔结集块角砾岩
流纹质熔结角砾岩
流纹质熔结凝灰角砾岩
流纹质熔结角砾凝灰岩
流纹质熔结凝灰岩
流纹质集块岩
流纹质角砾集块岩
流纹质集块角砾岩
流纹质火山角砾岩
流纹质凝灰角砾岩
流纹质角砾凝灰岩
流纹质凝灰岩
流纹质岩屑凝灰岩

流纹质岩屑晶屑凝灰岩
流纹质晶屑凝灰岩
流纹质玻屑凝灰岩
流纹质晶屑玻屑凝灰岩
流纹质浆屑凝灰岩
流纹质岩屑玻屑凝灰岩
流纹质岩屑晶屑玻屑凝灰岩
流纹质沉集块岩
流纹质沉角砾集块岩
流纹质沉集块角砾岩
流纹质沉火山角砾岩
流纹质沉凝灰角砾岩
流纹质沉角砾凝灰岩
流纹质沉凝灰岩

4. 变质岩花纹

区域变质岩

板岩
钙质板岩
硅质板岩
砂质板岩
碳质板岩

凝灰质板岩(中性)
绢云板岩
绿泥板岩
空晶板岩
红柱石板岩

绿泥千枚岩
千枚岩
钙质千枚岩
石英千枚岩
绢云千枚岩

绢云绿泥千枚岩
片岩
石英片岩
角闪片岩
黑云片岩
二云片岩
绿泥片岩
石墨片岩
石榴片岩
阳起片岩
十字片岩
红柱片岩
堇青片岩
蓝闪片岩
滑石片岩
蛇纹片岩
橄榄片岩
斜长绿泥片岩
角闪石英片岩
榴云片岩
蓝晶硅线片岩

十字黑云片岩
钠长绿泥片岩
硬绿云母片岩
白云石绿泥片岩
阳起蛇纹片岩
帘石黑云片岩
含蓝晶石黑云片岩
蓝晶黑云片岩
角闪石榴云母片岩
正片麻岩
花岗片麻岩
片麻岩、副片麻岩
钾长片麻岩
黑云钾长片麻岩
白云母钾长片麻岩
二云钾长片麻岩
角闪钾长片麻岩
辉石钾长片麻岩
硅线钾长片麻岩
二长片麻岩
斜长片麻岩

角闪斜长片麻岩
十字黑云片麻岩
硅线二云片麻岩
蓝晶云母片麻岩
榴云片麻岩
浅粒岩
变粒岩
变质砂岩
长石石英岩
石英岩
角闪变粒岩
黑云变粒岩
紫苏钠长变粒岩
斜长角闪变粒岩
榴辉变粒岩
橄榄变粒岩
麻粒岩
蓝晶石正长麻粒岩
紫苏辉石长英麻粒岩
辉石麻粒岩
透辉石培长石麻粒岩

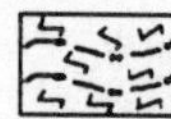 紫苏麻粒岩

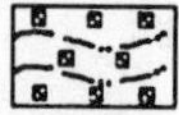 硬玉岩

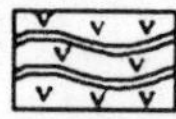 变安山岩

 刚玉岩

变流纹岩

变玄武岩

接触变质交代蚀变岩

 角岩

 斑点角岩

 石英角岩

 黑云母角岩

 堇青石角岩

 绢云母角岩

 红柱石角岩

 辉石角岩

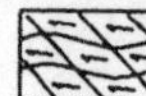 堇青石黑云母角岩

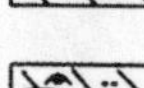 红柱石黑云母角岩

 硅线石角岩

 硅线石堇青石角岩

 紫苏辉石角岩

 透辉石角岩

  透闪石角岩

 石榴石透辉石角岩

 橄榄石尖晶石角岩

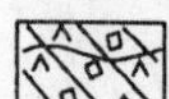 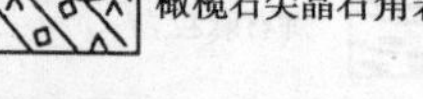 红柱石堇青石角岩

 石榴透辉硅灰石角岩

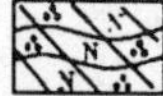 符山石硅灰石角岩

 长英角岩

 辉绿角岩

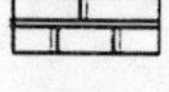 大理石

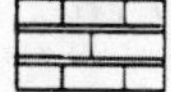 大理石化灰岩

 白云质大理岩

 白云石大理岩

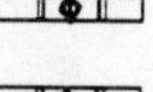 菱镁石大理岩

 钠长大理岩

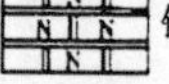 硅灰大理岩

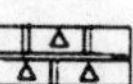 石墨大理岩

 含石英大理岩

 含磷大理石

 磷灰石大理岩

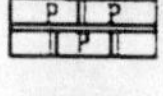 蛇绿石大理岩

 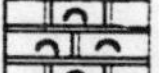  滑石大理岩

 绿帘石大理岩

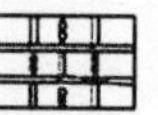 方柱石大理岩

 透闪石大理岩

 阳起石大理岩

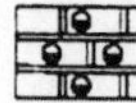 黝帘石大理岩

 符山石大理岩

 石榴石大理岩

 石榴石辉石大理岩

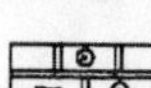 镁橄榄石大理岩

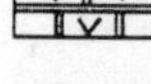 透辉石大理岩

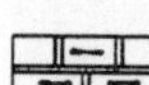 透辉石硅灰石大理岩

 镁橄榄石透辉石大理岩

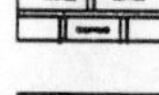 透辉石矽卡岩

 硅灰石矽卡岩

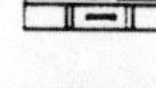 石榴石矽卡岩

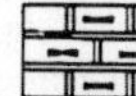 透辉石石榴石矽卡岩

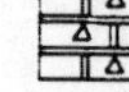 条带状石榴石矽卡岩

  镁橄榄石镁石矽卡岩

透辉石岩　钙铝榴石矽卡岩　角砾状方柱石矽卡岩

尖晶石透辉石岩　绿帘石矽卡岩　角砾状石榴石矽卡岩

镁橄榄石尖晶石岩　阳起石矽卡岩　混染岩

符山石矽卡岩　方柱石石榴石矽卡岩　闪长质混染岩

方柱石矽卡岩

动力变质岩

碎裂岩　灰岩压碎岩　玻化岩

碎裂花岗岩　构造角砾岩　千糜岩

碎裂灰岩　糜棱岩　花岗千糜岩

压碎岩　超糜棱岩化闪长岩　绢云千糜岩

闪长压碎岩　糜棱岩化闪长岩

混合岩和混合花岗岩

混合质片岩　混合岩　网状混合岩

条带状混合二云片岩　渗透状混合岩　角砾状混合岩

眼球状混合质黑云变粒岩　斑点状混合岩　雾迷状混合岩

混合质副片麻岩　眼球状混合岩　黑云斜长角砾状混合岩

混合质黑云中长片麻岩　香肠状混合岩　角闪雾迷状混合岩

混合质正片麻岩　条纹（痕）状混合岩　均质混合岩

混合质变粒岩　条带状混合岩　斜长角闪均质混合岩

混合质糜粒岩　分枝状混合岩　混合花岗岩

白云母混合花岗岩

气成热液蚀变(多用于平面图,红色表示)

矽卡岩化

角岩化

大理岩化

白云岩化

石英岩化

碳酸盐化

电气石化

方柱石化

透辉石化

阳起石化

绿帘石化

黝帘石化

黑云母化

白云母化

绢云母化

硅化

钾长石化

钠长石化

绿泥石化

高岭土化

叶蜡石化

滑石化

蛇纹石化

磁铁矿化

黄铁矿化

黄铜矿化

褐铁矿化

5. 常用岩石名称符号

深成侵入岩

ν 辉长岩

νσ 斜长石

δ 闪长岩

δο 石英闪长岩

δβ 黑云母闪长岩

ξδ 正长闪长岩

νδ 辉长闪长岩

Γ 未分花岗岩

γ 花岗岩

ηγ 二长花岗岩

γκ 白岗岩

γδ 花岗闪长岩

γβ 黑云母花岗岩

ξγ 钾长花岗岩

η 二长岩

ηο 石英二长岩

Γο 斜长花岗岩类

ξ 正长岩

γξ 花岗正长岩

浅成侵入岩

βμ 辉绿岩辉绿玢岩

δμ 闪长玢岩

γπ 花岗斑岩

τ 细晶质岩石

γτ 花岗细晶岩

λπ 石英斑岩

γδπ 花闪长斑岩

ηπ 二长斑岩

ξπ 正长斑岩

ρ 伟晶质斑岩石

γρ 花岗伟晶岩

χ 煌斑岩

其他常见岩石

br 角砾岩
cg 砾岩
ss 砂岩
ds 岩屑砂岩
st 粉砂岩
sh 页岩
cr 黏土(泥)岩
ms 泥岩
ls 灰岩
ml 泥灰岩

dol 白云岩
si 硅质岩
sl 板岩
ph 千枚岩
sch 片岩
gn 片麻岩
og 正片麻岩
pg 副片麻岩
gnt 变粒岩

mi 混合岩
im 均质混合岩
mss 变质砂岩
hs 角岩
mb 大理岩
tr 碎裂岩
sb 构造角砾岩
ml 糜棱岩
pm 千糜岩

脉岩符号

石英脉

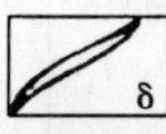

中性岩脉

玢岩脉

酸性岩脉

辉长岩脉

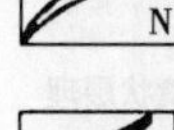

基性岩脉

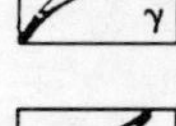

细晶岩脉

煌斑岩脉

矿脉(符号用元素符号)

伟晶岩脉

6. 第四纪堆积物成因类型及沉积相花纹

成因类型及符号

Q^{al} 冲积
Q^{pl} 洪积
Q^{pal} 洪冲积
Q^{el} 残积
Q^{dl} 坡积
Q^{eld} 残坡积
Q^{col} 崩积
Q^{dp} 地滑堆积
Q^{ch} 化学堆积
Q^{s} 人工堆积
Q^{ca} 洞穴堆积

第四纪沉积相花纹

冲积

洪积

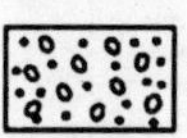
冲积洪积

坡积

残积

风积(砂)

黄土

冰碛

冰水堆积

湖积

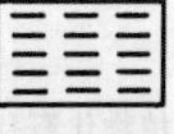
海积

沼泽堆积

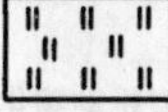
化学堆积

火山堆积

7. 沉积构造图例

- 平行层理
- 水平层理
- 板状交错层理
- 藻席纹层
- 楔状交错层理
- 槽状交错层理
- 丘状层理
- 脉状层理
- 透镜状层理
- 鱼骨状交错层理
- 包卷层理
- 滑塌层理
- 叠层石
- 爬升层理
- 正粒序
- 逆粒序
- 缝合线
- 生物扰动
- 潜穴
- 钻穴
- 叠瓦构造
- 层状晶洞
- 有胶结物晶洞
- 帐篷构造
- 平面遗迹
- 收缩裂隙
- 对称波痕
- 不对称波痕
- 沟模
- 槽模
- 重荷模
- 变形层理
- 压刻痕
- 碟状构造
- 鸟眼构造
- 示底构造
- 石盐假晶
- 石膏假晶
- 生物礁
- 龟裂
- 雨痕
- 雹痕
- 核型石

8. 化石图例

- 植物化石及碎片
- 无脊椎动物化石（未分）
- 脊椎动物化石（未分）
- 有孔虫
- 蜓
- 珊瑚动物
- 海绵动物
- 古杯动物
- 叠层石
- 笔石动物
- 三叶虫
- 苔藓动物

棘皮动物 箭石 孢粉

腕足动物 菊石 钙藻

双壳动物 放射虫 海绵骨针

腹足动物 牙形虫 疑源类

竹节石 介形虫 鱼类

鹦鹉螺 叶肢介 遗迹化石

9. 地质体接触界线符号

实测整合岩层界线 岩相界线 角度不整合

推测整合岩层界线 混合岩化接触界线（符号红色） 火山喷发不整合

实测角度不整合界线（点打在新地层一方，下同） 花岗岩体侵入围岩接触界线（箭头表示接触面产状） 平行不整合（假整合）

推测角度不整合界线 花岗岩体超动接触界线 部分地段整合，部分平行不整合

实测平行不整合界线 花岗岩体脉动接触界线 接触性质不明

推测平行不整合界线 花岗岩体涌动接触界线 断层接触（用于柱状图）

10. 地质体产状及变形要素符号

30° 岩层产状（走向、倾向、倾角） 倒转岩层产状（箭头指向倒转后的倾向） 交错层理及倾斜方向

岩层水平产状 片理产状 片麻理产状

岩层垂直产状（箭头方向表示较新层位） 45 实测逆断层倾向及倾角 实测正断层（箭头指向断层面倾向，下同）

平移正断层 航、卫片解译断层 向斜轴线

平移逆断层 基底断裂 复式背斜轴线

实测走滑断层 背斜 复式向斜轴线

推测走滑断层

断层破碎带

剪切挤压带

直立挤压带

区域性断层

韧性剪切带

脆韧性剪切带

实测复活断层

推测复活断层

早期剥离断层（英文字母为代号）

晚期剥离断层（英文字母为代号、齿指向断层倾斜方向）

逆冲推覆断层（箭头表示推覆面倾向）

飞来峰构造

构造窗

隐伏或物探推测断层

向斜

复式背斜

复式向斜

箱状背斜

箱状向斜

梳状背斜

梳状向斜

短轴背斜

短轴向斜

倾伏背斜

扬起向斜

鼻状背斜

穹窿

隐伏背斜
隐伏向斜

背斜轴线

箱状背斜轴线

箱状向斜轴线

梳状背斜轴线

梳状向斜轴线

短轴背斜轴线

短轴向斜轴线

倾伏背斜轴线

扬起向斜轴线

倒转向斜（箭头指向轴面倾斜方向）

倒转背斜（箭头指向轴面倾斜方向）

向形构造

背形构造

倒转背斜（箭头指向轴面倾向）

倒转向斜（箭头指向轴面倾向）

11. 标本和样品符号

手标本	光谱分析样品	同位素地质年龄样
光片标本	化学分析样品	同位素组成样
薄片标本	水化学样	岩相标本
岩心标本	岩组分析样	微体化石样
构造标本	差热分析样	无脊椎动物化石
定向标本	稀土分析	脊椎动物化石
煤岩标本	粒度分析	植物化石
岩石物性标本	古地磁样	

12. 矿床成因类型及矿床符号颜色

岩浆分凝矿床	火山喷发气成热液矿床	铂族金属（颜色24）
岩浆熔离矿床	沉积矿床	铜（颜色8）
伟晶岩矿床	残积淋滤矿床	铅（颜色19）
接触交代矿床	内生变质矿床	锌（颜色9）
热液矿床	沉积变质矿床	铅锌（颜色19、9）
高温热液矿床	迭加改造型矿床	铅锌矿（颜色8、19、9）
中温热液矿床	金（颜色4）	钼（颜色20）
低温热液矿床	银（颜色15）	铜、钼（颜色8、20）
斑岩型矿床	金、银（颜色4、15）	钼、锌（颜色9、20）

符号	名称	符号	名称	符号	名称
○	铝（颜色23）	⊖	锗（颜色9）		萤石（颜色18）
○	钨（颜色11）	⊖	铼（颜色19）		耐火黏土（颜色2）
○	锡（颜色3）	⊖	碲（颜色5）		石灰石（颜色6）
○	锑（颜色7）	⊕	铀（颜色2）		大理岩（颜色6）
○	砷（颜色21）		煤（颜色12）		石墨（颜色21）
○	贡（颜色22）	▲	黄铁矿（颜色12）	⬡	石油（颜色11）
○	铁（颜色1）	△	重晶石（颜色8）	⊖	铯（颜色7）
○	锰（颜色24）	◇	硅石（颜色15）	◇	石棉（颜色23）
⊖	铍（颜色8）	◇	长石（颜色14）		

13. 储量估算中使用的符号

符号	名称	符号	名称	符号	名称
111b	探明储量矿块	孔号 ◎ 品位 标高 厚度	水平投影图钻孔标注	V	矿块体积（m³）
122b	控制的储量矿块	孔号 ◎ 品位 厚度	垂直投影图钻孔标注	D	矿体体积质量（t/m³）
333	控制，推测资源量矿块	品位 厚度	坑道在投影图上的标注	Q	矿石量（t）
333	表外控制储量矿块	S	面积（m²）	C	矿块平均品位(%)
333	表外资源量矿块	M	矿体平均厚度（m）	P	金属量（t）
断层空白区	投影图上的断层空白区	H	中段高差（m）		

参考文献

[1] 李启涛. 计算机地质制图[M]. 北京:石油工业出版社,2012.
[2] 韩丛发,张振文. 地质制图与识图[M]. 徐州:中国矿业大学出版社,2007.
[3] 王正荣. 计算机辅助矿井地质制图[M]. 北京:煤炭工业出版社,2007.
[4] 张博. 数字化测图[M]. 北京:测绘出版社,2010.
[5] 潘正风,程效军,成枢,等. 数字地形测量学[M]. 武汉:武汉大学出版社,2015.
[6] 宁永香. 工程测量[M]. 徐州:中国矿业大学出版社,2012.
[7] 中华人民共和国国家质量监督检验检疫总局,中国国家标准化管理委员会. GB/T 958—2015 区域地质图图例[S]. 北京:中国标准出版社,2015.
[8] 中华人民共和国地质矿产部. DZ/T 0001—1991 区域地质调查总则(1:50 000)[S]. 北京:中国标准出版社,1991.
[9] 中华人民共和国地质矿产部. 区域地质调查野外工作方法(第五分册)[M]. 北京:地质出版社,1981.
[10] 房立民,张振升,李勤,等. 变质岩区 1:5万区域地质填图方法指南[M]. 武汉:中国地质大学出版社,1991.
[11] 冯士信. 区域地质填图实习软件中实测剖面图生成系统的设计与实现[D]. 西安:西北大学,2007.
[12] 高秉章,洪大卫,郑基俭,等. 花岗岩区 1:5万区域地质填图方法指南[M]. 武汉:中国地质大学出版社,1991.
[13] 黄国云,谢明德. MAPGIS 在地质制图中的应用[J]. 矿山测量,2011(5):21-22.
[14] 黄健全,罗明高,胡雪涛. 实用计算机地质制图[M]. 北京,地质出版社,2006.
[15] 李超岭,于庆文. 数字区域地质调查基本理论与技术方法[M]. 北京:地质出版社,2003.
[16] 廖晴,施小清,朱国荣,等. 南京大学巢湖区测实习数字化填图教学方法探索[J]. 中国地质教育,2015,24(3).
[17] 刘刚,赵温霞,吴冲龙,等.《区域地质测量计算机辅助技术》课程建设和教学模式研究[J]. 中国地质教育,2004(3):35-38.
[18] 魏家庸,卢重明,徐怀艾,等. 沉积岩区 1:5万区域地质填图方法指南[M]. 武汉:中国地质大学出版社,1991.
[19] 吴信才. MAPGIS 地理信息系统[M]. 北京:电子工业出版社,2004.
[20] 叶春,隋振民. 基于 CorelDraw 软件的地质图制作[J]. 世界地质,2008,27(2):233-238.
[21] 张新霞. 基于 MAPGIS 的钻孔柱状图和剖面图自动生成方法研究[D]. 西安:西安科技大学,2011.
[22] 周维屏,陈克强,简人初,等. 1:50 000 区域地质填图新方法[C]. 武汉:中国地质大学出版社,1993.
[23] 车树成,张荣伟. 煤矿地质学[M]. 徐州:中国矿业大学出版社. 2004.
[24] 红方,郭欣. 素描基础教程[M]. 北京:中国传媒大学出版社,2005.
[25] 陈岐,魏栋. 怎样绘地形、地质图[M]. 北京:地质出版社,1981.
[26] 谯章明. 地质图绘制[M]. 北京:原子能出版社,1984.
[27] 方世明,吴冲龙,刘刚. 地质图切剖面计算机辅助编绘系统设计与实现[J]. 煤田地质与勘探,2004,32(1):11-13.

［28］ 金泽兰. 地质图编绘法［M］. 北京:地质出版社,1982.

［29］ 高德福,魏弘毅,吴庭芳,等. 矿山地质制图［M］. 北京:冶金工业出版社,1986.

［30］ 张振文. 煤矿地质学［M］. 阜新:辽宁工程技术大学,1997.

［31］ 刘静华,王永生. 计算机绘图［M］. 北京:国防工业出版社,2003.

［32］ 徐开礼,朱志澄. 构造地质学［M］. 北京:地质出版社,2004

［33］ 王幼芩,陈华. AutoCAD 应用与开发基础教程［M］. 西安:西安交通大学出版社,1998.

［34］ 朱建明,谢谟文,赵俊兰. 工程地质学［M］. 北京:中国建材工业出版社,2006.